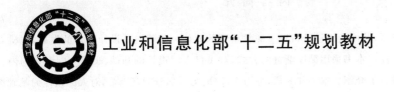

工业和信息化部"十二五"规划教材

飞机人因设计

王黎静　编著

U0245363

北京航空航天大学出版社

内 容 简 介

飞机设计涵盖了多个学科,其中人因设计占据了非常重要的地位。随着飞机设计技术的发展,飞机人因设计越发受到设计者们的关注。本书采用循序渐进的方式,对飞机人因设计的基础、飞机人因设计的内容及人因在飞机适航中的体现进行了介绍。本书共 8 章,分为三部分:第一部分为基础篇,对人因设计的基础进行简介;第二部分为设计篇,具体介绍了驾驶舱人因设计、客舱人因设计和维修性人因设计;第三部分为适航篇,对飞机适航及其与人因相关的内容进行了介绍。

本书内容翔实,体系合理,逻辑性强,通俗易懂,可作为高等航空航天院校飞行器专业课教材,也可供飞行器专业研究生和相关专业教师阅读和参考。

图书在版编目(CIP)数据

飞机人因设计 / 王黎静编著. --北京 : 北京航空
航天大学出版社,2015.9
ISBN 978 - 7 - 5124 - 1897 - 4

Ⅰ. ①飞… Ⅱ. ①王… Ⅲ. ①飞机—设计—高等学校
—教材 Ⅳ. ①V22

中国版本图书馆 CIP 数据核字(2015)第 232249 号

版权所有,侵权必究。

飞机人因设计
王黎静 编著
责任编辑 董 瑞
*
北京航空航天大学出版社出版发行
北京市海淀区学院路 37 号(邮编 100191) http://www.buaapress.com.cn
发行部电话:(010)82317024 传真:(010)82328026
读者信箱: goodtextbook@126.com 邮购电话:(010)82316936
北京兴华昌盛印刷有限公司印装 各地书店经销
*
开本:787×1 092 1/16 印张:14.75 字数:378 千字
2015 年 9 月第 1 版 2015 年 9 月第 1 次印刷 印数:2000 册
ISBN 978 - 7 - 5124 - 1897 - 4 定价:35.00 元

若本书有倒页、脱页、缺页等印装质量问题,请与本社发行部联系调换。联系电话:(010)82317024

前　言

飞机是高度复杂的大型系统,它与飞机的使用人群(乘客、飞行员、维修人员)共同构成了一个复杂的人机系统。在系统使用的过程中,使用人员和飞机之间进行着大量的交互活动,例如飞行员在驾驶舱内操纵飞机,乘客在客舱内操作客舱娱乐系统,维修人员对飞机进行维修等。在飞机设计中考虑人因,针对飞机系统中的人机交互进行设计,使这些交互更加舒适、安全、高效,这便是飞机人因设计。航空事故分析表明,引发事故的本质原因是在复杂的运行环境中,由于特定原因使得驾驶舱中的人机交互失效,从而引发飞行事故。因此,飞机驾驶舱人因设计是飞机人因设计的首要关注重点。通常设计人员会以安全、高效为出发点考虑驾驶舱的人因设计。同时,针对旅客对客舱舒适性越来越高的要求,设计人员会以安全、舒适为出发点考虑客舱的人因设计。飞机人因设计关注的另一个重点是飞机维修性人因设计。由于各大航空公司都是从成本与维修便捷性方面对飞机维修性进行考虑,因此,高效经济是飞机维修性人因设计的出发点。

目前,世界主要飞机制造商都对飞机人因设计进行了深入的研究。例如,波音和空客都确定了其飞机驾驶舱"以人为中心"的设计理念。尽管两者对"以人为中心"的原则解释有所不同,但是都把"以人为中心"的设计理念作为其人机交互设计的出发点,同时也把"以人为中心"作为其占领市场的根本。两者在客舱设计上对人因的关注就更容易感受。不久前问世的 A380 和 B777 客机都在客舱布局、舒适性、客舱照明和服务功能性等方面做出努力,以满足乘客和客户不断提高的要求。自 2008 年国内启动大型民机研制工作以来,为满足适航对飞机人因的需求,以中国商飞上海飞机设计研究院为组长单位的国内相关研究单位承接了相关的研究项目,并在飞机人因设计方面取得了很大的进展。然而,目前国内针对飞机人因设计的研究距离国际先进水平还有一定差距,国内针对飞机人因设计进行系统性介绍的教材或论著还较为稀少。

针对以上现状,笔者编写了本书。本书着重介绍民机的人因设计,初衷是结合对飞机人因设计的原则、分析技术和设计方法的介绍,让读者了解从人因分析到飞机设计最终通过适航投入应用的全过程。本书的内容涉及了飞机设计中所需要考虑的主要人因问题,分为三部分。第一部分为基础篇,这一部分与飞机人因设计的关系不大,但是学习飞机人因设计的基础。基础篇主要介绍了人的基本特性和相关分析、设计评估方法,包括第 1~3 章。第二部分为设计篇,也是本书的重点部分,介绍了人的基本特性对飞机设计的影响和约束,对如何将第一篇中讲解的分析评估技术应用于工程实践中进行了详细讲解。设计篇主要从驾驶舱设计、客舱设计和维修性设计三个方面展开,包括第4~6章。第三部分为适航篇,主要介绍了飞机设计阶段适航对飞机的要求、其中所涉及的人的因素及适航符合性验证中涉及的人因,包括第7章8章。各章节的具体内容与学习建议可查阅绪论第3部分,在此不再详述。

在本书的编写过程中,笔者参考了国内外广泛使用的资料,也与相关科研院所的科研和设计人员进行了讨论并听取了他们的建议,他们来自上海飞机设计研究院、中航工业成都飞机设计研究所、中航工业第一飞机设计研究院、中航工业沈阳飞机设计研究院、中航通飞研究院等。同时,笔者课题组的学生们也帮助笔者完成本书的编写工作,他们是(排名不分先后):曹琪琰、郭玮、何雪丽、莫兴智、王彦龙、王晓丽、王郁珲、张旭东。

由于作者水平有限,本书的错误及不妥之处,恳请广大读者批评指正!

编　者
2015 年 6 月

目　录

第二篇　设计篇

绪　论

1. 人的因素(人因)概述

人的因素(人因)研究是一门新兴的交叉学科,它起源于欧美等发达国家。在美国,它被称为 Human Factors(人的因素(人因));在欧洲,它被称为 Erogonomics(工效学)。它还有一些其他的表述方式,如 Human Factors Engineering、Human Engineering 等。这些词汇没有太大差异,Erogonomics 与 Human Factors Engineering、Human Factors in Design 表述了类似的含义。现在国内并没对这些词进行更为详细地界定,从其使用的情况上看也没有进行细分。本书所采用的"人的因素"这个名称就来自于对"Human Factors"的直译。在我国,针对人的因素的研究还处于初级阶段,所用的名称也不一致。除了本书所用的人的因素这个词汇,也使用人因工程、人类工效学、工效学、人机工程等其他的名称,同样地,这些词汇所表达的意思也没有大大差异,只是对国外词汇翻译上的不同。书中的部分章节也使用了人机工程、人因、人机工效等词汇。

国际工效协会(International Ergonomics Association)对人因工程的定义是目前所公认的最权威、最全面的定义:"研究人在某种工作环境中的解剖学、生理学和心理学等方面的各种因素,研究人和机器及环境的相互作用,研究在工作、生活和休息时怎么样统一考虑工作效率、人的健康、安全和舒适等问题的学科。"我国的《中国企业管理百科全书》将人因工程定义为"研究人和机器、环境的相互作用及其合理结合,使设计的机器和环境系统适合人的生理、心理等特点,达到在生产中提高效率、安全、健康和舒适为目的的学科"。总的来讲,人的因素就是从人的因素角度出发,通过研究人与机器以及工作环境的相互关系来达到三者间的最佳匹配。

对人因的研究始于 19 世纪晚期和 20 世纪初,其主要代表人物是 F. Taylor 和 F. Gilbrith。从提高工作效率的角度出发,Taylor 对装卸工使用的铁锹展开研究,而 Gilbrith 则针对建筑工人砖砌进行了研究。这就是人因研究的雏形。1945 年第二次世界大战期间,一些国家大力发展各种新式武器装备,片面注重工程技术方面的研究,而忽视了使用者操作能力的研究和训练,因此导致工作效率降低,甚至出现了危害操作者安全的事故。这些问题让工程师们认识到人的因素在设计中的重要性,于是,第二次世界大战之后,人因研究作为一门新兴的综合学科正式形成了。第二次世界大战之后,美国空军和海军共同建立了工程心理实验室;1949年,英国也成立了工效学研究协会。之后,人的因素研究迅速发展和壮大,其研究领域由最初的复杂的军事工业领域向其他领域扩展,人因在工作和产品设计方面的重要性,也逐步得到了工业界的共识。

现在,人因研究已经应用到各个领域中,包括人们的衣食住行各个方面,如计算机界面、汽车、消费品等领域。以人为中心的设计理念也越来越受到人们的认可,越来越多的设计师也将人因作为必须考虑的因素之一。

2. 飞机人因设计发展

1903 年莱特兄弟设计并试飞成功了第一架飞机,自此人类迈入了航空时代。早期飞行时,飞行员必须仔细选择飞机起降的地点,并保证周围不能有环境干扰,同时还需要控制飞机的飞行速度、高度等一系列问题,才能保证飞机的正常飞行和起降。而这样往往就导致飞行员要考虑过多问题,会超出飞行员处理情境的极限。飞机的设计者也逐渐意识到了这样的问题,为了保证飞行员对飞机的操纵性能,必须要增加他们对于飞机高度、速度、飞行状态的认知。首飞两年以后,莱特兄弟就在飞机上增加了辅助飞行员感知速度和角度的仪器。虽然这些仪器很简单,但是正是出于对人因的考虑才有了这些仪器的出现。

第一次世界大战爆发大大促进了飞机的应用,并在军事领域崭露头角。第一次世界大战期间,飞机在军事上的应用包括侦查、对地攻击、空空作战等。战争期间,人们发现因为空中作战导致的死亡人数大大低于飞行事故导致的死亡人数。在飞机相关的活动中,飞行事故所导致的死亡人数占到了总死亡人数的三分之二。这种情况让工程师意识到人的能力是一定的,也逐渐开始关注人因问题。这个时期的人因更关注的人员的选拔和分类、飞行员的生理压力等。这个时期为了保证飞行员能在寒冷环境下工作,飞行员穿上厚的皮飞行外套、皮手套、皮靴等防寒衣物。战争结束之后,飞机逐渐演变成了封闭的客舱和封闭的驾驶舱,这使得飞机可以飞得更高更远,最初的客机和货机的概念也是从这个时候开始的。

飞机真正的迅速发展则开始于第二次世界大战。此时,各个战争参与国都在争夺空中优势,这种时代背景大大促进了飞机性能的提升。随着技术的飞速发展,飞机的速度比一战时提升了4倍,其飞行高度也上升到了30 000英尺,同时,飞行的导航问题、飞机间的通信等问题也都有了新技术的支持。随着飞机使用量的不断增多也让更多人注意到了飞机设计中存在的不良人因设计,比如:由于驾驶舱以及仪表的显示位置设计不当,经常造成飞行员阅读仪表失误或者操作控件失误,而这种失误往往会导致飞行中事故的发生。这时,人们才开始真正关注飞机设计中的人因问题。

第二次世界大战期间,飞机速度和高度等性能不断提升,但是驾驶飞机的人群并没有发生太大的变化,其能力极限也没有发生很大变化。这时,针对飞行员筛选的问题被提出,美国军方也提出了关于人的能力、机能、极限等的数据研究(U. S. Army Air Force Aviation Psychology Program)。在这个阶段也展开了关于飞机舱内噪声、对人的影响问题的研究,也开始使用模拟器来培训飞行员。

第二次世界大战结束之后,军用飞机失去了作战作用,转而用于民用领域,因此,针对民用飞机人因问题的研究逐渐增多。第二次世界大战中培养了许多有飞行经验的飞行员,但是战争结束之后,由于民用航空要达到乘客乘坐舒适、飞行安全、良好服务的目的,这和作战飞机有很大差异,所以对于如何筛选合适的飞行员驾驶民用飞机成了一个很大的问题。随后,McFarland和Gordon分别针对这个问题提供了一些筛选、训练、评估等的指导。军用向民用的转型同时也引发了空管控制等一系列的人因问题。从这个时期开始,针对航空领域的人因研究也如雨后春笋般蓬勃发展起来。随着喷气式飞机的诞生,新的人因问题也开始产生。喷气式飞机的仪表更少,操纵器也更少,系统功能也更加简化,只在加速时间上有差异,但是由于飞行员已经熟悉了老式飞机,所以在转向喷气式飞机的过程中,出现了一些速度的不适应问题。当然,现在速度的适应问题已经被高性能模拟器弥补了。

随着计算机技术和平板显示器的应用,飞机进一步发展,大屏显示器取代了传统驾驶舱中杂乱的仪表系统,这就是所谓的"玻璃驾驶舱"。随着新的驾驶舱的出现,也伴随着新的人因问题的产生。比如:很多人因专家开始关注飞行员驾驶时的情景意识,分析情景意识对于飞行员决策等活动的影响;自动驾驶舱功能的应用让飞行员成了自动驾驶时系统的一个被动观察者,这时,人因专家们开始关注自动驾驶过程中飞行员的人因问题等。

近年来,触摸屏技术已经广泛应用于人们的日常生活中,飞机设计师也将触摸屏技术引入了飞机驾驶舱的显示控制界面、客舱的娱乐设备及机载设备上。在驾驶舱中引入触摸屏解决了驾驶舱的复杂性带给飞行员的高负荷、易疲劳等问题,也可以缩短飞行员飞行培训的时间。现在,美国和欧洲都已经就触摸屏驾驶舱展开了研究,并设计出了基于触摸屏的驾驶舱,如美国的F-35战斗机、法国Thales公司研发的ODICIS等。触摸屏驾驶舱预计将会在2020年投入市场。但是,触摸屏的引入也带了新的人因问题,比如:在驾驶舱内,飞行员难以激活触摸屏区域,并会出现误操作问题;缺少了触感和听觉上的反馈,飞行员很难判断自己是不是完成了操作等。

从飞机人因设计的发展来看,每当有新的人机交互技术应用于飞机设计,总会引发新一轮飞机人机交互研究热潮。我们有理由相信未来仍会保持这样的发展趋势。正是技术的发展为飞机人因设计带来了无穷的研究热点。

3. 本书的主要内容及学习建议

飞机设计中的各个方面只要和人相关、涉及人的参与,都会涉及人因设计问题。本书将带领大家了解和学习飞机设计中的人因相关内容,下面对本书的基本框架和内容做一个简单的介绍,引导大家展开本书的学习。

本书的内容涉及了飞机设计中所需要考虑的主要人因问题,分为三部分。第一部分为基础篇,介绍了人的基本特性和相关分析、设计、评估方法,包括第1~3章。第二部分为设计篇,也是本书的重点部分,介绍了人的基本特性对飞机设计的影响和约束,主要从驾驶舱设计、客舱设计和维修性设计三个方面展开,包括第4~6章。第三部分为适航篇,主要介绍了飞机设计阶段适航对飞机的要求以及其中所涉及的人的因素,包括第7章和第8章。

第1章介绍了人的特性的相关内容,是整本书的基础,从人体的尺寸特性、人体感官特性、人体运动特性、人体心理特性、人的负荷五个方面展开了介绍。在学习这一章的时候,希望同学们可以展开人体测量、视力测量等相关实验,了解自身的人体特性。同时,也希望同学们可以结合身边的人机系统,考虑人体特性的一些实际应用。

第2章和第3章分别介绍了人因分析、测评与评估的方法和技术。这两个章节的内容是人因设计的理论基础,通过这两章的学习同学们可以掌握人的因素是如何通过分析、设计与研制、测试与评估三个阶段参与到系统设计中的。在进行这两章的学习时,建议针对书中所介绍的方法开设相关的实验课程,同学们分组设计实验,使用相关的方法分析、测评一个人机系统,更好地掌握这两章所讲的方法和技术。

第4~6章从设计的角度出发,分别介绍了飞机设计中的驾驶舱设计、客舱设计、维修性设计三个方面,涉及了三者的设计流程、需要注意的人因问题以及如何将人的因素融入系统设计中去。这三章是和飞机设计结合的最紧密的章节,也是本书学习的重点。每一个章节都介绍了设计的相关案例,希望同学们可以结合书中所讲的案例,阅读相关的参考文献,开展与飞机设计与评估相关的实践实验。

第7章和第8章从适航的角度出发,对适航进行了介绍,并讲解了飞机适航中与人因相关的问题。第7章介绍了适航的基本内容、各国的适航机构及适航规章,并针对相关的人因内容进行了分析。在学习本章时,建议同学们进一步查阅相关适航规章,并分析其中和人因有关系的条例,讨论应该从哪些方面展开飞机设计工作以满足适航的要求。第8章介绍了适航取证的几个阶段以及适航取证中的人因。本章最后一节以飞机安装电子导航图系统为例,讲解了适航认证计划的全过程,建议同学参考该节内容,并结合相关文献,分组对飞机其他系统的适航认证计划进行演练。

第一篇　基础篇

本篇介绍了人机工程所涉及的基础知识,围绕人的特性、系统人因分析、系统人因测试与评估三个部分展开。在系统的设计过程中,人因工作主要从分析、设计与研制、测试与评估三个方面参与系统的设计。人机工程在人的特性和设计实现之间搭建了一个桥梁,将人的特性融合到设计中去,也使系统设计满足人的要求。而人因测试与评估是为了验证这些人因需求是否得到贯彻落实。

人的特性是进行人机工程分析、设计和评估的依据,只有将人的特性纳入考虑的范围,才能获得安全、高效的系统性能。系统人因分析是飞机人因设计的第一步,通过分析系统的设计概念,介入设计流程,支持系统设计中的人因工程活动,是最早介入系统设计过程的人因工程活动。系统人因分析可以确定飞机设计中的人因需求,介入并指导后续的详细设计,本书第二篇所介绍的工作,即是在系统人因分析的基础上进一步细化进行的。人因需求在飞机设计中的贯彻落实,需要通过人因测试与评估来验证,以发现设计中存在的缺陷,然后修改方案,不断对设计方案进行改进和优化,直至设计出符合设计使用需求的系统。如此就完成了系统的整个设计流程。此外,人因测试与评估也是主要的人因相关适航符合性验证方法。

本篇共分为三章。第1章是人的特性,介绍进行系统设计时需要考虑的人的特性,包括人体尺寸、感官特性、心理特性、运动特性和负荷特性的相关内容。第2章是系统人因分析,介绍人因工程分析是如何进行系统设计概念的分析,如何介入系统设计流程,使用什么方法进行这些活动的。第3章是人因测试与评估,从基本概念、分类、测评方法和测评计划几个方面对人因测试与评估工作进行了介绍。

第 1 章　人的特性

在人-机-环系统中,人和产品总是相互作用、相互配合,共同承担系统的任务与功能。为使人能够在系统中顺利地进行工作,设计人员在系统设计中引入了"人的特性"这一概念。人的特性包括人体尺寸、心理特性、感官特性、运动特性和负荷特性五个方面,其中尺寸特性指人体的尺寸和活动空间大小的特性;感知特性指人接受外界信息时视听等感官特性;心理特性是指人的认知心理特点和个性差异;力学特性指人的运动系统和施力特点;负荷特性是人在工作时候承受的心理和生理负荷。

在系统设计中,必须要对人的特性进行研究,充分考虑人的特性,才能使人在系统中安全、健康、舒适和高效地工作。充分地考虑人的特性的设计往往能使人-机-环系统相互协调配合,充分地发挥人和设备的作用,达到物尽其用的理想效果;相反,如果不考虑或者未充分考虑设计中的人的特性,设计出来的产品往往不但不能达到预期的效果,同时也可能对人的身体健康造成不良影响。

本章将从人体尺寸、感官特性、心理特性、运动特性和负荷特性五个方面介绍人机设计中人的特性,让大家了解在设计的过程中应该考虑的人的特性。

1.1　人的尺寸特性

人的尺寸特性主要由人的身高、体宽、腿长、臂长等几何数据。在设计人机系统时,人体的各种尺寸是不能忽略的要素。如果设计时没有充分考虑人的尺寸,就不能保证设计出的产品满足人的特性,更不能保证使用者使用时的舒适性和安全性。人的尺寸数据是通过人体测量来获取的。人体测量指使用专业仪器在规定情况下对人体各部位尺寸进行测量,以确定个体之间、群体之间在人体尺寸上的差别,从而为各种工业设计和工程实际提供人体测量数据。

1.1.1　人体尺寸数据及测量

在对人体尺寸数据进行应用前,首先需要了解人体尺寸及其测量的基础知识。本书将相关的基础知识分为人体尺寸的百分位数、人体尺寸的分类、人体测量要求及测点和测量项目等四部分内容,前两项为人体尺寸数据的必要组成部分,后两项为人体测量的基础。

1. 人体尺寸的百分位数

百分位数是一个统计学术语,如果将一组数据从小到大排序,并计算相应的累计百分位,则某一百分位所对应数据的值就称为这一百分位的百分位数。它是一种位置指标,以符号 P_K 表示。一个百分位数将群体或样本的全部观测值分为两部分,有 $K\%$ 的观测值等于或小于它,有 $(100-K)\%$ 的观测值大于它。

人体尺寸用百分位数表示时,称人体尺寸百分位数。在国内,目前最常用的人体百分位数是 P_5、P_{50}、P_{95},其中,P_5 代表"小"身材的人群,指的是有 5% 的人身材尺寸等于或小于此值,而有 95% 的人身材尺寸大于此值;P_{50} 代表"中"身材的人群,指的是有 50% 的人身材尺寸小于此值,另外50%的人身材尺寸大于此值;P_{95}代表"大"身材的人群,指的是有95%的人身材尺寸等于或小于此值,而有5%的人身材尺寸大于此值。

2. 人体尺寸分类

人体尺寸主要分为静态尺寸和动态尺寸两类。静态尺寸,又称结构尺寸,是人体处于固定的标准状态下所测量的数据,包括人体主要尺寸、立姿人体尺寸、坐姿人体尺寸、人体水平尺寸以及人体头、手、足尺寸。人体动态尺寸,又称功能尺寸,是人体进行某种活动时肢体能达到的空间范围,是由肢体运动长度和运动角度相互协调产生的范围尺寸。动态尺寸包括以下几类:立姿的活动空间、坐姿的活动空间、单腿跪姿的活动空间、仰卧的活动空间。

GB/T 10000—1988《中国成年人人体尺寸》提供了人体静态尺寸测量和数据。GB/T 13547—1992《工作空间的人体尺寸》提供了我国成年人立、坐、跪、卧、爬等常取姿势功能尺寸数据。

3. 人体测量要求

进行人体测量时,需要使人按照一定的要求处于特定状态,这样的要求称为人体测量要求。人体测量要求包括人体基准面、测量方向、测量姿势及测量条件四部分,这些测量的具体要求可查阅 GB/T 5703—1999《用于技术设计的人体测量基础项目》。

(1)人体测量基准面

人体测量基准面是进行人体测量的基准,对人体尺寸的测量都是在人体测量基准面的平行面上进行的。人体测量基准面是由三个相互垂直的轴(垂直轴、矢状轴和冠状轴)来决定的,包括矢状面、冠状面和横断面。人体测量中设定的轴线和基准面如图1-1所示。

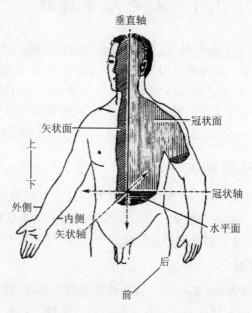

图1-1 人体测量基准面和基准轴

① 矢状面:通过铅垂轴和矢状轴的平面及与其平行的所有平面都称为矢状面。

② 正中矢状面:在矢状面中,把通过人体正中线的矢状面称为正中矢状面。正中矢状面将人体分成左、右对称的两部分。

③ 冠状面:通过铅垂轴和冠状轴的平面及与其平行的所有平面都称为冠状面。冠状面将

人体分成前、后两部分。

④ 横断面:与矢状面及冠状面同时垂直的所有平面都称为横断面。横断面将人体分成上、下两部分。

⑤ 眼耳平面:通过左、右耳屏点及右眼眶下点的横断面称为眼耳平面或法兰克福平面。

（2）测量方向

① 在人体上、下方向上,将上方称为头侧端,将下方称为足侧端。

② 在人体左、右方向上,将靠近正中矢状面的方向称为内侧,将远离正中矢状面的方向称为外侧。

③ 在四肢上,将靠近四肢附着部位的称为近位,将远离四肢附着部位的称为远位。

④ 对于上肢,将桡骨侧称为桡侧,将尺骨侧称为尺侧。

⑤ 对于下肢,将胫骨侧称为胫侧,将腓骨侧称为腓侧。

（3）测量姿势

立姿和坐姿是两种最常用的人体测量姿势。

① 立姿:身体挺直,头部处法兰克福平面,眼睛平视前方,肩部放松,上肢自然下垂,手伸直,掌心向内,手指轻贴大腿侧面,左、右足后跟并拢,前端分开大致成45°夹角,体重均匀分布于两足。

② 坐姿:躯干挺直,头部处法兰克福平面,眼睛平视前方,膝弯曲大致成直角,足平放在地面上。

（4）测量条件

① 被测者的衣着:测量时,被测者应裸体或尽可能少着装,且免冠赤足。

② 支撑面:站立面（地面）、平台或坐面应平坦、水平且不变形。

③ 身体对称:对于可以在身体任何一侧进行的测量项目,建议在两侧都进行测量,如果做不到这一点,应注明此测量项目是在哪一侧测量的。

④ 其他条件:胸部及其他受呼吸影响的项目宜在受试者正常呼吸状态下进行测量。

4. 测点和测量项目

人体测点是进行活体测量及骨骼测量所必需的点。这些常用测点有头顶点、鼻梁点、眼内角点、眶下点、耳屏点、肩峰点、大转子点、颈椎点、指尖点、足后跟点、趾尖点等。人体测量项目指人体测量时所需测量的项目。每一个人体测量项目都有明确的定义,如身高指在测量人的身高时,被测者足跟并拢,身体完全挺直站立,使用人体测高仪,量取从地面到头最高点（头顶点）的垂直距离。在 GB/T 5703—1999 中规定了人机工程使用的有关人体测量参数的基础测点和测量项目,其中包括:头部测点 16 个,躯干和四肢部位的测点共 22 个,测量项目 56 项。同时,GB/T 5703—1999 还对各基础测量项目的具体测量方法和各个测量项目所使用的测量仪器做了详细的说明。

1.1.2　人体尺寸标准

人体测量数据是一个国家的基础工程数据,是产品造型设计和空间布局设计的基本技术依据。各种与人有关的标准的确立都是以人体测量数据为基础。经济发达国家都非常重视本国的人体测量数据的调查和更新工作,从而为本国的科技和经济发展提供符合本国国民特征的基础数据。

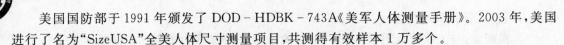

美国国防部于 1991 年颁发了 DOD – HDBK – 743A《美军人体测量手册》。2003 年,美国进行了名为"SizeUSA"全美人体尺寸测量项目,共测得有效样本 1 万多个。

1998 年,英国贸易与工业部颁布了《成年人人体尺寸和力量测量手册——用于设计安全的数据》。2001 年,英国贸易与工业部进行了名为"SizeUK"的全国性人体尺寸测量项目,采用了全新的人体扫描技术,对人体 130 个测点进行了准确快速的测量(每人测量工作在数秒内完成,误差在 2 mm 之内)。"SizeUK"样本达 11 000 人,建立了英国国家人体尺寸数据库。英国国防部于 2004 年发布实施的英国国防部标准 DEF STAN 00 – 25Human Factors for Designers of Equipements。

德国早在 20 世纪 70 年代就开始采集人体测量数据,德国标准协会(DIN)制定了诸如《工效学人体尺寸》等一批人体测量数据标准,并在 2005 年进行了全面的更新。

中国标准化研究院曾在 1986—1987 年完成了第一次全国成年人人体尺寸测量工作,抽样遍及全国 16 个省/市,测量样本量达 2 万余人。在本次测量的基础上,制定了 GB/T 10000—1988《中国成年人人体尺寸》等一系列人体尺寸国家标准。另外,针对飞行员的人体尺寸,我国于 2003 年制定了国家军用标准 GJB 4856—2003《中国男性飞行员人体尺寸》,之后围绕该标准制定了一系列军用标准。

以下为一些我国与人体测量相关的国家标准:

① 国家标准 GB/T 10000—1988《中国成年人人体尺寸》;

② 国家标准 GB/T 18717.3—2002《用于机械安全的人类工效学设计(第 3 部分)》;

③ 国家标准 GB/T 12985—1991《在产品设计中应用人体尺寸百分位数的通则》;

④ 国家标准 GB/T 13547—1992《工作空间的人体尺寸》;

⑤ 国家标准 GB/T 23698—2009《三维扫描人体测量方法的一般要求》;

⑥ 国家标准 GB/T 5703—2010《用于技术设计的人体测量基础项目》;

⑦ 国家标准 GB/T 23698—2009《三维扫描人体测量方法的一般要求》;

⑧ 国家军用标准 GJB 36—1985《飞行员人体侧面样板尺寸》;

⑨ 国家军用标准 GJB 36A—2008《飞行员人体模板设计和使用要求》;

⑩ 国家军用标准 GJB 4856—2003《中国男性飞行员人体尺寸》;

⑪ 国家军用标准 GJB 6895—2009《男性飞行员人体惯性参数》;

⑫ 国家军用标准 GJB 6896—2009《男性飞行员人体静态三维尺寸》。

1.1.3　人体尺寸数据应用

人体尺寸数据在应用时,针对不同用途的产品或系统设计,应在正确理解各项人体测量数据的定义、适用条件、人体百分位数的选择的基础上,根据产品和标准恰当地选择和应用各种人体测量数据,之后考虑不同的使用情况增加修正量,最终获取合适的人体尺寸数据作为产品的设计功能尺寸。

1. 人体尺寸的选择

通常,在设计时设计人员会选择人体尺寸作为设计界限,并以此为标准进行设计。按照所使用的人体尺寸的设计界限值的不同情况,可将产品尺寸设计分为 3 种类型。

Ⅰ型产品尺寸设计是指需要两个人体尺寸百分位数作为尺寸上限值和下限值依据的设计,又称双限值设计。典型的例子是汽车驾驶座椅的调节范围设计。驾驶座椅的调整应能够使方向盘、操纵杆、踏板等操纵机构及前挡风玻璃在纵向及铅垂方向的位置满足绝大多数驾驶员的各类身体特征。国际汽车设计界在对调整范围的设计中应用了双限设计,座椅调节的总范围在 5%～95% 之间,它涵盖了 90% 的人群。为了使驾驶员的眼睛位于最佳位置、获得良好的视野以及方便地操纵驾驶盘及踏板,高身材驾驶员可将座椅调低和调后,矮身材驾驶员可将座椅调高和调前。因此对于座椅的高低调节范围的确定需要取眼高的 P_{95} 和 P_5 为上、下限值的依据;对于座椅的前后调节范围的确定需要取臀膝距的 P_{95} 和 P_5 为上、下限值的依据。设计如图 1-2 所示。

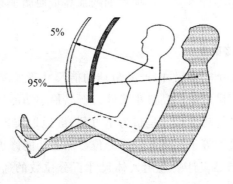

图 1-2 座椅设计时 5% 和 95% 人体模型示意图

Ⅱ型产品尺寸设计是指只需要一个人体尺寸百分位数作为尺寸上限值或下限值依据的设计,又称单限值设计。其中,只需要一个人体尺寸百分位数作为尺寸上限值依据的设计称为ⅡA型产品尺寸设计,又称大尺寸设计。例如,在设计门的高度、床的长度时,只要考虑到高大身材的人的需要,那么对矮小身材的人使用时必然不会产生问题,所以应取身高的 P_{99} 为上限值。只需要一个人体尺寸百分位数作为尺寸下限值依据的设计称为ⅡB型产品尺寸设计,又称小尺寸设计。例如,在确定栅栏结构、网孔结构或孔板结构的栅栏间距、网或孔直径时应取人的相应肢体部位的厚度的 P_1 为下限值。

Ⅲ型产品尺寸设计是指只需要第 50 百分位数作为产品尺寸设计依据的设计,又称平均尺寸设计。例如,门的把手或锁孔离地面的高度,开关在房间墙壁上离地面的高度,都分别只确定一个高度供不同身高的人使用。门把手离地面高度应取平均肘高的 50 百分位尺寸作为设计的依据。

2. 人体测量尺寸的修正

人体测量数据是在裸体或穿少量衣服,并对受试者的姿势有严格要求的情况下获得的,在用于设计时,应考虑各地区不同的着衣量、不同工作姿势而增加适当修正值。

(1)功能修正量

功能修正量是指为了保证实现产品的某项功能而对作为产品尺寸设计依据的人体尺寸百分位数所做的尺寸修正量。首先,因为国家标准中的人体测量值均为裸体测量的结果,在产品尺寸设计而采用它们时,应考虑由于穿鞋引起的高度变化量和穿着衣服引起的围度、厚度变化量。其次,在人体测量时要求躯干采取挺直姿势,但人在正常作业时,躯干采取自然放松的姿势,因此要考虑由于姿势的不同所引起的变化量。最后是为了确保实现产品的功能所需的修正量。所有这些修正量的总计为功能修正量。功能修正量通常用实验方法获得。功能修正量通常为正值,但有时也可能为负值。例如针织弹力衫的胸围功能修正量取负值。

（2）心理修正量

心理修正量是指为了消除空间压抑感、恐惧感或为了追求美观等心理需要而做的尺寸修正量。一个典型的心理修正量的应用例子是护栏高度的设计。在进行护栏高度设计时，对于3 000～5 000 mm 高的工作平台，只要栏杆高度略为超过人体重心高就不会发生因人体重心偏移所致的跌落事故，但对于高度更高的平台来说，操作者在这样高的平台栏杆旁时，因恐惧心理而腿发"酸"、"软"，手掌心和腋下出"冷汗"，患恐高症的人甚至会晕倒，因此只有将栏杆高度进一步加高才能克服上述心理障碍。这项附加的加高量便属于心理修正量。心理修正量也是用实验的方法获得的。

3. 产品功能尺寸的最终确定

产品功能尺寸有产品最小功能尺寸、产品最佳功能尺寸等。产品最小功能尺寸是指为了保证实现产品的某项功能而设定的产品最小尺寸。产品最小功能尺寸等于人体尺寸百分位数与功能修正量之和。产品最佳功能尺寸是指为了方便、舒适地实现产品的某项功能而设定的产品尺寸。产品最佳功能尺寸等于人体尺寸百分位数加上功能修正量与心理修正量之和。根据 GB/T 12985—1991《在产品设计中应用人体尺寸百分位数的通则》，人类工效学是以追求安全、健康、舒适、高效为目标的，所以只要客观上许可，就应当按最佳功能尺寸进行设计。例如，以设计乘客区顶高为例，若以男子身高第 90 百分位尺寸 1 754 mm 作为设计界限值，鞋跟高修正量取为 25 mm，高度的最小余量取为 90 mm，高度的心理修正量取为115 mm，则

最低层高＝1 754 mm＋(25 mm＋90 mm)＝1 869 mm≈1 900 mm

最佳层高＝1 754 mm＋(25 mm＋90 mm)＋115 mm＝1 984 mm≈2 000 mm

2 000 mm 即最终推荐的顶高尺寸。

1.2 人体感知特性

人的感知特性包括人的视觉、听觉、嗅觉、味觉和本体感觉等特性。在设计中要使人机交互过程能高效地进行，提升人的操作效率，设计人员就必须考虑人的感知特性，使操作者能更好地对系统进行感知。本节从人的感觉系统出发，介绍了人的各个感知特性，以及如何在设计中考虑人的这些特性。

1.2.1 视 觉

人的视觉系统主要包括视觉神经、视觉中枢和眼睛。外界影像通过视觉系统给人视觉刺激。视觉的刺激来自于光。光是电磁波，普通情况下，人眼所能感受到的电磁波的波长范围是380～780 nm。人的视觉应用非常频繁，它是人们认识物质世界和接收信息的主要通道，大约有 80％的信息是通过视觉通道获得的。

1. 视角与视力

视角指物体上两点间光线射入瞳孔在光心（节点）处交叉所形成的夹角，如图 1-3 所示。距离相同时，物体的大小与视角成正比，同一物体的距离远近与视角成反比。

视角的计算公式为

$$\alpha = 2\tan^{-1}\frac{D}{2L} \qquad (1-1)$$

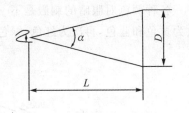

式中，α 为视角，用（′）表示，即$(1/60)°$；

D 为视看对象两点间的距离；

L 为眼至视看对象的距离。

图 1-3　人的视角计算示意图

眼睛能分辨被看目标物最近两点的视角称为临界视角。

视力是指眼睛分辨物体细部的能力，即分辨两点间的最小距离，以临界视角的倒数来表示，即

$$视力 = \frac{1}{能够分辨的最小物体的视角} \qquad (1-2)$$

人眼视力的标准中规定，当临界视角为1′时，视力等于1.0，此时视力为正常。当视力下降时，临界视角必然要大于1′，于是视力用相应的小于1.0的数值表示。视力随照度、背景亮度和物体与背景的对比度（反差）的递增而增大。背景亮度由零递增到 $600\ cd/m^2$（坎/平方米）时，视力相应增加；超过 $600\ cd/m^2$ 时，视力就很难提高了。

2. 视野与视距

视野是指当头部和眼球固定不动时，人所能看到的空间范围。人在水平面内的视野范围为双眼的最大视区在左右60°以内的区域。在垂直面内人的视野以视线水平时（水平线）为基准，人的最大视野是视平线以上50°和视平线以下70°，如图1-4所示。

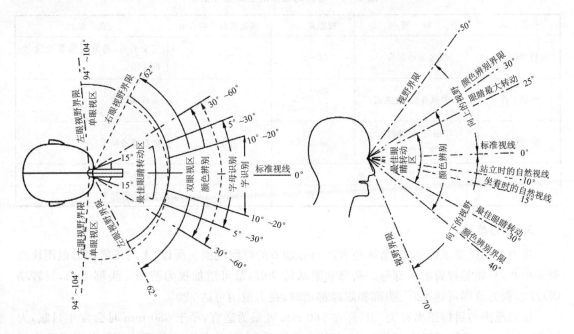

图 1-4　人的水平视野和垂直视野（毕红哲，庄达民，2010）

各种颜色对眼睛的刺激是不一样的,因此,不同色彩的视野也不相同。白色视野最大,其次为黄色和蓝色,再次为红色,绿色的视野最小,如图1-5所示。

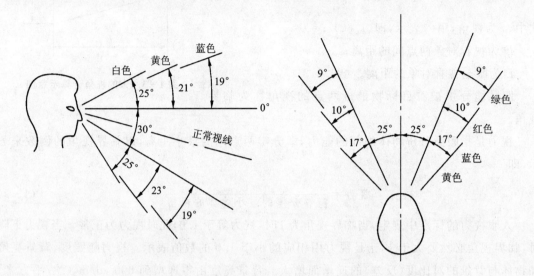

图1-5 人的对不同颜色的水平视野和垂直视野(毕红哲,庄达民,2010)

视距是人在作业中正常的观察距离。人在作业时,视距的远近直接影响着认读的速度和准确性,应根据观察目标的大小和形状而定视距。不同工种对视距的要求也不同,一般来说,工作精度越高,所需视距就越小。在正常作业中,通常采用38~76 cm的视距范围。表1-1所列是常见工作的视距推荐值(蒋祖华,2011)。

表1-1 常见的工作的视距推荐值

任务要求	举 例	视距离/cm	固定视野直径/cm	备 注
最精细的工作	安装最小部件	12~25	20~40	完全坐着,部分地依靠视觉辅助手段
精细工作	安装收音机、电视机	25~35 (多为30~32)	40~60	坐着或站着
中等粗活	印刷机、钻井机、机床旁边工作	50以下	小于80	坐着或者站着
粗活	包装,粗磨	50~150	30~250	多为站着
远看	黑板,开汽车	150以上	250以上	坐着或者站着

3. 视力范围

视力范围是要求能迅速、清晰地看清目标细节的空间范围。所以,人的正常视力范围比视野要小些,只能是视野的一部分。头部和眼球转动时,都可增加视力范围。头部不动,只转动眼球时,视力范围可达120°;头部和眼球都动时,视力范围可达220°。

视力范围与目标距离有关。目标在560 mm处最为适宜,小于380 mm时会发生目眩,大于760 mm时,细节看不清。此外,观察时头部转动角度,左右均不宜超过45°,上下也不宜超过30°。当视线转移时,约97%的视觉是不真实的,应避免在转移视线时进行观察。

4. 对比度感觉

人眼要能辨别某一背景前的物体，必须使背景与物体有一定的对比度。对比度可以分为亮度对比度和颜色对比度。

① 亮度对比度。人眼能分辨的对象与背景的最小亮度差与背景的最小亮度比叫做临界对比，用 C 表示。视力较好者，临界对比约为 0.01。对比度与照度高低、对象物大小和观察距离等因素有关。照明很差，亮度对比不明显，可能引起虚假的视觉现象，对于判断重要信息产生不良影响。

② 颜色对比度。工作对象和背景的颜色对比，对于分辨清晰度的效果十分重要。据实验证明，下列颜色对比较好：蓝-白、黑-黄、绿-白、黑-白、绿-红、红-黄、红-白、橙-黑、黑-绛、橙-白。

5. 暗适应和明适应

当人长时间在明亮环境中突然进入暗处时，最初看不见任何东西，经过一定时间后，视觉敏感度才逐渐增高，能逐渐看见在暗处的物体，这种现象称为暗适应（Dark Adaptation）。相反，当人长时间在暗处而突然进入明亮处时，最初感到一片耀眼的光亮，不能看清物体，只有稍待片刻才能恢复视觉，这称为明适应（Light Adaptation）。

暗适应是人眼在暗处对光的敏感度逐渐提高的过程。一般在进入暗处后的最初约 7 min 内，人眼感知光线的阈值出现一次明显的下降，以后再次出现更为明显的下降，大约进入暗处 25～30 min 时，阈值下降到最低点，并稳定于这一状态。据分析，暗适应的第一阶段主要与视锥细胞视色素的合成增加有关；第二阶段亦即暗适应的主要阶段，与视杆细胞中视紫红质的合成增强有关。图 1－6 所示为人的暗适应曲线图，来源于徐之毅（1984）的关于暗适应的研究。

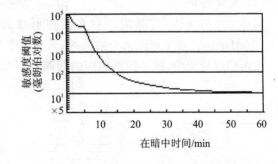

图 1－6　暗适应曲线图

明适应的进程很快，通常在几秒钟内即可完成。其机制是视杆细胞在暗处蓄积了大量的视紫红质，进入亮处遇到强光时迅速分解，因而产生耀眼的光感。只有在较多的视杆色素迅速分解之后，对光较不敏感的视锥色素才能在亮处感光而恢复视觉。

6. 视觉运动规律

这一部分主要介绍一些在设计时需要考虑的视觉运动规律。

① 眼睛的水平运动比垂直运动要快，即视物时往往先看见水平方向的东西，然后才看到垂直方向的东西。许多机器设计成长方形，就是根据此原理。

② 视线习惯于从左到右、从上到下的运动，看圆形仪表时，沿顺时针方向比沿逆时针方向看得迅速。

③ 眼睛对水平方向比对垂直方向的尺寸估计得要准确。

④ 当眼睛偏离视中心时，对左上象限的观察力优于右上象限，对右上限的观察力优于左下象限，右下象限最差。

⑤ 两眼运动是协调的、同步的，不可能一只眼转动，另一只眼睛不动；也不可能一只眼睛

看,另一只眼睛不看。

⑥ 对直线轮廓比曲线轮廓视觉易于接受。

⑦ 人眼或者头部快速转动时,不易引起视觉注意。

⑧ 目标连续更换时,人的视觉有时会出现失真现象。例如,观看曲线的时间久了,转换直线时,会把直线看成曲线。

⑨ 识别信息的细节要靠视力中心。视力边缘只能识别大致情况。

7. 视错觉

错觉(Illusion)是指人所获得的印象与客观事物发生差异的现象。造成错觉的主要原因有心理因素和生理因素。人们在劳动实践中可能发生的视错觉有以下几类。

(1) 长度错觉

判断物体长度时,若两端增添了附加物,可导致长短不同的错觉,如图1-7(a)所示。A线段看起来似乎长于B线段,但实际是一样长的。

(2) 方位错觉

若一物体被它物隔开分成两段,或由于附加物的干扰而歪曲了本身形象,如图1-7(b)所示,观察者看到这些平行线会错误地感觉是不平行的。

(3) 透视错觉

同样大小的物体呈现出远小近大的感觉。如图1-7(c)所示,三个相同大小的人,最后方的看起来最小,最前方的看起来最大,就说明了这个现象。

(4) 对比错觉

同样大小的物体,若其周围存在同样形状而大小不同的物体,便会引起对比错觉,如图1-7(d)所示。两个相同大小的圆圈,其中一个被较大圆圈所包围,另一个被较小的圆圈包围。在人们的视觉中,被小圆圈包围的圆圈显得大,而被大圆圈包围的圆圈显得小。

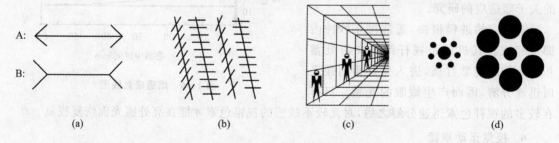

A:

B:

(a)   (b)   (c)   (d)

图1-7 视错觉

(5) 大小重量错觉

观察者对两个重量相同而大小不一的物体进行知觉时,会产生一种小物体比大物体更重的不正确的知觉。例如,有两个零件,一个是铝制的,另一个是黄铜制的,虽然两者一样重,但因比重不同,铜件显然比铝件小,观察者普遍会觉得铜制件更重些。

(6) 空间定位错觉

这是一种由于视觉和平衡觉的信号不协调而产生的不正确的空间知觉。例如,在高位作业时,人习惯于用地面的姿势状态来辨别空间位置,容易产生空间定位错觉;海上作业,由于远方天水一色,也容易产生空间定位错觉,把大海当蓝天,把蓝天当大海。图1-8所示为一个空间定位错觉的例子。

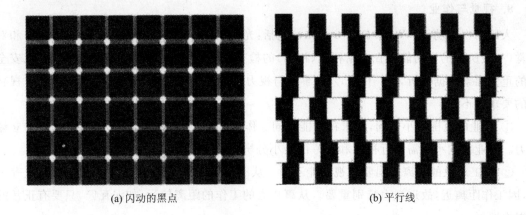

(a) 闪动的黑点　　　　　　　　　　　　(b) 平行线

图 1-8　空间定位错觉

（7）**颜色错觉**

因颜色而引起的不正确的知觉有以下几种：

① 颜色-重量错觉。同样重的物体涂的颜色不同，人们会有不同的轻重感。例如，涂黑色的物体似乎比涂天蓝色的重。

② 颜色-空间错觉。同样大的空间，如果四周涂上浅色比涂上深色显得更大。

③ 颜色-温度错觉。同样温度的车间，若四壁涂上冷色系，使操作者感到凉爽；若四壁涂以暖色系，会使操作者感到温暖。

④ 颜色-声音错觉。在多噪声的环境中，如果四周涂上绿色或紫罗蓝色，可使操作者感到比实际环境安静些。

（8）**直线运动错觉**

直线运动错觉，或称似动，顾名思义就是"似乎在动"，其实并未真动，确切地说是指在一定的时间和空间条件下，实际上不动的静止之物很快地相继刺激视网膜上邻近部位所产生的物体在运动的知觉，是一种错觉性的运动知觉。似动包括以下三种错觉：

① 自动运动。若在暗室中置一静止光点，人在几米远处对它凝视片刻，便会觉得此光点似乎在移动或游动。这种现象就称为自动运动。夜航飞行事故与此种现象颇有关系。

② 诱导运动。由于环境运动而使静止对象物看起来似在运动。相反，实际上运动着的对象却被误认为是静止的。"月亮在云层间匆匆地行走"便是诱导运动的一个例子。又如两列火车并排停在车站上，当一列火车开始运行，另一列虽然没有开动，但乘客似乎感到未开动的列车在向相反方向移动，而开动的那列火车却误认为是静止的。

③ 假现运动。若在两个不同的地方放置两个静止的光点，先后在间隔 0.06 s 的短时间内闪亮一次，则恰似一个光点在向另一个光点移动。电影、霓虹灯广告等常用这种假现运动错觉。

上述错觉是人所共有的，有时候被称为视觉习惯。人类视觉的这些特性常为建筑、绘图、雕刻、戏剧布景、服装设计等所利用，以达到设计效果。但是在精密仪器、设备设计时，要尽可能避免错觉,防止误读。

8. 视觉与作业

人眼的视觉功能(Visual Performance)包括:光觉、色觉、形觉(视力)、动觉(立体觉)和对比觉(一般所说的视功能检查多指行觉(视力)的检查)。视功能是影响劳动的产量、质量、安全等的重要因素。据分析,工厂中 25% 的事故与视力有关。在作业中,因作业性质不同,对视功能的要求也不同。

① 作业的范围大小不同,要求视功能不同。作业范围大的,要求远视力、周边视力和立体视力。作业范围小的需要近视力和良好的最小分辨力。

② 加工对象的距离不同要求视功能不同。从事精密仪器装修、仪表监视、雕刻、制版等工作,因工作距离近,故近视力特别重要。从事粗大的工作的距离较远,如泥瓦匠,只要有正常的远视力即可。

③ 作业性质不同要求的视功能不同。驾驶工作,包括各种运输工具、起重机、吊车等的操纵,要求具有远视力、辨色力、立体视力、眼肌平衡、周边视力和正常的暗适度;印染、纺织、冶炼、印刷、油漆、彩绘、化工等工作要求操作者具有良好的辨色力;一般机械加工,包括车床、铣床、磨床、冲床等要求操作者有适当的远视力、近视力、立体视力与眼肌平衡,对色觉与视野的要求按工作的情况而定;行政、财务、劳资计划等管理工作,一般要求业务人员具有远视力、近视力和调节功能。

1.2.2 听 觉

在人的感知特性中,听觉仅次于视觉。声音是由振源振动产生的,可以通过不同的媒介进行传递,一般我们主要考虑通过空气传入人耳的情况。机械振动是物体的声源,在弹性介质(气体、液体、固体)中传播形成声波,一定频率的声波作用于人耳就产生了听觉。声音的两个主要要素就是频率和强度(或振幅)。

1. 声波的频率

当敲击音叉时,它就以固有频率开始振动,每秒振动重复的次数就是频率。频率以赫兹(Hz)为单位。一般情况下,人耳对 $20\sim20\,000$ Hz 频率范围内的声音较敏感,其敏感程度随频率而变,且存在个体差异。

2. 声音的强度

声强与人对响度的感觉有关。声强是根据单位面积上的能量来定义的,如瓦特/平方米(W/m^2)。因为一般情况下能量的数值都很大,所以通常用对数来描述声强。贝尔(B)是测量时使用的基本单位。贝尔值是两个声强比率的对数。更多的时候使用分贝(dB;1 dB = 0.1 B)来描述声强。人耳刚好能感觉到其存在的声音的声压称为听阈,听阈对于不同频率的声波是不相同的,如图 1-9 所示,表明了人对不同频率和分贝的声音的听阈,给出了由听阈和痛阈两条曲线所包围的"听觉区域",所有可以听到的声音,其频率和强度都必定处在这个范围之内。由人耳的物理机构所决定的这个"平面",包括了写有"管弦乐"和"对话"

标志的两个区域。

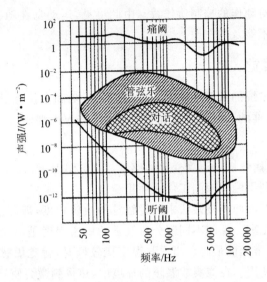

图 1-9　人的听觉阈(陈青,2007)

1.2.3　本体感觉

人的本体感觉包括平衡觉与运动觉两个方面。

1. 平衡觉

平衡觉是指人对自己头部位置的各种变化及身体平衡状态的感觉。平衡觉感受器位于内耳的前庭器官——半规管和耳石器中。人们对头和身体的移动、上下升降以及翻身、倒置等运动的辨别,都依靠平衡觉。它特别发生在乘船、乘车、乘飞机和跳伞、跳水的时候,对保持身体平衡有重要作用。前庭器官受强烈刺激时,可引起恶心和呕吐等内脏反应。

平衡觉对航空、航海事业是很重要的。前庭器官过于敏感的人就难以适应飞行和航海活动,会发生眩晕和其他不良反应;相反,过于迟钝的人,就不可能在高空和海洋准确地判断方位和发出敏捷的动作。

2. 运动觉

运动觉是人对自己身体各部位的位置及其运动状态的一种内部感觉。例如,当人闭上眼睛,能够感知自己是站着、坐着或躺着,能够感知手和脚的种种位置,都是靠运动觉。

运动觉的感受器有三种:一是广泛分布于全身肌肉中的肌梭,它接受肌肉收缩长短的刺激;二是位于肌腱内的腱梭,接受肌肉张力变化的刺激;三是关节内的关节小体,接受关节运动(屈、伸)的刺激。当人体动作时,上述感受器接收来自肌肉、关节的刺激,经传入神经最后传至大脑皮层的相应区域,使人感受自己在空间的位置、姿势以及身体各部位的运动状况。

运动觉经常同其他感觉相联系。同触觉或压觉相联系,形成辨别物体软硬、凹凸、光滑、粗糙等特性的触压觉。眼球内外肌肉运动觉同视觉相联系,形成目测物体远近和大小的能力。言语器官肌肉运动同言语听觉和字形视觉相联系,是形成内部言语(不出声的言语)的基础。运动觉涉及人体的每一个动作,是仅次于视、听觉的感觉。人的各种操作技能的形成,更有赖于运动觉信息的反馈调节。例如,技术熟练的打字员,依靠来自其手指、臂、肩等部位的运动觉

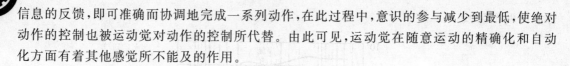

信息的反馈,即可准确而协调地完成一系列动作,在此过程中,意识的参与减少到最低,使绝对动作的控制也被运动觉对动作的控制所代替。由此可见,运动觉在随意运动的精确化和自动化方面有着其他感觉所不能及的作用。

1.2.4 其他感觉

从人的感觉对人机系统的重要性来看,除了视觉、听觉和本体感觉,还包括触觉、嗅觉、温度觉、痛觉等。一个高水准的人机设计系统和产品对这些方面都要认真考虑。

1. 触 觉

触觉包括压力感觉、痛觉以及温度变化的感觉。多数情况下,人都是利用手和指头作为信息的主要感受体。工人利用触觉探测工件表面粗糙度。

在工程应用中通常是用两点极限法来测量触觉的敏感程度,即测量感觉到压力是在两个点上时这两点间的最小距离。手的不同部分对触觉的敏感程度是不一样的,从手掌到指尖敏感度逐渐增加,指尖的分辨程度最高。当皮肤温度比较低时,触觉敏感度也会下降。因此,在低温环境中触觉要谨慎使用。在凉爽或温暖的环境中,热量刺激会使温度的感觉被屏蔽。

尽管平常触觉使用得很多,但人很少用触觉来交流信息。触觉主要用在替代听觉的地方,如作为耳聋的人的辅助工具,还可以替代视觉用作盲人的辅助工具。

2. 嗅 觉

在日常生活中,人经常使用嗅觉来表达一些其他器官所不能表达的信息,比如花的香味、热咖啡的气味等。嗅觉器官的结构很简单,但它的工作过程仍然是个谜。嗅觉上皮细胞是比较小的,这些细胞位于每个鼻孔的内上侧。嗅觉细胞包括感觉不同气味的嗅觉绒毛。这些细胞都是直接和大脑中的嗅觉区域相连的。

一般认为嗅觉是由进入鼻孔中的空气分子中的挥发性物质引起的。鼻子是探测各种气味的一个敏感的器官,它的敏感程度依靠物质的特点和用力吸的程度。尽管人们的嗅觉是很灵的,但往往有很高的错误警报率,一般都是把没有气味误认为有气味。然而嗅觉在对具体的气味的判断并不是很灵敏。对不同气味进行区别的能力也要依靠气味的类型和训练的程度而定。例如,实验发现没有经过训练的被测者只能辨别出 15～32 种气味,经过训练之后,一些人就能够辨别出 60 多种气味。

当仅从浓度上分辨气味时,大约能分辨三四种浓度。因此,可能从多种气味中辨认时嗅觉的效果并不是很好,但在感觉一种气味的存在与否还是很有效的。

嗅觉的用途并不是很广。原因之一就是信息的来源不是很可靠,因为人们对不同气味的敏感程度差异很大;不新鲜的空气可能降低敏感度;人们对气味适应得很快,片刻之后对这种气味的感觉就会麻木;气味的传播很难控制。

尽管存在这些问题,嗅觉还是有一定用途的,主要用在报警设备上。例如,煤气公司在天然气中加入一种气体,当天然气泄漏时就会闻到特别的味道。这一点也不亚于灯光报警设备的效果。

3. 味 觉

味觉是指食物在人的口腔内对味觉器官化学感受系统刺激后产生的一种感觉。呈味物质刺激口腔内的味觉感受体,然后神经感觉系统将信息传导到大脑的味觉中枢,最后通过大脑综合神经中枢系统的分析产生味觉。不同的味觉产生有不同的味觉感受体,味觉感受体与呈味物质之间的作用力也不相同。

口腔内感受味觉的首先是味蕾,其次是自由神经末梢,婴儿有 1 000 个味蕾,成人有几千个味蕾,味蕾数量随年龄的增大而减少,对呈味物质的敏感性也降低。一般人的舌尖和边缘对咸味比较敏感,舌的前部对甜味比较敏感,舌靠腮的两侧对酸味比较敏感,而舌根对苦、辣味比较敏感。人的味觉从呈味物质刺激到感受到滋味仅需 1.5～4.0 s,比视觉(13～45 s)、听觉(1.27～21.5 s)、触觉(2.4～8.9 s)都快。在四种基本味觉中,人对咸味的感觉最快,对苦味的感觉最慢,但就人对味觉的敏感性来讲,苦味比其他味觉都敏感,更容易被觉察。

1.3　人的心理特性

心理是人的感觉、知觉、注意、记忆、思维、情感、意志、性格、意识倾向等心理现象的总称,人的心理活动非常复杂。设计者对人的心理活动的研究主要集中在对人的心理过程的研究。心理过程是指心理活动发生、发展的过程,也就是人脑对现实的反映过程。人的心理过程可以概括为心理过程和个性心理特征两大方面,如图 1-10 所示。

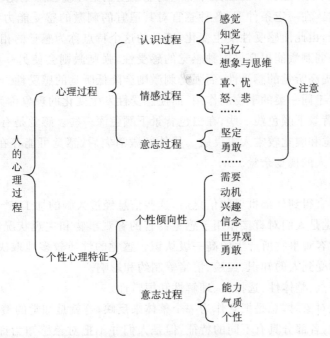

图 1-10　人的心理过程

1.3.1　人的认知过程

人的心理过程总体分为三种类型:人的认知过程、人的情绪过程和人的意志过程。其中,影响人的行为的主要是人的认知过程。

认知过程包括感觉、认知、记忆、思维等阶段。客观事物作用于人的感觉器官,人脑中产生对该事物某属性的特定反映,例如形、色、味等,称为感觉。把类似属性的事物集合成整体称为认知,例如把具有某种形、色、味集合的植物果实认知为苹果。把所认知事物的影像保留在脑中并能够再现,称为记忆。对多种认知的事物(含知识)进行分析、对比、思考,称为思维。通过思维,如果能使认识过程发展和深化,就能从个别到一般,从具体到抽象,从感性到理性,得到概念、定义,发现规律、定理,进行正确地判断、预测。

本节对人的认知过程的介绍主要分为以下几部分:感觉与知觉、注意与记忆、想象和思维。

1. 感觉和知觉

(1) 感 觉

感觉是人的最简单、最基本的生理过程,人主要通过感觉器官(眼、耳、鼻等)获取周围环境和自身状态的各种信息。较高级的心理过程,如直觉、注意、情绪等,都是在感觉的基础上产生的。感觉是其他一切心理现象的源头和"胚芽",是认知客观世界和了解自身状态的开端。

每一种产生感觉的感受器官通常最容易接受一种能量形式的刺激,且对这种刺激最敏感。这种感官的最敏感的刺激形式就是感受器的适宜刺激。如视觉器官眼睛接受的适宜刺激是一定范围的电磁波。感官在接受刺激时,对信息载体的能量要求也有一定的限度,太小太大都不行,这种对刺激能量的要求范围称为感官的感觉阈,如视觉的感觉阈为$(2.2\sim5.7)\times10^{-17}$J 到$(2.2\sim5.7)\times10^{-8}$J。当一定强度的刺激持续作用于感官时,感觉会逐渐减少以致消失,这就是感觉适应,如人从中午烈日下的强光环境里到屋子里稍暗环境会感觉比较黑,但是过了一段时间后会恢复正常。在一定条件下,各种感官对其适宜的刺激的感受能力才将受到其他刺激的干扰影响而降低,由此使感受性发生变化,感觉的这个特点称为感觉的相互作用。感觉相互作用的一般规律是弱刺激能提高另一种感觉的感受性,强刺激则会使另一种感觉的感受性降低,如微光刺激可提高听觉的感受性,而强光刺激则会降低听觉的感受性。同一感受器官接受两种完全不同但属于同一类的事物的作用,而使感受性发生变化的现象称为感觉对比,如同样的灰色圆,在黑色背景下颜色浅一些,在白色背景下颜色深一些。感觉是有补偿和发展两个特点,如调味师的味觉和嗅觉较常人更灵敏。另外刺激消失后,感觉可能存在极短的时间,如胶片电影就是利用了人的视觉余觉。

(2) 知 觉

人通过感觉器官得到外部世界的信息后,这些信息经过大脑的加工,产生对事物总体的认识,就是知觉。知觉是人们对直接作用于感觉器官的客观事物和主观状况的整体反映。知觉是在感觉基础上对客观事物所产生的高一级认识。感觉的性质较多地取决于刺激的性质,直觉在很大程度上却受到人的知识、经验、情绪等制约和影响。

知觉有以下特点:整体性、选择性、理解性和恒常性。

人在知觉客观对象时,总是把它作为一个整体来反映,这就是知觉的整体性。知觉对象是由许多部分组成的,各部分具有不同的特征,但是人们并不把对象感知为许多个别的、孤立的部分,而总是把它知觉为一个统一的整体,如走进教室,人们不是先感知桌椅,后感知黑板、窗户,而是完整地同时感知它们。

知觉选择性是指个体根据自己的需要与兴趣,有目的地把某些刺激信息或刺激的某些方面作为知觉对象而把其他事物作为背景进行组织加工的过程。

知觉的理解性表现为人在感知事物时,总是根据过去的知识经验来解释它,判断它,把它归入一定的事物系统之中,从而能够更深刻地感知它,这就是知觉的理解性。从事不同职业和有不同经验的人,在知觉上是有差异的。如工程师检查机器时能比一般人看到、听到更多的细节;成人的图画知觉与儿童相比,能更深刻地了解图画的内容和意义,知觉到儿童所看不到的细节。

当知觉的条件在一定范围内发生改变时,知觉的映像仍然保持相对不变,这就是知觉的恒常性。例如,对过去认识的人,决不会因为他的发型、服装的改变而变得不认识;一首熟悉的歌曲,不会因它高八度或低八度而感到生疏,或因其中个别曲子走调,就认为是别的歌曲。

除了知觉的这几个特点外,我们还要注意错误的知觉——错觉。错觉是对外界事物不正确的知觉,它是知觉恒常性的颠倒。人的错觉在人机系统设计中可能造成检测、判断、操作的失误,应该避免。但是有时设计也会利用错觉,如从远处看,圆形比同等面积的三角形或正方形大出约 1/10,交通上利用这种错觉规定圆形为表示"禁止"或"强制"的标志。

2. 注意与记忆

注意是一种常见的心理现象,它是一个人的心理活动对一定对象的指向和集中。这里的"一定的对象",既可以是外界的客观事物,也可以是人体自身的行动和观念。

注意有两个基本特征,一个是指向性,是指心理活动有选择地反映一些现象而离开其余对象。二是集中性,是指心理活动停留在被选择对象上的强度或紧张。指向性表现为对出现在同一时间的许多刺激的选择;集中性表现为对干扰刺激的抑制。它的产生及其范围和持续时间取决于外部刺激的特点和人的主观因素。

记忆是一个复杂的心理过程,它可以具体划分为识记、保存、再认、再现等阶段。记忆是由感觉记忆、短时记忆和长时记忆三个相互联系的记忆系统组成。

许多实验表明,长时记忆是以比较高水平的语义的编码形式来储存信息的,而短时记忆则是在感觉记忆的基础上主要以语音听觉的编码形式来储存信息的。长时记忆的遗忘机制主要是干扰,而短时记忆的遗忘机制主要是迅速的衰退。从长时记忆中提取信息需要有较长的搜索时间,而从短时记忆提取信息则需要极短的时间。短时记忆的信息或者经不断的复述而进入长时记忆,或者迅速衰退而遗忘,而长时记忆中的信息能经久不衰,甚至终生难忘。

在人因设计中,要尽量减少必须学习的信息总量,当学习无法避免时,应该用记忆线索来帮助回忆。人们用规则和分类来处理世界上的复杂事物,设计人员应该在设计中利用结构性来支持这一过程,这是人机信息交换的基本原理之一。把复杂的信息用分级的方法分解成较简单的组成部分,可以帮助人们理解和记忆。通过存储在不同层次上组成和描述对象的若干事实,与一开始用来分析和理解对象间联系的存取通道相结合,就能记住许多复杂的现象,从而理解这些信息。信息所赋予的分类和结构性越多,信息也就越容易被学习。在设计人机界面时,应采用操作者熟悉的语言和术语,把面向机器功能概念的操作改为面向操作者使用目的的操作,以便使操作者比较容易记忆。

3. 想象和思维

想象是人利用原有的形象在人脑中形成新的形象的过程。思维是人脑对客观现实的见解和概括的反映,它是对输入信息更深层次的加工。

思维具有以下一些基本特征:

思维的间接性。它是指思维对事物的把握和反映,是借助于已有的知识和经验,去认识那些没有直接感知过的或根本不能感知到的事物,并预见和推知事物的发展进程。如人们常说的"以近知远"、"以微知著"、"以小知大"、"举一反三"、"闻一知十"等,就反映了思维的这种间接性。

思维的概括性。思维是人脑对于客观事物的概括认识过程。所谓概括认识,就是它不是建立在个别事实或个别现象之上,而是依据大量的已知事实和已有经验,通过舍弃各个事物的个别特点和属性,抽出它们共同具有的一般或本质属性,并进而将一类事物联系起来的认识过程。通过思维的概括,可以扩大人对事物的认识广度和深度。

思维与语言具有不可分性。正常成人的思维活动,一般都是借助语言实现的。语言的构成是"词",而任何"词"都是已经概括化了的东西,如人、机器、人机系统等,反映的都是一类事物的共有或本质特性。它们是人类在许多年的社会发展进程中固定下来的,为全体社会成员所理解的一种"信号",是以往人类经验和认识的凝结。利用语言(或词、概念)进行思维,大大简化了思维过程,也减轻了人类头脑的负荷。

1.3.2 个性差异

不同的人其心理特性是有差异的,它来自于人的个性差异。人的个性差异包括个性倾向性与个性心理特征两方面内容。

1. 个性倾向性

个性倾向性是推动人进行活动的动力系统,是个性结构中最活跃的因素。决定着人对周围世界认识和态度的选择和趋向,决定人追求什么,包括需要、动机、兴趣、爱好、态度、理想、信仰和价值观。

2. 个性心理特征

个性心理特征是个体身上经常表现出来的本质的、稳定的心理特性,主要包括气质、性格和能力。人的个性发展存在着差异,其中最明显、最主要的个性差异主要表现在气质、性格、能力等方面。心理特性对于实现"以人为本"的人因设计目的,设计出令人满意、身心愉悦的产品是不可或缺的。为了正确理解一个人的心理特性,以下将对气质、性格、能力等要素进行深入剖析,使同学们了解人的心理特性。

(1)人的气质

气质是用于描述人们的兴奋、激动、喜怒无常等心理特性,它与人的体质因素有关。现代心理学把气质定义为:个体表现在心理活动的强度、速度、灵活性与指向性等方面的一种稳定的心理特性。

(2)人的性格

性格是人对现实的稳定态度和习惯化的行为方式中所表达出的具有核心意义的心理特性。生活于现实中,每个人对周围客观事物的种种影响都会通过认知、情感和意志等活动将反映保存和巩固下来,形成自己独特的、稳定的态度体系,并以一定方式表现于行为活动中,构成个人特有的行为方式。

性格是个性中具有核心意义的心理特性,是一贯的、稳定的心理特征、思维和行为方式。在个性中,性格是最重要、最显著的心理特性。人的性格是现实社会关系在人脑中的反映,人的性格与意识倾向性相联系,受价值观、人生观的支配,性格体现着一个人的本质属性,具有明显的社会道德评价意义,有好坏之分。同时,性格对能力、气质有影响作用。性格是后天形成的,但一经形成就比较稳定,并贯穿于人的全部行为活动之中。人在生活中一时性的、偶然的表现反映出某种心理特性,不能看成是一个人的性格特征,而只有经常、习惯性的表现才能认为是他的性格特征。

（3）人的能力

能力是人成功地完成某种活动所必备的直接影响活动效率的一个人的心理特性。例如，画家必须要具备色彩鉴别能力、形象记忆能力、估计比例的能力。现代心理学上所指的能力含两种意义：一种是指个人已经具备并在行为上表现出来的实际能力。例如，某人会说英语，能操作电脑等。另一种是个人将来可能发展并表现的潜在能力。如人们常说，某人是"可造之才"，或某人具有文学、音乐方面的"天赋"，就是这种意义。潜在能力是实际能力形成的基础和条件，实际能力是潜在能力的展现。二者有着密切联系。

1.4　人体力学特性

在人机系统中，人主要通过运动施力来完成人机系统的交互，实现对外界子系统刺激的反馈。人的各种运动施力是通过运动系统完成的，而人的运动系统包括骨骼系统和肌肉系统两大部分。在进行与人相关的产品设计时，要考虑到人的力学特性，包括人的施力大小、关节范围因素、静态和动态肌肉施力等。根据这些特性进行人因设计才能保证人机系统能够满足人的力学特性。

本节首先简单介绍人的运动系统，然后分析人的施力特点，最后介绍设计中需要考虑的人的力学特性。

1.4.1　运动系统

人的运动系统由骨、关节和肌肉三部分组成。全身的骨通过骨连接形成骨骼，肌肉附着于骨，且跨过关节，由于肌肉的收缩与舒张牵动骨，通过关节的活动而产生各种运动。而在运动过程中，骨是运动的杠杆，关节是运动的枢纽，肌肉是运动的动力，三者协调配合，完成各种动作。下面介绍人的运动系统。

1. 骨骼系统

（1）骨　骼

人体内共有 206 块骨，其中 177 块直接参与人体运动。人体骨骼系统结构如图 1-11 所示。根据结构形态和功能，人体骨骼系统可以分为颅骨、躯干骨、上肢骨和下肢骨四大部分。

骨骼系统有支持人的身体、保护人的内脏器官、代谢造血等作用。特别地，骨是使人体形成各种活动姿势和操作动作的基础。附着于骨的肌肉收缩可牵动骨绕关节运动，在人体运动中，骨起到了杠杆的作用。人机工程学中的动作分析都与这一功能密切相关。

（2）关　节

骨与骨之间的连接称为骨连接，骨连接包括直接连

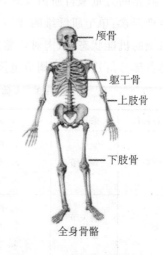

图 1-11　人体的骨骼系统

接(如头骨连接)和间接连接。骨的间接连接即关节,具有较大的活动性,如肩关节、肘关节、腕关节。骨与骨之间除了由关节相连外,还由肌肉和韧带连接在一起。因韧带除了有连接两骨、增加关节的稳固性的作用以外,它还有限制关节运动的作用。因此,人体各关节的活动有一定的限度,超过限度,将会造成损伤,人体处于各种舒适姿势时,关节必然处在一定的舒适调节范围内。这是人机工程设计需要考虑的内容。

2. 肌肉系统

不论人体骨骼与关节机构怎样完善,如果没有肌肉,就不能运动。所以,人体活动的能力决定于肌肉。人体的肌肉依其形状构造、分布和功能特点,可分为平滑肌、心肌和横纹肌三种。人体运动主要与横纹肌有关,因此在人的运动特性这部分所讨论的肌肉仅限于横纹肌。人体横纹肌共 400 块,它们的总重约占体重的 40%。肌肉的功能就是通过自身的收缩与舒展来使人完成动作。肌肉的收缩形式包括三种,如表 1-2 所列。

表 1-2　三种肌肉收缩形式

工作形式	肌肉长度变化	外加阻力与肌张力比较	运动中的动能	肌肉对外做的功	人的肌肉酸痛情况
向心收缩	缩短	小于肌张力	加速	正	最轻
离心收缩	拉长	大于肌张力	减速	负	最显著
等长收缩	不变	等于肌张力	固定	零	居中

1.4.2　施力特性

人的施力特征主要包括:主要关节的活动范围、肢体的出力范围、不同姿势下的施力这三个方面。本节以及下节的人的肢体力量分布等图来源于丁玉兰(2011)的《人机工程学》一书。

1. 主要关节的活动范围

肢体的力量来自肌肉收缩,肌肉收缩时所产生的力称为肌力。肌力的大小取决于以下几个生理因素:单个肌纤维的收缩力,肌肉中肌纤维的数量与体积,肌肉收缩前的初长度,中枢神经系统的机能状态,肌肉对骨骼发生作用的机械条件等。表 1-3 所列为人体主要活动范围和身体各部分舒适姿势的调节范围。表 1-3 来源于孙林岩(2007)年《人因工程》一书。

表 1-3　人体主要活动范围和身体各部分舒适姿势的调节范围

身体部位	关　节	活　　动	最大角度/(°)	最大范围/(°)	舒适调节范围/(°)
头至躯干	颈关节	1. 低头,仰头	+40,-35①	75	+12～25
		2. 左歪,右歪	+35,-55①	110	0
		3. 左转,右转	+55,-55①	110	0
躯干	胸关节腰关节	4. 前弯,后弯	+100,-50①	150	0
		5. 左弯,右弯	+50,-50①	100	0
		6. 左转,右转	+50,-50①	100	0

续表 1-3

身体部位	关 节	活 动	最大角度/(°)	最大范围/(°)	舒适调节范围/(°)
大腿至髋关节	髋关节	7. 前弯,后弯	+120,-15	135	0(+85~+100)②
		8. 前拐,后拐	+30,-15	45	0
小腿对大腿	膝关节	9. 前摆,后摆	+0,-135	135	0(-95~-120)②
腿至小腿	脚关节	10. 上摆,下摆	+110,+55	55	+85~+95
脚至躯干	髋关节 小腿关节 脚关节	11. 外转,内转	+110,-70①	180	+0~+15
上臂至躯干	肩关节(锁骨)	12. 外摆,内摆	+180,-30①	210	0
		13. 上摆,下摆	+180,-45①	225	(+15~+35)
		14 前摆,后摆	+140,-40①	180	+40~+90③
下臂至上臂	肘关节	15. 弯曲,伸展	+145,0	145	+85~+110
手至下臂	腕关节	16. 外摆,内摆	+30,-20	50	0
		17. 弯曲,伸展	+75,-60	135	0
手至躯干	肩关节 下臂	18. 左转,右转	+135,-120①	250	-30~-60④

注:给出的最大角度适于一般情况。年纪较高的人大多低于此值。此外,在穿厚衣服时角度要小一些。有多个关节的一串骨骼中(如躯干),角度相叠加产生更大的总活动范围(例如低头、弯腰)。

① 得自所给出关节活动的叠加值;② 括号内为坐姿值;③ 括号内为在身体前方的操作;④ 开始的姿势为手与躯干侧面平行。

2. 肢体的施力范围

在操作活动中,肢体所能发挥的力量大小除了取决于上述人体肌肉的生理特征外,还与施力姿势、施力部位、施力方式和施力方向有密切关系。只有在这些综合条件下的肌肉出力的能力和限度才是操纵力设计的依据。

在直立姿势下弯臂时,不同角度时的力量分布如图 1-12 所示。由图可知,大约在 70°处可达最大值,即产生相当于体重的力量。这正是许多操纵机构(例如方向盘)置于人体正前上方的原因。

在直立姿势下臂伸直时,不同角度位置上拉力和推力的分布如图 1-13 所示。可见最大拉力产生在 180°位置上,而最大推力产生在 0°位置上。

坐姿时下肢不同位置上的脚蹬力大小如图 1-14(a)所示,图中的外围曲线就是足蹬力的界限,箭头表示用力方向。可知最大脚蹬力一般在膝部屈曲 160°时产生。脚产生的蹬力也与体位有关,脚蹬力的大小与下肢离开人体

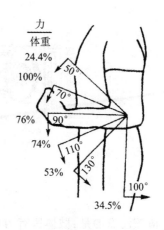

图 1-12　直立弯臂力量分布

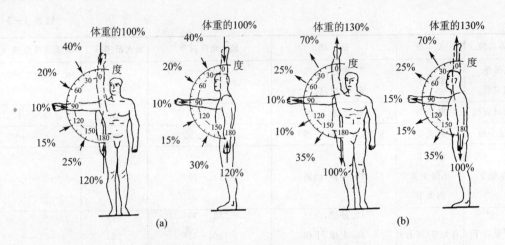

图 1 - 13　立姿直臂时的拉力与推力分布

中心对称线向外偏转的角度大小有关,下肢向外偏转约 10°时的蹬力最大,如图 1 - 14(b)
所示。

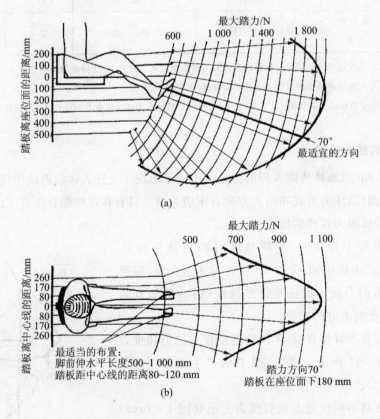

图 1 - 14　不同体位下的蹬力

　　应该注意的是:肢体所有力量的大小都与持续时间有关。随着持续时间延长,人的力量很
快衰减。例如,拉力由最大值衰减到四分之一数值时,只需要 4 min,而且在劳动过程中任何
人力量衰减到一半的持续时间是差不多的。

1.4.3 姿势与施力

人体所处的姿势是影响施力的重要因素,在对作业姿势进行设计时,必须考虑这一要素。需要注意的是,人的肌力大小因人而异,男性的力量比女性平均大 30%～35%;年龄是影响肌力的显著因素,人的力量在 20 岁左右达到顶峰并保持 10～15 年,随后下降。在考虑不同姿势下的施力情况时,要注意年龄和性别的因素。图 1-15 所示为人体在不同姿势下的施力状态。图 1-15(a)为常见的操作姿态,其对应的施力数值见表 1-4,施力时对应的移动距离见表 1-5;图 1-15(b)为常见的活动姿态,其对应的施力大小见表 1-6,施力时相应的移动距离已标在图 1-15(b)中。

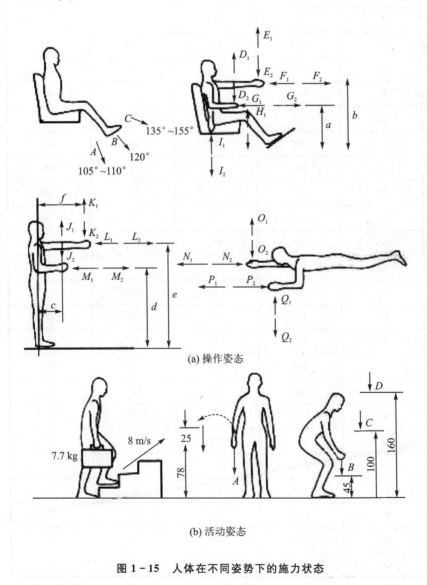

(a) 操作姿态

(b) 活动姿态

图 1-15 人体在不同姿势下的施力状态

表 1-4　人在各种状态时的力量　　　　　　　　　　　　N

施　力	强壮男性	强壮女性	瘦弱男性	瘦弱女性
A	1 494	969	591	382
B	1 868	1 214	778	502
C	1 997	1 298	800	520
D_1	502	324	53	35
D_2	422	275	80	53
F_1	418	249	32	21
F_2	373	244	71	44
G_1	814	529	173	111
G_2	1 000	649	151	97
H_1	641	382	120	75
H_2	707	458	137	97
I_1	809	524	155	102
I_2	676	404	137	89
J_1	177	177	53	35
J_2	146	146	80	53
K_1	80	80	32	21
K_2	146	146	71	44
L_1	129	129	129	71
L_2	177	177	151	97
M_1	133	133	75	48
M	133	133	133	88
N_2	564	369	115	75
N_1	556	360	102	66
O_1	222	142	20	13
O_2	218	142	44	30
P_1	484	315	84	53
P_2	578	373	62	42
Q_1	435	280	44	31
Q_2	280	182	53	36

表 1-5　人体发力时所移动的距离

cm

距　离	强壮男性	强壮女性	瘦弱男性	瘦弱女性
a	64	62	58	57
b	94	90	83	81
c	36	33	30	28
d	122	113	104	95
e	151	141	131	119
f	65	61	57	53

表 1-6　人体在各种状态时的力量

N

施　力	强壮男性	强壮女性	瘦弱男性	瘦弱女性
A	42	27	19	12
B	134	87	57	37
C	67	43	23	14
D	40	25	11	7

1.5　人的负荷特性

　　人的负荷指的是人在进行工作时,身体和精神上承受的体能消耗和精神负担,其中包括体力负荷和脑力负荷。工作负荷会对操作者产生极大的影响。负荷过大,将会导致错误率提升,甚至任务失败;而负荷过小,人们的工作要求远低于工作能力,不仅工作成果少,而且也会出现工作效率降低、不适感增加以及个人成就感降低等现象,所以合理的工作负荷也并非就是任务越少越好。无论工作超负荷还是工作低负荷,都不利于保持人们的高效率。以从事信息工作的人群为例,如果信息呈现速度超出了人的处理能力,就会出现漏失信息或歪曲信号、延迟反应等情况;如果信息呈现的概率很低,较长时间才会出现一种刺激,则信号觉察时间或信号漏报的可能性将大大增加。因此,对工作负荷进行研究,对工作效率成果的优化是十分重要的。

　　人的负荷分为体力负荷和脑力负荷,其介绍如下。

1.5.1　体力负荷

　　体力工作负荷是指人体单位时间内承受的体力工作量的大小。工作量越大,人体承受的体力工作负荷强度越大。然而,人体的工作能力是有一定限度的,超过这一限度,作业效率就会明显下降,同时其生理和心理状态也会出现十分明显的变化,严重时会使操作者处于高度应激状态,导致事故发生,造成人员财产的损失。所以对操作者承受负荷的状况进行准确评定,既能保证工作量,又能防止操作者在最佳工作负荷水平外超负荷工作,这是人因设计的一项重要任务。

　　体力工作负荷可以从以下三个方面进行测定——生理变化、生化变化、主观感觉。生理变化测定主要通过吸氧量、肺通气量、心率、血压和肌电图等生理变量的变化来测定体力工作负荷。生化变化是通过测量由于人体持续活动而伴随产生的体内多种生化物质含量的变化测定体力工作负荷,其中乳酸和糖原的含量是较重要的、同时也是较常被测定的项目。主观感觉测定是通过人的主观感觉测量体力工作负荷的测定方法,是测定体力工作负荷最方便、同时也是较常用的方法。

1.5.2 脑力负荷

脑力负荷是与体力负荷相对应的一个术语,也可称为心理负荷、精神负荷、脑负荷、脑力负担等,表示人在工作中的心理压力。

脑力负荷是衡量人的信息处理系统工作时被使用情况的一个指标,并与人的闲置未用的信息处理能力成反比,人的闲置未用的信息处理能力越大,脑力负荷就越低;反之,人的闲置未用的信息处理能力越小,脑力负荷则越大。脑力负荷与任务有关,也和个体有关,个体能力、工作动机、工作策略、工作情绪以及工作者的状态等都是影响脑力负荷的因素。

脑力负荷可以用两个因素概括表示:一个是时间占有率,另一个是信息处理强度。时间占有率是指在给定的时间内,人的信息处理系统为了完成给定的任务不得不工作的时间。时间占有率越低,脑力负荷越轻;时间占有率越高,脑力负荷越重。信息处理强度是指在单位时间内需要处理的信息量或处理信息的复杂程度。信息处理强度越大,脑力负荷越重,反之则脑力负荷越轻。

脑力负荷测量技术主要包括三类:主观测量技术、生理测量技术和任务测量技术。其中,脑力负荷主观测量是通过人类主观的感觉的来测量脑力负荷水平。脑力负荷生理测量是一种基于身体的物理反应而进行的测量方法,测量指标包括眼动指标、心电指标、脑电指标、呼吸指标等。脑力负荷的任务测量通过测量个人在任务中绩效的优劣或者脑力负荷的增加测量他们的绩效的变化,进行脑力负荷的评估与测量。

思考题

1-1 人的特性包括哪些内容?

1-2 在人机工程系统设计中,人体测量数据是如何使用的?

1-3 与人的视觉特性相关的设计点包括哪些?

1-4 在人的认知心理过程中,与设计相关的地方包括哪些?

1-5 人的力学特性包括哪些设计点?

1-6 什么是人的负荷?包括哪些内容?

扩展阅读

[1] 蒋祖华. 人因工程[M]. 北京:科学出版社,2011.

[2] 刘建军. 人机工程学入门:简明参考指南[M]. 北京:机械工业出版社,2010.

[3] 毕红哲. 航空人机工程计算机仿真:[M]. 北京:电子工业出版社,2010.

参考文献

[1] 丁玉兰. 人因工程学[M]. 上海:上海交通大学出版社,2004.

[2] 孙林岩. 人因工程[M]. 北京:高等教育出版社,2007.

［3］李建中. 人机工程学［M］. 徐州：中国矿业大学出版社，2009.

［4］蒋祖华. 人因工程［M］. 北京：科学出版社，2011.

［5］廖建桥. 人因工程［M］. 北京：高等教育出版社，2006.

［6］袁修干. 人机工程［M］. 北京：北京航空航天大学出版社，2002.

［7］刘建军. 人机工程学入门：简明参考指南［M］. 北京：机械工业出版社，2010.

［8］毕红哲. 航空人机工程计算机仿真：［M］. 北京：电子工业出版社，2010.

［9］孙向红. 吴昌旭，张亮，等. 工程心理学作用、地位和进展［J］. 中国科学院院刊，2011，26（6）：650-660.

［10］徐之毅. 正常眼暗适应曲线［J］. 眼科研究，1984，03：152-153.

［11］杨桦. IBC 的数字影院日（二）［J］. 影视技术，2003，06：14-17.

［12］刘付勤. 化"错"为趣——引入视错觉的情趣化设计研究［J］. 艺术生活-福州大学厦门工艺美术学院学报，2013，03：71-73.

［13］陈青. 基于线控技术的电动汽车操控系统人机界面研究［D］. 天津：河北工业大学，2007.

［14］GB/T 10000—1988，中国成年人人体尺寸［S］.

［15］GB/T 5703—1999，用于技术设计的人体测量基础项目［S］.

［16］GJB 4856—2003，中国男性飞行员人体尺寸［S］.

［17］GB/T 12985—1991，在产品设计中应用人体尺寸百分位数的通则［S］.

［18］GB/T 13547—1992，工作空间人体尺寸［S］.

［19］GB/T 18717.3—2002，用于机械安全的人类工效学设计［S］.

［20］GB/T 23698—2009，三维扫描人体测量方法的一般要求［S］.

［21］GB/T 5703—2010，用于技术设计的人体测量基础项目［S］.

［22］GJB 36—1985，飞行员人体侧面样板尺寸［S］.

［23］GJB 36A—2008，飞行员人体模板设计和使用要求［S］.

［24］GJB 6895—2009，男性飞行员人体惯性参数［S］.

［25］GJB 6896—2009，男性飞行员人体静态三维尺寸［S］.

第 2 章　系统人因分析

在系统设计过程中,人因分析最早介入设计过程,它主要通过分析系统的设计概念介入设计流程。人因分析可以分为任务分析、功能分析、功能分配、操作任务分析和绩效分析(预测)这五个阶段。任务分析定义了研制系统的总体要求,即系统的运行要求以及系统的运行环境,为之后的人因分析提供信息输入。功能分析将从任务分析得到的功能、性能、界面要求等进行分解,转换成相关系统的功能描述,以指导之后的操作任务分析和综合设计活动。功能分配决定了系统功能如何执行和分配,是由人单独执行、由机器单独执行还是二者共同执行,并在这三者之间找到最合理的分配。为实现系统功能,针对操作者的任务操作进行的研究叫做操作任务分析。当定义了操作任务之后,通过绩效预测,可以用来分析并预测操作者执行其分配任务的质量。

本章将首先对人因分析的流程进行系统性描述,然后分别详细介绍任务与场景分析、功能分析、功能分配、操作任务分析和绩效预测这五个阶段以及各阶段所使用的人因分析方法,并为每一个阶段提供一个使用示例以方便读者学习和掌握。

2.1　人因分析

2.1.1　人因分析相关定义

在系统设计阶段早期,人因分析通过分析系统的设计概念介入设计流程。这样可以保证系统在设计之初就充分考虑人的因素,在进行设备选择时合理考虑人员负荷、保证人员完成目标任务的绩效。另外,还可以降低设计诱发的人因差错,减少事故的发生;充分考虑人的限制以及技能水平,进行人力资源要求优化;同时合理地定义自动化等级,分配人机功能,在保证驾驶员情境意识的情况下最大程度发挥自动化系统的优势。

为了便于读者理解人因分析中的相关术语和本书中所叙述的内容,本节给出了一些经常使用的术语、定义,这些定义摘自 MIL‐HDBK‐1908B:Defintions of Human Factors Terms,与人因相关的更多术语的定义可查阅该文件。

1. 系统(System)

所谓系统是指有若干相互作用和相互依赖的事物组合而成的具有某种特定功能的整体。

2. 系统工程(System Engineering)

系统工程是指用系统方法将系统运行需要和(或)需求转变成系统方案的过程,包括设计、制造、测试与评估以及产品支持过程等。系统工程是一个自上而下的迭代循环过程,包括需求分析、功能分析与分配、设计综合与验证以及系统分析和控制。

3. 人因工程（Human Engineering）

将人的能力和局限相关的知识应用于系统或设备的设计与开发，以在最小成本、人力、技能和培训需求的前提下获得高效且安全的系统性能。人因工程可以确保系统或设备的设计、人的操作任务需求以及工作环境满足操作者、维修人员、控制人员、支持人员的感觉、知觉、精神和身体要求。人机工程主要由人因分析、人因设计、人因测评构成。

4. 任务（Mission）

系统按设计意图所要完成的任务，这种任务一般会有一个预期环境，如白天/夜晚作战侦查。

5. 功能（Function）

由系统所执行的广义活动，如运输。

6. 操作任务（Task）

对于一个直接的目的，所要执行的一系列活动（感知、决策和相应）的组合，如换轮胎。以操作者或维护者使用的语言进行编写。

7. 操作子任务（Subtask）

操作任务中，为实现特定目标的一部分所执行的一个活动，如拆掉螺母。

2.1.2　人因分析流程

人因分析流程可以分为以下几个阶段，即任务分析、功能分析、功能分配、操作任务分析和绩效分析（预测）。人因分析首先需要对系统任务和场景进行分析，基于分析结果，识别并描述出系统为实现其目标所必须执行的功能。之后对功能进行分析，以便最优地分配给人员、硬件、软件或它们的组合。对于那些有人参与的功能，需要进行更深入的分析，直至定义出实现功能所必须完成的操作任务，完成功能分配。进一步，需要对每一操作任务进行分析，以确定人的行为参数，操作任务对实现目标的关键性，系统、设备、软件及相关的用户界面（实现对必需的显示器、控制器和工作空间的设计或选择），以及执行操作任务的环境条件。在可能的情况下，应尽量将操作任务的要求进行量化，并且其表达形式应该有助于研究人与系统界面。最终通过操作任务分析得到的数据可为工作界面、工作环境的设计，工作负荷评估以及人员选择和培训提供支持。在分析的过程中，需要识别系统对人的能力的要求与人的实际能力的差距、人因的相关风险，并提出风险应对方法。同时，分析工作应与设计工作保持同步。图 2-1 所示即为人因分析的一般流程及不同阶段分析之间的输入/输出关系。

在人因分析各阶段产生的信息是不同的。在任务分析阶段最终获得的信息是任务需求；之后的功能分析阶段将获得与系统功能相关的信息；以系统功能信息为基础进行功能分配，将明确人的功能与机器的功能；这些功能通过任务分析进一步提炼为人的任务与机器的任务；通过绩效预测可以预测相应的绩效。这些信息相互影响，相互流动，形成信息流。图 2-2 所示即为人因分析各阶段产生的信息及信息流动。

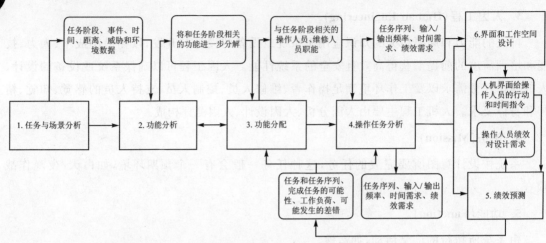

图 2-1 人因分析各主要活动及其相互关系(摘自 Beevis,1992)

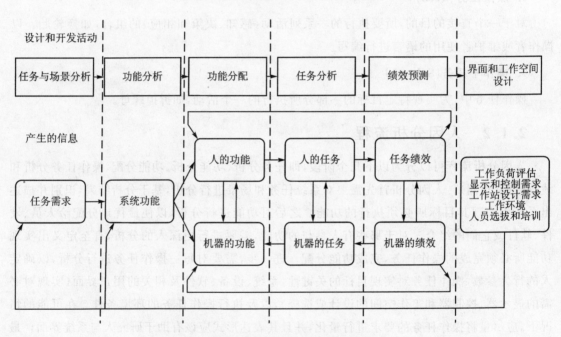

图 2-2 人因分析各阶段产生的信息及信息流动(摘自 Beevis,1992)

2.1.3 人因分析与系统设计的关系

人因工程通过在系统设计中充分考虑人因来实现人与系统的集成,因此人机工程活动与系统工程活动有着密切的联系。图 2-3 说明了人因分析在系统设计各阶段的介入情况,图中,工作负荷预测属于绩效分析的内容,而样机与界面评估属于界面和工作空间设计的内容。

作为人机工程活动的一部分,人因分析活动将会向并行的系统工程设计活动提供反馈信息,图 2-4 说明了人因分析活动与并行的系统工程活动之间的对应关系。这一过程遵循系统工程的迭代循环过程,即分析、综合、测试方案是否可行,改变功能分配或操作者和维修者的任务以保证满足系统运行要求。因此,在这个意义上,人因分析技术将操作者和维修者活动相关

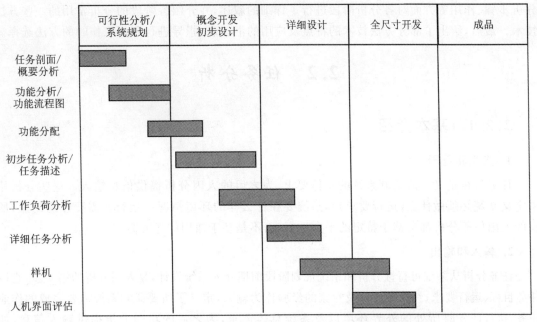

图 2 - 3　大型系统中典型的人因计划（摘自 Beevis 和 St. Denis，1992）

的信息分解，并确认相关的设备，这些分析技术在综合成一个系统设计解决方案的背景下进行使用。

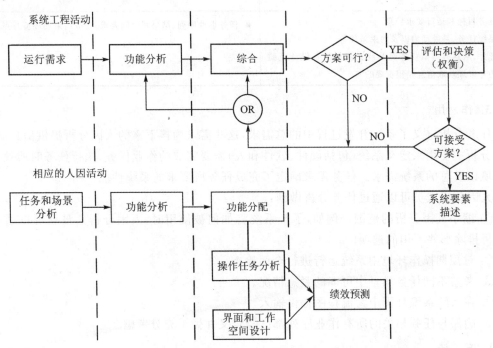

图 2 - 4　人因分析与系统工程活动的对应关系（摘自 Beevis，1992）

　　在对人因分析的基本流程及其目的有所了解后，我们将针对人因分析的 5 个阶段，即任务场景分析、功能分析、功能分配、操作任务分析和绩效预测，从相关定义、范围、输入/输出、基本分析步骤、作用等方面对各分析阶段进行了详细的叙述,并介绍各阶段的分析常用的一些方法技术。最后,给出了部分方法技术的特点及应用的汇总表,指导进行分析工作时的方法选择。

2.2 任务分析

2.2.1 基本介绍

1. 定义和范围

任务分析定义了所研制系统的总体要求,为之后的人因分析提供信息输入。这些分析用来定义系统必须做什么(运行要求)和系统要在什么样的环境情况中运行。需要注意的是,所有的人因任务分析都是基于特定的平台进行,而不是基于通用的任务需求。

2. 输入和输出

任务分析从系统可行性分析和系统规划阶段前期介入系统设计,是人因分析的第一步,它以任务目标、运行要求、约束条件以及专家的经验作为输入,定义了所要研制系统需要完成的作业任务、执行任务时所处的外界环境以及系统总体需求,为之后的功能分析提供输入信息,如表2-1所列。

表 2-1 任务分析的输入输出

输　入	输　出
● 任务目标和运行要求信息 ● 系统任务、系统动力以及约束条件等 ● 此外,从具有类似任务经验或者相似设备设计经验的专家那获取信息是很重要的	● 任务事件序列、结果和时间要求,任务约束和环境特点

3. 作　用

任务分析定义了系统开发过程中的总需求,这些需求为接下来的人因分析提供信息服务。任务分析主要用来定义系统(包括硬件、软件和人)需要完成的作业任务、执行任务时所处的外界环境以及总的系统需求。任务需求确定了完成任务所要求的系统性能。

人因分析人员可以通过任务分析做到:

① 缩小人因分析的范围。例如,了解系统将如何被使用时,人因分析人员就可以通过任务分析排除那些不用的选项。

② 对预期操作环境中系统运行进行全面检查。

③ 考察不同任务场景中可能的紧急情况。

④ 在后续系统分析中为流程图提供输入。

⑤ 确保与任务相关的所有作业序列都已经定义并做了充分考虑。

4. 方　法

任务剖面和任务概要是用于任务分析的最常用方法。任务剖面提供了图表形式的任务信息;任务概要是一种叙述性的任务描述,提供了文字形式或点条目形式的任务描述。下面以飞机为例给出了任务剖面绘制的应用示例。

2.2.2　任务剖面绘制

1. 介　绍

任务剖面是对设备在完成规定任务的时间内所要经历的全部重要事件和状态的一种时序性描述。它描绘了操作人员在一个新系统中可能面临的事件或情形。

任务剖面展示了一个图解的二维任务片段。它为人因分析人员提供了一种简单的方法，使特殊的操作阶段的系统和操作要求更加形象化。对于任务剖面通常与飞行系统(高度/距离剖面)相关，但也适用于其他系统，如导航(纬度/经度剖面)和水下操作(深度/距离剖面)。每一种飞机的设计都有其特定的一个或多个飞行任务剖面。

任务剖面最显著的一个特征是提供了与任务完成相关的重要任务的标识符号，为下一步的功能分析提供了任务阶段、事件、重要的时间信息、距离信息等，例如，在飞机任务剖面上将会标示出转向不同的航向、加速到指示空速、无线电通信等其他重要任务信息。

2. 绘制方法

使用合适的比例在直角坐标系中标定出重要的任务事件，就可以绘制出任务剖面。如果在一个剖面图中无法将所有必要的操作要求都表示出来，那么就必须确定另外的剖面图来标识出所有必要的操作要求。

顶层目标和系统操作要求是绘制任务剖面的数据来源，同时任务剖面的绘制数据也可以参考之前绘制类似系统的经验。

图 2-5 所示是一个典型的任务剖面图，它是根据从机场起飞的总飞行距离绘制的。在剖面图或任务图上标出了飞机主要任务的相应位置，说明了一个任务段的起点和终点。剖面图下面的动作注释用来说明操作者与系统的交互，并用来确认和评估外界因素的影响。

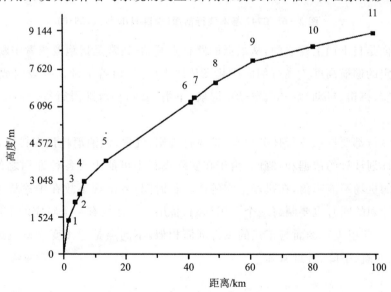

1—飞越标准仪表飞行起飞离场航路点1；2—转向航向105°；
3—加速到指示空速450 km/h；4—飞越标准仪表飞行起飞离场航路点2，航向88°，指示空速450 km/h；
5—加速到指示空速500 km/h；6—飞越标准仪表起飞离场航路点3；7—航向飞行开始段；
8—开始爬升0.65Ma；9—遇到交通冲突；10—继续爬升；11—遇到交通冲突

图 2-5　任务剖面图示例

3. 应用示例

任务剖面在飞机的飞行中也称为飞行剖面,指飞机完成一次飞行任务各个阶段的飞行轨迹(航迹)在垂直剖面上的投影图形,是飞机在不同时间(或距离)上对应的高度所表示出来的图形,图2-6所示为B747基本飞行剖面模型。

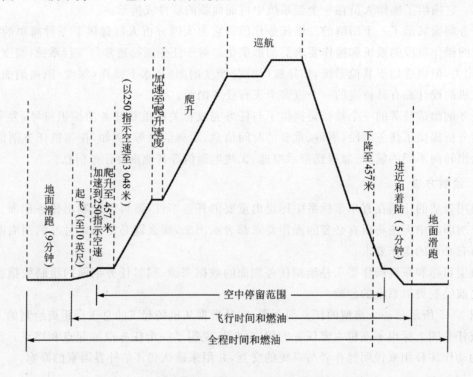

图2-6 B747基本飞行剖面(摘自Hale等人,2010)

飞行剖面是自下而上建立的,从最低的路径点开始(通常是指跑道或者中断进近复飞点),最终到达预定的巡航高度。飞行剖面以起飞基地为原点,由若干种任务段组成,包括滑行、起飞、爬升、巡航、待机、机动、空-空、空-地、巡航、下滑、着陆和着陆滑行等。标准的飞行剖面如图2-7所示。

每一次飞行都要按照飞行任务要求,按飞行规则、气象、燃油消耗量安排出飞行计划,飞行剖面是飞行计划计算的依据和基础。由于在实际飞行中可能出现各种计划之外的情况:如天气变化使目的机场不能降落,在机场上空等待较长时间,或出现事故在中途机场降落等,因此在制订飞行计划的同时也要制订一个备用计划,备用飞行计划有一个对应的备用飞行剖面,如图2-8所示。备用飞行剖面与正式的飞行剖面相似,不同点是起飞变为复飞或进近失败,然后重新爬升、巡航、下降、进近着陆。

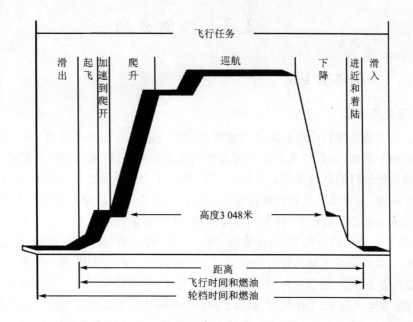

图2-7　剖面图

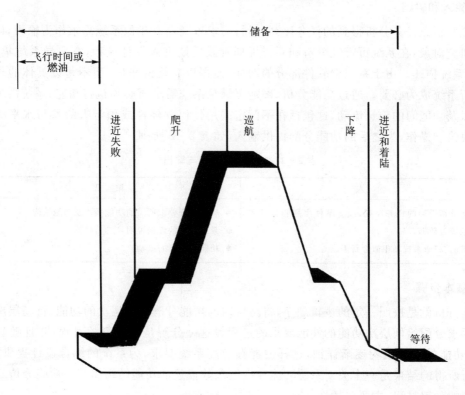

图 2-8　备用飞行剖面

2.3 功能分析

2.3.1 基本介绍

1. 定义和范围

功能是完成系统目标所必需的一系列离散的行动。这些功能或者是直接明确说明,或者从需求说明中得到,它们的执行或实现最终通过使用设备、设施、软件、人员或其组合来达到。

功能分析的目的是将从任务分析得到的功能、性能、界面要求等进行分解,转换成相关的系统功能描述,用来指导之后的操作任务分析以及综合设计活动。进行功能分析,人因分析人员需要知道系统必须做什么(任务),做得怎样(性能要求)以及设计的限制因素等。在功能分析中,人员在系统中的合理角色(操作者、维护人员、程序员、决策者、沟通、监控等)需要明确并定义清楚,另外也要尽可能对设备性能进行可比较估计。能力要求、相关的操作者和维修人员的数量需要与人力资源、培训机构协调,保证一旦装备,系统是可用的。估计每一操作者和维修人员信息功能在生产效率、工作负荷、精度、速度和时间延迟等方面的能力。这些估计最初用于系统功能分配,之后会被细化以用来定义操作者和维护人员信息需求和控制、显示、通信需求。

2. 输入和输出

功能分析以任务分析得到的任务序列、运行需求以及已有相似系统需求作为输入,以系统功能为研究对象,在系统可行性分析和系统规划阶段后期进入设计过程,它引导系统集成、优化研究、系统描述。由于系统中软件部分的增加,使得以功能的角度,而不是以具体的子系统角度分析系统成为必要。通过功能分析,确定了满足系统需求所必须执行功能、系统需求的详细说明以及功能间的信息流动,这包括在不假定采用任何软硬件或预定人的参与水平的情况下人的决策和操作,为之后的功能分配提供输入,如表2-2所列。

表 2-2 功能分析输入与输出

输 入	输 出
● 任务分析得到的任务序列,或者事件序列和运行需求的等效数据 ● 以前的、相似系统和相似运行需求	● 满足系统要求所需的功能描述及功能结构 ● 系统需求的详细说明 ● 功能间信息的流动

3. 基本步骤

功能分析就是按照一定的逻辑顺序,将高层次的功能分解成低层次的功能,将高层次功能的性能要求分配给低层次功能的性能要求的过程。这一分解是个重复的过程,并且随着分解的进行,功能的层次结构逐渐详细,这样便能够分配系统要求,为系统的综合设计提供支持。功能分析所得的结果是一个关于系统功能和性能参数描述的功能结构体系。功能分析是一个自上而下的分解过程,主要包括:

① 在功能方面定义系统,然后将顶层功能分解成子功能,即在一个较低的层次确定系统所需执行的行动;

② 将高层次的性能要求转换成详细的功能和性能设计标准和限制,即确定功能实现的

质量；

③ 确定所有的内外部功能界面；

④ 确定系统中已有组件的功能特点，并在功能分析中予以考虑；

⑤ 检查全寿命周期的功能，包括适用于具体项目的主要功能；

⑥ 研究备选的满足要求的功能方案；

⑦ 重复需求分析步骤以解决功能分析问题。

功能分析一般都要包含以下 3 个步骤：

（1）功能划分

功能划分是在适合的可能使用的组件的基础上进行功能分组，并使每一个界面的功能尽可能少的过程，是功能分解的一部分，是功能逻辑分组，有助于理解现有设备或组件在系统中的运作方式。

（2）需求循环

在功能分析的过程中，需求分析被重复执行，这是因为指定组件或标准引起的功能冲突、鉴定功能排序或者互不兼容的需求造成的冲突等问题都要求检查高一层次要求的符合性。

（3）功能结构

功能分析的输出结果是功能结构，其基本形式是一个与性能相关的功能的层次分解。功能结构不仅展示了必须执行的功能，还说明了功能的逻辑顺序以及相应的性能要求。另外，它还包括现有设备的功能特性的描述。

4. 作　用

功能分析关注的是满足系统需求所必需的功能，但不关心功能实现的方式。从系统和功能的角度看，新系统研发流程如图 2-9 所示。功能分析在细化复杂系统组件的设计要求方面是有用的，为研发团队提供了一个理解和交流的共同点。这样可以创造一个统一的设计团队以解决系统设计中的各种问题，这标着设计过程的进步。美国在研制 F-22 的项目中成立了一个这样的团队，称为综合产品小组（IPT），事实证明是非常有效的。

实际上，由于项目计划与资源的限制，设计人员往往只分析那些被认为是最困难的领域。为了节约资源，新的功能分析一般在已有的基本系统的老的功能分析的基础上分析新旧设计的差距以及新设计的关键功能。

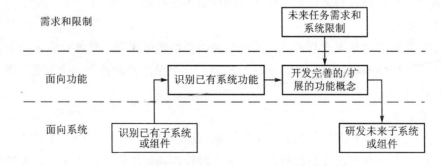

图 2-9　从系统和功能的角度看，新系统研发流程

5. 常用方法

以下是几种常用的功能分析方法，对于不同类型和规模的项目，这些方法的适用性是不同的。这些方法使用的图形符号和内容不同,组合规则不同;有些方法可以记录数据流,有些方法可以记录控制流,还有一些方法可以记录将两者结合起来的信息。因为使用循环递归的方式,这些方法一般不能精确地表现时间,但大多数方法都有其特定的形式支持系统化地描述系统功能:

① 功能流程图;

② 序列和时序(SAT)图;

③ 结构化分析和设计技术(SADT);

④ 计算机辅助制造定义(IDEF);

⑤ 信息流动及处理分析;

⑥ 状态转移图;

⑦ Petri 网(P/T net);

⑧ 行为图。

2.3.2 功能流程图

1. 介 绍

功能流程图,又叫状态流程图或状态转移图,是一种可以完整地描述控制系统的工作过程、功能和特性的图形分析方法。

（1）功 能

功能是系统所必须完成的内容,所有的功能都可以分解或划分成更细的功能。相似系统的顶层与第一层功能往往是相同的,某些具体的操作可能会要求修改这些高层功能,但是这些变化一般发生在较低层次的功能上。对一个大项目来说,比如气垫车辆系统,是总的系统功能。第二个层次的功能就是说明各个任务阶段的系统操作(或维修)功能。第三个层次可以通过可衡量的绩效单位来定义特定的功能。操作者、设备和软件的功能分配就在这个层次上。第四个层次的功能是操作者的总体任务分析。功能层次的详细方案和定义的总原则,必须基于所要分析的特定系统的总规模和范围。一般来说,系统越小,同级别的功能分析就越详细。大的系统或项目需要经过更多层次才能达到同样的详细程度。

（2）流 程

在系统中将所有与系统或分系统相关的各种功能按顺序排列。每种功能是一个动词或者名词的组合,有时名词是设想的,形容词是附加的。每个单独的功能用一个矩形方框表示,每个方框按顺序编号。

（3）参考框图

如果一个功能在流程图的其他地方重复出现,就需要使用同一个符号,这时前一个框图就叫做参考框图。每个功能流程图都包含一个下一级较高功能流程的参考框图。参考框图也用来指示在不同页码中出现的同级功能。

（4）符 号

功能框之间的箭头表示通常情况下系统功能的执行顺序,功能流程图中的箭头通常向右。

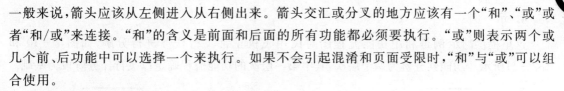

一般来说，箭头应该从左侧进入从右侧出来。箭头交汇或分叉的地方应该有一个"和"、"或"或者"和/或"来连接。"和"的含义是前面和后面的所有功能都必须要执行。"或"则表示两个或几个前、后功能中可以选择一个来执行。如果不会引起混淆和页面受限时，"和"与"或"可以组合使用。

其优势主要有如下：

① 这种方法最适于应用在方案阶段的早期以及研制阶段。

② 系统功能的这种分析决定着以后的研究方法。

③ 需要在不安排操作者、设备或软件的情况下就能启动流程图。

功能流程图法能够根据一个系统全部的要求而提供详细全面列表，即一个系统功能和必须考虑到的确保完成任务的多方面因素的列表，它可以提供所有的系统需求的详细要点。如能正确地构建，这个列表将会覆盖各种功能形式，即能反映各种相似系统(例如机动车、船只和飞行器等)通用的功能结构层次，又能反映某一具体类型装备(卡车、飞行器)的功能结构层次，可一直反映到具体任务执行的功能单元。在考虑到保证系统执行任务能力的条件下，它可以用作系统功能的详细检查表。

功能的详细分析对确定详细的系统要求、可能的设备以及人员、设备或系统调整的要求是必要的，通过分析可以有效确定哪些功能应该由设备完成，哪些应该由人来完成。功能流程图应标出哪些系统功能应该由操作者、设备和软件来完成，或由它们的某些组合来完成。

功能流程的制定比较容易。一些人因分析方法要求特殊的先期培训，功能流程图法只需要很少的培训。另外，它还是一种相对快速的分析方法，因此是经济而高效的。

2. 实施流程

① 建立高层次流程图，描述同一系统的不同设备之间相互关系。

② 由系统或任务目标开始，功能流程图不断细化，由系统的要求逐渐细化到操作者任务层面。

③ 功能流程图建立起来之后，检查每个图解方框图，框图中对名词注解加上动词，使系统变得更清晰。

④ 对功能流程图中的功能及其子功能进行评审，分析与系统要求相关的可能变化。在早期研制阶段，对可替换的任务要求与该要求所可能带来的影响有所考虑，对可能的操作者的界面要求、能力、所需特殊保障、潜在问题及可能的解决方案做出评估，分析者可提供一个初步的工作负荷数据，并为人员配备和培训提供资料。

3. 应　用

功能流程图编号系统提供了一个从低层次到高层次或是同一层次功能之间合理的跟踪方法；功能流程图法在修改方面比较灵活，部分功能流程的变化对其他部分的影响很小，因此，易于用来表示人员、设备和软件之间基本功能分配调整的效果。由于这种灵活性和易于使用，它是对系统功能进行快速分析的理想方法，比如可以回答其他项目分系统设计者所提出的问题。功能流程图法是表示不同功能之间关系的理想方法。经过设计，它可以在同一页上显示 40～50 个不同的功能。如果有足够的空间，整个系统或分系统都可能按所期望的详细层次展示出来。

4. 示 例

这里提供的示例是利用功能流程图对民用飞机正常飞行任务进行分解,如图 2 - 10 和图 2 - 11 所示。功能共分解为两个层次,其中第一层次的功能流程确定以飞行任务阶段为基础。

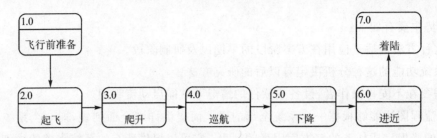

图 2 - 10 第一层功能流程图

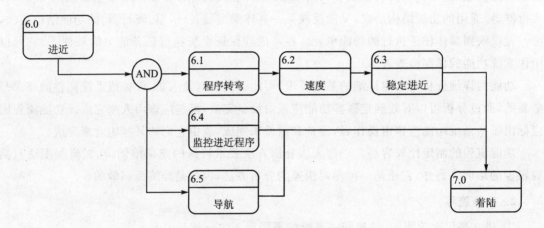

图 2 - 11 进近功能流程图

2.4 功能分配

2.4.1 基本介绍

1. 定义和范围

功能分配是决定系统功能如何执行(由人、设备或二者共同完成)以及相应的分配过程。对一个最优的设计来说,必须进行人员、硬件和软件之间合理的功能分配。

通常情况下,系统中人员需要执行的功能的确定往往隐含在系统的设计过程或设备和软件的选择中,这种方式对系统中人的角色、功能和操作任务的影响,缺少综合地考虑。在系统工程中,功能分析主要针对系统的要求,因此,机组的功能,如监视、监控、指挥、协商和培训等功能并未在功能分析和功能分配过程中加以考虑,因为这些功能只能在功能分配完成之后才能确定。然而,这些功能对人工操纵系统的性能有着重大的影响,功能分配分析必须包括机组乘员的功能。

2. 输入和输出

人员、硬件和软件之间合理的功能分配对一个最优的设计来说是必需的,合理的设计应保证人员在不确定性条件、时间压力、工作负荷压力下做决策的情境尽可能少。如表 2-3 所列,功能分配分析以系统功能,人员及设备的能力、限制及其比较,以及速度、精度、负荷、可靠性等性能需求估计为输入,输出为之后的机组操作任务分析和描述,操作者工作负荷分析,人因差错分析,显示器和控制器的选择和设计(包括通信系统的设计)以及机组工作台的设计、研制和评估工作提供了基础,这些分析反过来也可以为功能分配提供有用的信息。特别地,功能分配的决策对操作者负荷、系统性能、操纵和培训要求有着重要的影响,在权衡研究和成本-效益分析中,也要考虑人员选择和培训的成本。功能分配一般是在系统概念设计阶段完成。

表 2-3　功能分配分析的输入与输出

输　入	输　出
● 实现系统需求所必须执行的功能 ● 人员及设备的能力、限制描述及其优势比较 ● 速度、精度、负荷、可靠性等系统性能需求的估计	● 在人员、硬件和软件之间确定系统功能的实现方式

3. 基本步骤

在人因设计中,功能分配是一个迭代的分析过程(见图 2-12)。功能分配为后续的与人为因素相关的操作员任务分析和描述、操作员绩效分析、显示和控制选择或设计、机组位置设计、发展以及评估等提供依据。

功能分配不仅仅是人与机器之间简单的二元选择,还包括不同等级的自动化水平的选择。一般情况下,系统的自动化程度可以分为以下 10 个等级:

① 不提供给操作者任何辅助;

② 为操作者提供一系列可选方案;

③ 缩小可选方案的范围;

④ 建议其中一个可选方案;

⑤ 如果人员批准,执行建议;

⑥ 在自动执行建议方案之前允许人员加以否决;

⑦ 执行之后通知人员;

⑧ 执行之后,在询问的情况下通知人员;

⑨ 执行之后,由机器决定是否通知人员;

⑩ 硬件/软件在不与人类交流的情况下决定所有的事情。

4. 常用方法

功能分配的概念一般认为由菲次在 1951 年提出,到 20 世纪 50 年代后期,这种方法已被纳入到一些人因分析

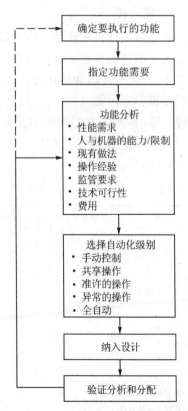

图 2-12　与自动化系统间的功能分配
(摘自 NUREG-0711,2012)

指南。并且这种方法很快得到验证,即功能分配不应该仅仅通过人与机器的能力比较得到,因

为机器是被用来弥补人的能力局限而不是重复人的工作。从那时起,人们提出了基于以下思路的一些方法:

①人和机器性能的定性比较评估;

②人和机器的经济成本比较;

③综合考虑操作者任务;

④人的任务分级以符合个体差异;

⑤根据相应的系统功能,利用机器弥补人的功能的不足;

⑥通过对电脑的授权,允许人员调整其在系统中的参与度。

以下为几种常见的功能分配方法:

① Ad‐hoc 功能分析;

② Fitts 表;

③操作者潜在能力调查;

④功能分配评估矩阵;

⑤需求分配表(RAS)。

2.4.2 功能分配评估矩阵

1. 描 述

功能分配评价矩阵是一种把备选的分系统功能列出来并比较人、硬件和软件之间的性能,根据人与机器的性能得分加权和决定人与机器之间的功能分配的分析工具。在功能分配评估矩阵中,所需分配的功能在评估矩阵的左侧列出,功能分配评估标准分两栏列在右侧,其中第一栏是操作者的能力,第二栏是设备的能力。功能分配矩阵经过修改,还可以用于不同方案的选择。这时,矩阵左侧列出的是备选的分系统方案,并将其与选择的分配标准(反应时、错误率、可操作性、成本等)对照。功能分配筛选工作单示例和设计评价矩阵示例如表 2-4 和表 2-5 所列。

表 2-4 功能分配筛选工作单(评价矩阵)示例

	在高噪声环境中辨别对象(×5)	在知觉变化的条件下再次识别对象(×4)	处理突发事件或低概率事件(×4)	归纳推理(×1)	利用经验(×1)	对信号快速反应(×3)	完成精确地常规重复操作(×2)	快而准确地计算和处理大量的存储信息(×4)	总 分		提出的分配			
									操作者	机器	操作者	两者	机器设备	软件
1.确定目标跟踪是否在系统中	5/25	2/8	3/12	3	3/6	3/9	4/8	1/4	81	41	√			
2.动作顺序	1/5	1/4	1/4	1	1/2	1/3	1/2	1/4	20	21		√		
3.在严密控制下,把下一个目标放入跟踪清单中	1/5	1/4	1/4	1	1/2	9	5/10	1/4	21	43			√	√
4.根据目标的移动推进显示器上的瞄准图	1/5	1/4	1/4	1	2/4	3/9	5/10	1/4	70	39	√			
5.确定瞄准图是否压住线目标位置	4/20	2/8	2/8	1	2/4	3/9	4/8	1/4	73	40	√			

表 2 - 5　设计评价矩阵示例

加权系数		⑩	⑤	⑤	④	④	③	③	③	②		
评价特征		成本	自主性	响应时间	多重任务/灵活性和增量	可靠性	安全性	救援能力和出舱活动	重新计划	使用重量	其他	记分
权衡选择	一个人员的机组	5	2	5	3	2	1	1	1	5	2	126
		50	10	25	12	8	3	3	13	10	2	
	两个人员的机组	4	4	4	4	3	4	4	4	4	5	157
		40	20	20	16	12	12	12	12	8	5	
	四个人员的机组	1	4	3	5	3	4	4	4	4	1	122
		10	20	15	20	12	12	12	12	8	1	

结果:两个人员机组的系数高出 20%。

注解:表格中的系数:评价特征仅根据人员的考虑进行分析,1=不合适;2=少许不合适;3=中;4=合适;5=很合适。加权系数:1=低权重;10=高权重。

2. 实施流程

（1）功能与评价标准列表

每一个需要进行分配的系统功能列在功能分配评估矩阵的左侧,与系统功能相关的人员、硬件和软件的固有能力分栏列在评估矩阵右侧,作为系统功能分配的标准。

（2）确定各标准权重

根据所要分析的系统功能,为每一条标准赋予相应的权重。例如,"对信号的反应"与"归纳推理"相比,前者可能特别重要,因此,它应该赋以较大的权重。权重可以通过专家主观判断的方法获得,比如基于专家判断的"两两比较法"。在一个比较矩阵中,每一条评价标准都与另外的一条标准比较,专家判断两条比较的标准的相对重要性,给相对重要的赋值 1,另一个赋值 0,然后将每一个指标所得的分值与总的分值的比值作为该指标的权重。其他的权重获取方法还有特征值法、序关系法等。

（3）指标评分

一旦指标权重确定之后,需要针对每一功能,逐一对每一条标准评分。标准的评分可以采用 Likert 量表。然后,将每一功能的人的能力和机器的能力各分配评价标准的评分加权求和,根据加权和分配功能,分配的结果或以"操作者"、"操作者和设备",或以"设备"的形式列入最右边的表格栏中。如果人的加权得分远高于机器时,功能分配给人;反之分配给机器。而当一个加权分值是另一个的 80% 以上时,就采用"两者"栏,即该功能由人员和机器共同完成。

3. 应　用

使用功能分配评估矩阵需要知道候选的子系统功能,操作者限制信息,软硬件的最先进性能,系统性能关于速度、精度、载荷和可靠性等的要求。功能分配调整的结果用于:

① 确定操作者对任务、技巧和信息需求的影响;

② 评估有关操作者的工作能力和局限性;

③ 确认相应的控制、显示方案;

④ 权衡具体子系统的性能要求;

⑤ 进行任务分析和工作负荷评价;

⑥ 确定控制、显示、操作者的性能要求;

⑦ 座舱布局研制。

4. 应用示例

根据功能分析结果,采用功能分配评估矩阵的方法,对进近阶段的子功能进行了功能分配,结果如表 2-6 所列。

表 2-6　功能分配评估矩阵示例

进近段功能分配	操作者固有能力						设备固有性能						总分		建议的分配		
5/25(评价分/加权分)等级1～5,5级最好	在高噪声环境下识别信号(×4)	处理突发事件或低概率事件(×5)	在事件不能完全确定的情况下具有判断能力(×4)	利用经验(×4)	归纳推理(×1)	能辨识某些弱信号(×3)	对信号快速反应(×4)	完成精确的常规重复操作(×3)	快面准确地计算和处理大量信息(×3)	同时做许多不同的事情(×4)	对刺激物的敏感性超过人的范围(红外线、无线电波)(×4)	演绎推理能力(×1)	飞行员	机器	飞行员	两者	机器
程序转弯	3/12	5/25	4/16	3/12	2/2	3/9	4/16	3/9	3/9	3/12	3/12	2/2	76	60	√		
速度管理	2/8	4/20	3/12	3/12	1/1	3/9	4/16	3/9	2/6	3/12	2/8	1/1	62	52		√	
稳定进近	3/12	5/25	3/12	3/12	1/1	3/9	4/16	4/12	3/9	4/16	3/12	2/2	71	67		√	
监控进近程序	4/16	5/20	4/16	3/12	2/2	4/12	3/12	2/6	4/12	4/16	1/4	2/2	78	52	√		
导航	2/8	2/10	1/4	2/8	1/1	2/6	5/20	4/16	5/15	5/20	2/2		37	89			√

2.5　操作任务分析

2.5.1　基本介绍

1. 定义和范围

从本质上讲,操作任务是通过人的操作完成的系统功能。操作任务是操作者的活动,包括直接的目的、机器的输出或行动的后果,以及操作员输入、决策和用于完成的目的输出。操作任务分析是为实现系统功能而对操作者所需的操作(通常为一系列的动作或认知过程)进行的研究。所有的操作任务分析都可以利用 MIL-HDBK-1908B 中说明的操作任务分类,或对其进行适当调整,以保证人因要求、人力资源和培训分析之间的一致性。人因原则和标准应该应用到操作任务和工作负荷分析中,如果需要的话还包括认知任务分析。

操作任务的时间要求需要从操作任务持续时间与可用时间、顺序操作和同时性操作任务等方面进行分析。根据情况,操作任务分析需要从关键性、准确度、精密度、完整性,以及操作任务反馈和容错/错误恢复对绩效的影响等方面分析操作任务需求。这些分析还要考虑持续和连续操作对人的绩效的影响。在人因分析中识别出的那些关键操作任务的绩效、反映潜在不安全的实践或显示出具有改善操作效率潜力的操作任务,都需要进一步分析。

2. 输入和输出

任务分析是人因专家最常用的一种方法。任务分析有两个主要目标:一个是定义操作员工作内容;另一个是确定操作员如何与系统交互。任务分析的结果会规定操作者的活动,与其他分析方法中需要指明软硬件需要做的一样。根据详细程度不同,任务分析一般在系统设计的概念设计和详细设计阶段进行,是人因设计人员最常见的活动之一。如表 2-7 所列,操作任务分析以操作者的任务序列、系统的处理过程、完成任务时间以及人机交互界面设计的详细信息作为输入,这些信息可由功能分析和功能分配的结果提供。

表 2-7 操作任务分析方法的输入与输出

输　入	输　出
● 各任务阶段人员需要执行的功能 ● 操作员任务的详细信息,包括任务序列、系统的处理过程及完成任务时间等 ● 人机交互界面设计的详细信息	● 操作员与系统交互的方式、操作的序列、任务分支和循环 ● 操作员的信息需求以及系统反馈

3. 基本步骤

操作任务分析的基本目的是对系统需求和操作人员的能力进行比较,以减少失误,提高绩效。任务分析的步骤通常包括(Kirwan 和 Ainsworth,1993):

① 数据搜集:针对任务的需求搜集相关的信息。

② 任务描述:对搜集的任务信息进行整理,将任务分解,描述任务的执行过程。

③ 任务模拟:为了灵活和动态地再现人与系统的交互,可在一系列条件下对任务进行模拟。

④ 需求分析:对比任务需求与人的能力,得到的结果用于指导设计或评价。需求分析也包括将任务需求与人的能力数据库、工效学设计数据进行的比较。

人的因素是系统设计的重要组成部分,操作任务分析可使人的因素有效地融入系统设计,优化系统的工效学特性,减少系统失效的发生。进行操作任务分析主要基于如下考虑:

(1) 安全性(Safety):操作任务分析对系统安全的影响主要体现在四个方面:

① 可以明确工作空间中影响操作者安全的因素;

② 可通过优化操作者的操作提高系统的安全水平;

③ 可通过人因失误分析或可靠性分析增强系统的安全性;

④ 可用于事故分析,有助于确定事故原因和制定改进措施。

(2) 生产力(Productivity):操作任务分析有助于选择自动化的应用、明确对人员的需求、确定人员培训和效率提高的方法以减少失误的发生。

(3) 可用性(Availability):操作任务分析可用于提高系统设计、操作和维护方面的绩效,这主要通过解决以下六个人因问题来实现:

① 功能分配(Allocation of Function):进行人与机器的功能分配,明确操作人员在系统中的职能。

② 人员需求(Person Specification):确定操作人员完成系统功能所需的特性和能力。

③ 人员和工作组织(Staffing and Job Organization):确定所需人员数量,完善人员管理,明确责任分配等。

④ 任务界面设计(Task and Interface Design):对系统中显示、控制和工具进行设计,以满足操作人员在正常和非正常状态下完成任务的需求。

⑤ 技术和知识获取(Skills and Knowledge Acquisition):培训和程序设计。

⑥ 绩效保障(Performance Assurance):保证足够的操作绩效。

如图 2-13 所示,操作任务分析是系统设计的核心,它能够为概念设计决策提供基础。例如,在硬件制造之前,在确定预期的设备、软件与相关的用户界面和人员的结合能否满足系统的性能和维护性要求的过程中,以及确保人的绩效要求不超过人的能力范围时都需要考虑操作任务分析。操作任务分析为工效学研究人员、设计人员、操作人员和分析人员对系统中人-机和人-人之间的交互进行描述和评价提供一系列方法。这些分析也可用于人员初步配置,定义操作者对显示和控制要求(人机界面和工作空间),开发设备操作流程,提出技能、培训和交流需求,根据具体情况还可以作为综合的后勤支持输入。

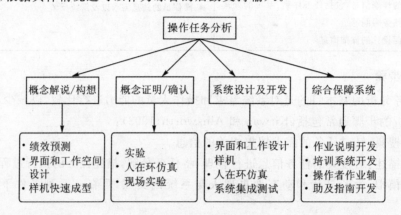

图 2-13 操作任务分析对系统开发的贡献(摘自 Beevis,1992)

4. 常用方法

以下为几种常见的操作任务分析方法(Standon 等,2005):时间线、流程图、操作序列图(OSD)、动作/信息表、关键任务分析、决策表。

2.5.2 时间线

1. 描 述

时间线是人因设计人员使用的一种最基本方法。它以图示的形式将完成一个任务所需的功能与时间表现了出来,以便分析决定系统的时间和功能要求。人因研究人员最感兴趣的两个参数是时间和差错。时间线是分析操作者时间特性参数的最佳方法,它用于预测任务量的先后和等级。时间线适合于两个目的:首先,它允许对时间与关键顺序作一个评价,来检验能够完成的所有必要事项;其次,它提供一个完整的任务时间表,来评定不相容的任务出现,并作为工作负荷评估的一个基线。图 2-14 给出了一个标准的时间线示例。

在确定时间线基准时,以前系统可利用的数据能提供最可靠的资料。如果这类时间数据基准不存在或不适当,那么就推荐使用预定时间标准。

2. 实施流程

每一个时间线都应该与一个更高水平的功能要求相关。时间线一般用于功能流程图之后。用于时间线分析的最常用的资料来源是详细的功能流程图,就是按功能分配调整结果充分详细地把任务分配给操作者。功能流程图描述了任务和任务分配,为人因设计人员提供了实现此序列任务的必要信息。时间线通常是一个表格,表格顶部为时间轴(小时、分钟、秒)。功能流程图中描述的任务名称和序号应该在时间线图表上表示出来,列在左侧,如图 2-14 所示。选择适当的时间标度,目的是保证关心的总时间周期在工作单上配合适当;一旦选定了图表的标度,时间线图表就都应该遵守这个标度。

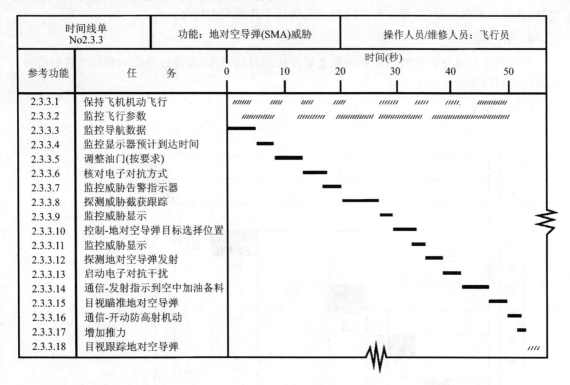

图 2 - 14　时间线示例

　　总任务中涵盖的每一个任务都会依照其出现的先后次序,在图表中合适的位置用一个条状形状表示出来。然后,人因设计需要为每一个任务设定持续时间,在任务之间安排间歇。任务持续时间的长短通过调节条状形状的长度来表现。时间线也定义了外部可能影响任务表现的时间限制。这些事件可以在对应位置插入垂直线,并提供合理的标记和参考。一旦表示出了子任务的持续时间、任务之间的间隔、相关关系,人机工程师就可以定义任务间的时间重叠。

3. 应　用

　　时间线多用于识别潜在不兼容任务之间时间的重叠。利用时间线,人因设计师可以改进设计或者流程来保证任务表现,尽力避免负荷或者将负荷最小化。时间线为更细节的任务分析和操作者负荷分析提供了基础,最好在方案阶段后和设计定型阶段结束前使用。

　　时间线在功能流程图的基础上,增加了每一个任务的时间并插入了任务之间的时间间隔间,是对功能流程图的进一步完善。功能流程图可以提供一些潜在的任务时间冲突,尤其是功能流程图和子任务排序相关的时候。因为时间线提供了经验性或者预估的时间数据,所以利用时间线,可以查看执行任务时是否会出现任务时间的重叠或者执行时间不充足的现象(这些现象会导致操作者超负荷工作)。时间线上没有关于任务种类的描述,因此,不能显示出由于其他原因(比如:不合理的软件或者显示器设计等)导致的操作者超负荷或者错误。时间线是对当前关系的单一、数据化描述,并会在系统操作过程中呈现,它针对每一个任务单独进行时间评估。

　　时间线分析存在一个很大的问题,它在估算任务执行的时候采用了序列,但是大家都知道飞行员是可以平行进行工作的。这个缺陷导致在使用此方法的时候会过多地估算工作负荷。但是,在评估新的机型时,可以允许这种过高估计工作负荷的情况。

4. 示 例

基于层次任务分析法的结果和每项主要操作的时间,对仪表进近操作的时间线进行分析。时间线分析图如图 2-15 所示。

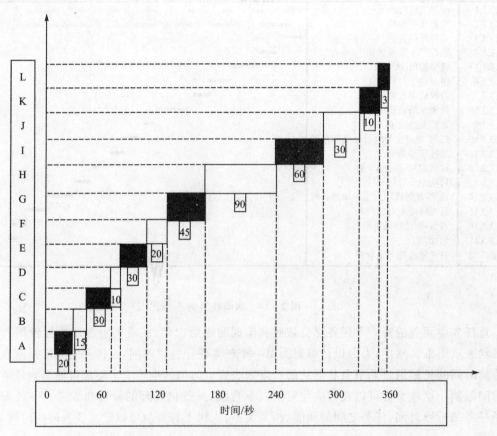

注:图中字母所对应的操作任务为:A—接受进近指令;B—确定飞机状态;C—激活滑翔道;
D—滑翔道下一点;E—完成襟翼状态和降落前检查单检查;F—进入滑翔道;
G—切换无线电至塔台频率;H—152.4 m 和决断高度报告;I—到达决断高度;
J—手动着陆;K—滑行触地

图 2-15 仪表进近时间线分析

2.6 绩效预测

2.6.1 基本介绍

1. 定义和范围

当利用之前介绍的方法定义了操作的任务之后,通过绩效预测,可以用来分析并预测操作者执行其所分配任务的质量。绩效分析可以提供:操作任务执行时间与可用时间之间差异的分布、操作者的工作负荷、完成任务成功率等信息。由此,将任务分析、功能分析和操作任务分析的结果与系统性能标准联系起来。通过提供这样一种措施,证实了之前功能分配的合理性。这些分析一般与工业工程实践和工作研究技术相关,如方法时间测量法(MTM)、工作因素法、Mento 因子法等(Lehto 和 Landry,2012)。由于人的绩效依赖于人-机界面的特征,因此,绩效预测与界面和工作空间的设计密切相连,如图 2-16 所示。

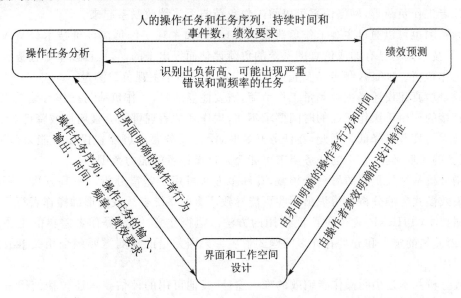

图 2-16　操作任务分析-绩效预测-界面和工作空间设计之间的关系(摘自 Beevis,1992)

2. 输入和输出

为了进行绩效预测,必须要开发一些相应的系统概念,因为对于操作者任务时间、完成的概率以及差错的估计都依赖于人机界面的特征。同时,之前所有分析的成果,包括操作者任务序列、任务持续时间、优先级和绩效要求等,都将作为绩效预测的输入信息,如表 2-8 所列。

表 2-8　绩效预测方法的输入与输出

输　　入	输　　出
● 操作员任务的详细信息,包括任务序列、前后继承关系、优先级、任务持续时间、任务频率等 ● 绩效要求 ● 人机交互界面设计的详细信息	● 由操作者绩效要求明确的设计要求 ● 任务完成的时间、成功率、工作负荷状况以及可能的差错

3. 常用方法

有许多方法可以用来预测操作者绩效,这些方法大多利用操作者"工作负荷"的概念而非直接测量绩效本身。操作者和维护人员(个人或团队)的工作负荷需要经过分析并与绩效标准进行比较。为了避免过负荷或低负荷,需要对各任务或任务组的注意力、性能和系统人员的能力进行要求,进而对绩效的影响进行评价。感觉、认知和生理的限制需要根据情况加以考虑。工作负荷分析需要定义操作序列和任务时间。初步工作负荷估计要将所需的行动与团队任务的各任务要素(视觉、听觉、动作、认知)建立联系,这些要素需要明确其时间、负荷、努力程度和心理压力等方面。在估计人员的工作负荷时,需要将个人和团队的工作负荷与操作程序关联起来。

一些负荷分析方法,如工作负荷时间线分析,只是基于单个任务分析序列。操作者任务网络仿真,如 PERT、集成任务网络系统分析(SAINT)等,可以得到外部任务事件、任务时间和序列的时间和概率的分布。通过得到任务成功完成的百分比,完成时间,利用人的绩效模型和估计操作者工作负荷等,网络仿真可以将工作负荷与系统绩效联系起来。

绩效预测也可以通过主观工作负荷测量实现,例如主观工作负荷评价技术(SWAT)。虽然 SWAT 技术是为已有的或仿真的系统的负荷评估而提出来的,它也可以基于任务分析预测操作者工作负荷。NASA 任务负荷指数(TLX)也可以用于主观负荷测量。

不论是仿真建模还是主观测量工作负荷,需要注意的是,工作负荷与操作者绩效之间的关系不是直接的。由于操作任务的时间要求不同,操作者的表现可能会被增加或降低,或者他们的努力会因为疲劳而降低。因此,在任务开始时,操作任务要求可能在操作者能力范围内,然而,在任务的后期,同一水平的任务要求可能会超过操作者的能力范围。

差错分析是绩效预测的另一个领域,有许多方法可用于差错分析。一些方法利用故障树分析和失效模式影响分析来辨识出哪些可能导致严重的系统事故或情形的操作者行为。人因差错预测技术(THERP)是一种广泛使用的方法。值得注意的是,操作者差错的主题是有争议的,人因差错的定义和分类有许多问题要解决。人因差错的预测需要一个相关事故发生概率的数据库。

绩效分析并不是预测操作者绩效的唯一途径,其他可用的评估技术还包括使用一定场景中的动态样机,全部或部分的人在环仿真,快速原型机和现场试验等。这些技术依靠测量操作者绩效或者主观工作负荷以验证系统的性能要求得到满足。但这些方法不在人因分析方法的范畴内。在绩效分析这一部分常见的绩效预测方法包括:工作负荷分析、预定时间标准法、情境意识分析、链分析、人的可靠性分析。

2.6.2　工作负荷分析

工作负荷分析是根据工作时间的连续累积,确定操作者负担程度的一种评估。应用本方法,可对操作者或机组人员在规定的时间内执行所有指定任务的能力进行评估。由于确定了能力的大小,就可以比较准确地提出硬件设计要求。换句话说,知道了操作者的能力限制,才开始考虑选择功能配置和给他们分配的任务。

1. 描　述

通常,工作负荷分析或其分布图,是根据工作量的百分率与时间段的对应关系绘制而成的操作者负荷的图解形式。工作负荷分析是对操作者个人的工作进行描绘,而且可以把几位操作者和维修者岗位的任务情况在同一幅图上如实体现出来,才能实现最大效能。这样,操作者中工作负荷的任何不平衡,都容易显现出来。可接受的工作负荷的最初评估,是要保证工作负荷总量不超出操作者数量与能力所及的限度。开展工作负荷分析是要核实任务组合不超出工作负荷能力,或者执行任务的时间不超出有效可利用的时间。工作负荷分析中的另一个概念,是把操作者的任务划分成与知觉-运动通道相对应的类型。为了成功地进行工作负荷分析,不一定要表述这种分析的精确概念,但这种分析越详细,得出的数据越好。工作负荷分析应注意下列事项:

① 在某些情况下,操作者能同时有效地执行一个以上的任务。然而,如果两项任务都要求几乎 100％的时间使用一个单独的知觉-运动通道,一个操作者就不能同时完成两项任务。在确切做出工作负荷分析图后,发现这种情况时,要么把其中一项任务交给另一个操作者去做,要么给该操作者提供某种辅助设施。

② 工作负荷的评估可以有几种来源。例如,工作任务可能与实际操作中其他系统的另一项工作任务相同或相似。这样,来自前一系统的工作时间数据,因为它在实践中已得到了证实,所以通常是最可靠的。当没有这样的资料时,应使用"预定时间标准"方法来确定工作任务的时间段分布。

③ 当找不到有经验的操作者或者其他数据来源时,人因设计人员应同了解情况的项目负责人一起,对有关工作负荷的实质做出一个"有说服力的推测"。人因设计人员应处理所有这类问题,把工作分解成最简单的要素,并根据他所了解的有关情况推断其他分任务要素。

2. 实施流程

在应用时,根据分析要考虑时间和知觉-运动通道数量,对工作负荷进行总的或详细的评估。当工作负荷情况比较关键时,要做充足分析来使时间的增量最短。同样,当已知情况的工作负荷增加,并且该情况变得比较关键时,就要求按每位操作者的知觉-运动通道做工作负荷量的评估。通常,这些通道是:外部视觉(距离视觉)、内部视觉(在装甲人员输送车或控制板区域内)、左手、右手、脚、认知、听觉和言语通道等。下面是工作负荷评估应运用的基本准则:

(1) 计算方法

工作负荷的计算是根据执行已知任务所要求的时间估计值,除以执行该任务的允许时间或有效时间。负荷分析人员应注意,若是凭每个不同的知觉-运动通道计算工作负荷量,那就不能把每个不同通道的 75％的负荷量,等同于 75％的总负荷量。因为,不能精确预测全部或几个通道的总累积效应,每个通道 75％的负荷量的总合效应完全可能出现总负荷超载的情况(＞100％)。分析人员还要注意,平均工作负荷不应超出所考虑的时间增量。工作负荷量在给定时间增量内发生的两个连续 50％负荷量的任务估计,必须做总量为 100％计算(不是75％)。如果必需规定清晰度达 50％的负荷情况,那么必须把时间增量划分成更短的时间段。这种分析的要点是要揭示包含超出负荷峰值的工作负荷情况,以免被长时段分析所掩盖。

(2) 操作者负荷量

一般来说,工作负荷不允许超过 100％,负荷低于 75％为合适。这种规定的前提是使操作者能维持适当工作并有足够的工作量。如果操作者工作负荷超过 75％,就应专门研究。

(3) 负荷估计

由于进行工作负荷估算是根据做该工作所需时间的估计,因而负荷估算精度只与时间的估计数据精度相同。估算精度还受做该工作的操作者的知识或经验所限制,并受未知的、离散通道的累积效应所限。鉴于这些独立变量的制约,最大工作负荷估算的精度约在±20％范围。如果要求更精确的估算,就有必要对操作者工作的全过程进行仿真。

(4) 图　表

工作负荷分析可以由一个从任务开始到结束的简单连续图表组成;也可以由几个图组成,其中每个图表示任务的一个特殊关键段。如前所述,时间标度应与任务的复杂程度相应。例如,简单的工作负荷分析估计,可能 15 min 间隔就足够了,而比较复杂的工作可能要求 5 s 间隔。不管时间间隔多长,对总任务与相互配合的操作者来说,时间段都应该是共用的。

3. 应用

在充分进行其他分析(这些分析是为了产生输入到工作负荷分析的信息)形成方案后才进行工作负荷分析,工作负荷分析持续到研制之后甚至可能到工程研制之后。

4. 示 例

图 2-17 所示是一个装甲车操控机组从发现敌情到战斗结束的工作负荷分析结果,每个人的工作负荷由工作必须时间与给定时间的比值来确定。工作必须时间使用模特法来计算,需要知道各项任务的先后顺序和任务的具体动作。据图可查每个机组成员在任务开始之后的每一时刻的工作负荷情况。

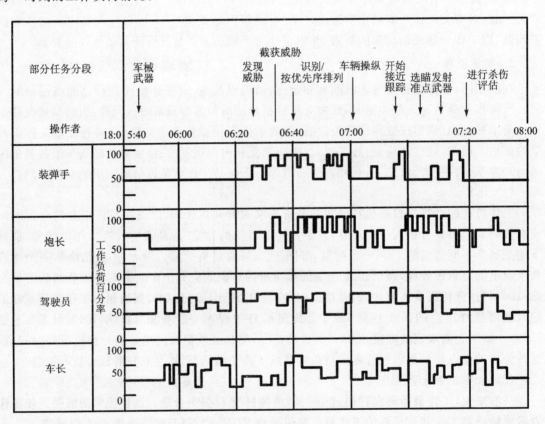

图 2-17 工作负荷分析

思考题

2-1 简述人因分析的一般流程。

2-2 列举不同工效分析阶段常用的分析方法。

2-3 画出 3 个以上典型的民机任务剖面。

2-4 应用功能流程图对某一系统或设备进行功能分析。

2-5 列举常用的权重确定方法,比较其优缺点。

2-6 什么是任务和任务分析,任务分析有何作用?

2－7　绩效分析/预测可以选择哪些指标？试举例相应的绩效预测方法。

推荐阅读

[1] MIL-HDBK-46855A，Department of Defense Handbook：Human Engineering Guidelines For Military Systems，Equipment，and Facilitifs [S].1999.

[2] BEEVIS D，BOST R，DöRING B，et al. Analysis Techniques for Man-machine System Design [R]. NATO Document AC/243（Panel 8）TR/7. Ontario：Defence Research Section，1992.

[3] NUREG-0711 Human Factors Engineering Program Review Model[S]. New York：Nuclear Science and Technology Department，2012.

[4] STANTON N A，SALMON P M，WALKER G H，et al. Human Factors Methods：a Practical Guide for Engineering and Design[M]. Hamppshire：Ashgate Publishing，Ltd. ，2005.

[5] LEHTO M R，LANDRY S J. Introduction to Human Factors and Ergonomics for Engineers[M].New York：Lawrencl Erlbaum Associates，2008.

参考文献

[1] MIL-HDBK-46855A，Department of Defense Handbook：Human Engineering Guidelines For Military Systems，Equipment，and Facilitifs [S].1999.

[2] MIL-STD-46855A，Department of Defense Standard Practice：Human Engineering Requirements for Military Systems，Equipment，and Facilities [S].2011.

[3] BEEVIS D，BOST R，DöRING B，et al. Analysis Techniques for Man-machine System Design [R]. NATO Document AC/243（Panel 8）TR/7，Ontario：Defence Research Section，1992.

[4] BEEVIS D，DENIS G S. Rapid Prototyping and the Human Factors Engineering Process[J]. Applied Ergonomics，1992，23（3）：155-60.

[5] HALE L，MEADOWS N，BURNS M，et al. BioJet BC-175[EB/OL].[2014-5-15]. http://www.dept.aoe.vt.edu/~mason/Mason_f/VTBioJetBC-175UGACD.pdf.

[6] BEEVIS D，ESSENS P，SCHUFFEL H. Improving Function Allocation for Integrated Systems Design[R]. Dayton Univ Research INST（URDI）OH，1996.

[7] NUREG-0711，Human Factors Engineering Program Review Model[S]. New York：Nuclear Science and Technology Department，2012.

[8] KIRWAN B，Ainsworth L K. A Guide to Task Analysis：the Task Analysis Working Group[M]. London：CRC press，1992.

[9] GALLAGHER G L，HIGGINS L B，KHINOO L A，et al. Fixed Wing Performance[J]. Contract，1992，421(90-C)：0022.

[10] 喻溅鉴，曾本银.直升机飞行使用任务剖面编制方法[J].直升机技术，2004，（2）：

1-4.

[11] WOODSON W E, TILLMAN B, TILLMAN P. Human Factors Design Handbook: Information and Guidelines for the Design of Systems, Facilities, Equipment, and Products for Human Use[M]. 2nd. ed. New York: McGraw-Hill Education, 1992.

[12] STANTON N A, SALMON P M, WALKER G H, et al. Human Factors Methods: a Practical Guide for Engineering and Design[M]. Hampshire: Ashgate Publishing, Ltd., 2005.

[13] LEHTO M R, LANDRY S J. Introduction to Human Factors and Ergonomics for Engineers[M]. New York: Lawrence Erlbaum Associates, 2008.

第3章 人因测试与评估

系统设计一般是分析、设计、评估反复迭代的过程。前面一章已经介绍了系统设计中的人因分析的相关内容，这一章将对第三个环节——人因评估的部分进行介绍。人因评估内容也称为人因测试与评估（简称人因测评）。

人因测评主要在系统设计过程中开展，以验证人因相关的设计内容或方案是否符合预定的标准、准则和规范。从测评目的看，可分为设计类测评和性能类测评两大类。设计类测评是直接测量和评估被测对象的人因设计特性；性能类测评则关注人机界面的充分性和操作者或维修人员的绩效能力。本章先介绍项目各阶段人因测评工作、相关基础知识等，然后介绍人因测评中常用的技术与方法。

3.1 人因测评介绍

人因测评工作的目的是确保人因标准和设计要求得到正确的贯彻。设计人员在设计过程中通过人因测评发现设计缺陷，然后修改方案，直至设计出符合设计需求的系统。人因测评的对象不同，所采用的方法会有所侧重，而且在系统设计的不同阶段人因测评工作的重点以及可开展的测评工作内容也存在差异。下面将从项目阶段和测评内容分类两个方面介绍人因测评的工作及内容。

3.1.1 人因测评及其分类

系统开发是一个高度结构化和监管化的过程。图 3-1 所示是系统开发过程中通用的四个阶段（概念研究和定义、概念验证、工程研制、生产和应用）和各阶段相关工作内容及项目经费概况。尽管不同系统对阶段划分的术语存在差异，但这四个阶段几乎是所有系统开发活动中所共有的。图中各阶段每一项工作的先后位置代表了各个活动的先后顺序。这些人因测评工作涵盖在系统需求评审、系统设计评审、初步设计评审、最终设计评审和使用测试中。而初步设计评审和最终设计评审又包含了部件测试、样机测试以及现场测试。

从设计流程看，测评工作几乎贯穿系统开发的全部过程，并且可大致分为两大类。第一类是开发测试与评估（Developmental Test and Evaluation，DT&E）。这类测评的主要功能是通过不断进行设计—测评—再设计来发现和纠正问题。其具体目标是，确定潜在操作及技术的局限性，验证技术性能目标和满足规范要求，识别和描述潜在的设计风险，支持成本性能权衡，确定系统是否可以进行操作测评。第二类是操作测试和评估（Operational Test and Evaluation，OT&E），其目的是确定新系统是否满足设计要求和概念阶段及初始阶段确定的设计目标。

1. 概念探索研究和定义阶段

在系统开发的初始阶段，工作重点是用户需求识别。这个过程通常从分析现有系统的特性、系统的定义或者可使用的技术开始。这个阶段的主要输出的是系统需求分析报告。

对于任何形式的系统，早期的人因分析都是完全抽象的，因为此时的系统只是一个想法，

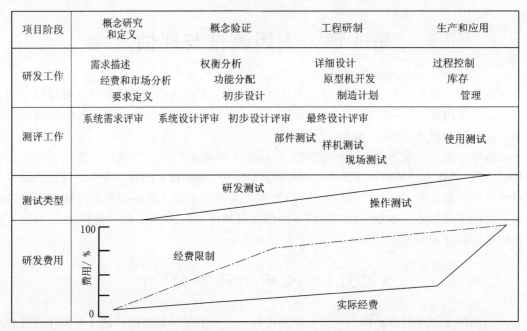

项目阶段	概念研究和定义	概念验证	工程研制	生产和应用
研发工作	需求描述 经费和市场分析 要求定义	权衡分析 功能分配 初步设计	详细设计 原型机开发 制造计划	过程控制 库存 管理
测评工作	系统需求评审 系统设计评审 初步设计评审 最终设计评审 部件测试 样机测试 现场测试			使用测试
测试类型	研发测试 操作测试			
研发费用	经费限制 实际经费			

图 3-1 系统开发流程及其相关工作内容(Samuel G. Charlton,Thomas G. O'Brien.,2002)

还没有实体。然而,人因测评人员必须全方位考虑潜在的人因和工效学问题,例如:任务执行的形式或者系统的需求定位;人机交互特性;可能导致严重失误或者频繁操作失误的因素;操作者、维修人员以及人才培训需求。

在实际工作中这个阶段人因测评的主要工作主要是专家根据工程经验、技术水平、知识储备对系统主要性能指标和需求分析报告进行评审和论证。形式一般是讨论和评价。

2. 概念验证阶段

这个阶段也被称作初步设计阶段,在这个阶段实际的设计工作将正式开始。该阶段的主要输出是系统说明和设计基准。在设计中功能分配是一个关键步骤,内容包括系统性能、开发费用和系统可靠性之间的最佳权衡。这些分析中所考虑的人因问题聚焦在自动化水平、操作所需的任务和技能分析、软件可用性分析、训练要求和维修性设计等方面。在这个阶段可使用计算机辅助技术、模拟器和实物模型等进行系统设计方案的人因测评。

3. 工程与制造开发阶段

这个阶段也叫全尺寸开发(Full-scale Development)阶段,又可称为详细设计阶段。该阶段将设计转化成产品必要文件(生产图纸、飞机制造工艺总方案、总体布置图、三面图、结构受力系统图等)、验证制造和生产工艺以及满足操作的最小可接受性要求。这个阶段的重点工作是进行目标用户群体的全功能原型机测评。

在这个阶段人因测评包括组件和系统的性能测评和操作绩效测评。组件、系统的性能测评着重于工程细节,如控制器和显示器。测评内容包括:环境因素测评,如光照、噪声和气流;人体尺寸和安全问题测评;操作者的绩效测评。绩效测评会贯穿这个设计阶段的始终,经过严格的功能分配、任务分析、时间线分析、工作流程图分析以及部分任务模拟,最终以全面运行的测评结束。这种类型的测评在一些消费品行业特别是在软件开发领域,有时也被称为 beta

测评。

4. 生产和部署阶段

在这个阶段系统已被生产出来,而人因测评工作仍在继续开展。一旦系统部署或者交付用户,人因测评问题将涉及从制造过程检查到用户安全和满意度调查的多方面内容。此时,人因测评人员需要进行后续的测评工作,以确定是否存在需要改正的剩余缺陷。培训和人员要求也需要接受最后的评估以确定它们的适用性和是否能够充分满足系统性能要求。另外最后阶段的人因测评也能为下一代系统设计或者系统升级收集人机交互信息。

实际工作中 DT&E 和 OT&E 活动在系统开发的四个阶段均有开展。概念探索和定义阶段的 DT&E 称为 DT-1,包括系统性能和费用等各方面权衡的资料研究。这个阶段的 OT&E 通常直接确定所开发的操作要求的合理性和可测性。概念验证阶段的 DT&E 称为 DT-2,直接评估各设计备选方案,基于成本对进度和性能进行权衡。这个阶段的 OT&E 通常进行各类原型机早期的操作评估,识别设计中操作需求方面的不足。DT-3 在已开发的组件上进行,目的是确定选择的设计方法满足设计规范要求并能进行 OT&E。这个阶段 OT&E 的主要工作是判定系统操作的有效性和适当性,确定能否进行系统或产品的实际生产。在最后阶段,DT&E 和 OT&E 活动实际上是支持老型号优化并扩展新系统。

从人因测评内容的角度考虑,人因测评有两种通用的类型:设计类测评(Design Tests)和性能类测评(Performance Tests)。在开展人因测评工作时一般都会涉及这两种类型。

① 设计测评是直接测量和评估被测对象的技术特性和设计特性。技术特性类项目包括设备使用过程中产生的力、热、气或光,以及设备使用和维护中所需的环境条件(如天气、气候、温度、噪声、地形照明等)。光照评估、噪声评估、温度、湿度和通风的评估都属于这一类。设计特性类项目包括操作者或维修人员使用或接触的被测项目设备组件的物理维度。设备组件包括:控制器、显示器、台阶、梯子、标签、通信设备、门、紧固件、把手、光学部件、工作空间、座椅、工具以及其他任何被测项目在使用、调试、操控、规避、移动、读取、沟通和接触中的相关元素。可视性评估、语音可识别性评估、工作空间评估、力/力矩测量这些都属于设计特性类的测评内容。

② 性能测评则关注人机界面的充分性和系统、设备操作者或维修人员的绩效能力。性能类项目主要是确定人机界面设计是否充分和用户在使用该设备时的绩效能力(Performance Capability),包括潜在失误评估、工作负荷评估、绩效评估等。系统性能既可以通过直接测量获取,也可以通过推断得到。性能的直接测量获得的是系统性能的定量的客观结果。如果采用推断的方法,其结果可以是分析性的描述也可以是被试描述。

3.1.2　被试选择

被试者为性能测试中使用的测试对象。选用被试样本时须具有用户群体代表性,需要考虑其专长、技能和训练水平。因此,选用被试时首先要确定目标用户群特性。另外还需要把特殊的关于操作、维护或设备使用其他方面的必要训练要求注明出来。被试样本中每一特性的人员分布应与用户人群分布相似。

在选用被试时需要考虑如下特性:

① 性别:被试样本中男性和女性的比例要与目标用户群体比例相似。

② 人体参数:应该指定身高和体重分布,给出分布范围时要考虑预期典型的用户人员的

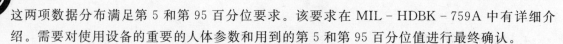

这两项数据分布满足第 5 和第 95 百分位要求。该要求在 MIL - HDBK - 759A 中有详细介绍。需要对使用设备的重要的人体参数和用到的第 5 和第 95 百分位值进行最终确认。

③ 感官敏锐度:所有的被试人员都应接受视力和听力测评。如果视力或听力对于测评极其重要,就应该在测评操作前和结束后分别进行这些测评。这些感官能力的最低标准要求需要对所执行的任务进行分析确定。被试人员佩戴眼镜是否适合参加测评需要认真考虑。

④ 级值:被试人员需要代表不同的技术水平,满足测评项目要求。

⑤ 项目特定培训:如果测评项目需要进行使用培训,那么在进行数据采集前要对被试进行相应培训。

3.1.3 被测系统的表现形式

开展测评工作所使用的设备可以是虚拟平台也可以是实物平台,如 CAD 模型、原型机、样机、模拟器、真机等。下面以飞机为例进行介绍。

1. CAD 与数字人体模型

CAD 模型与数字人体测量数据(如数字人体模型)结合,在分析可达性、身体间隙、视角、视觉阻碍、视角与显示器的连线以及外视界时非常有用。使用 CAD 工具和数字人体模型系统能让设计人员在真实硬件还没加工出来前,不使用样机就能评估座舱的物理集成。一些精密的 CAD 模型数据包甚至能评估光照、阴影以及仪表观察效果等项目。

一个使用 CAD 和数字人体模型的有效例子就是确定前仪表板的下限。飞机前仪表板的设计要求允许当飞行员使用脚蹬进行操控或刹车时其胫骨与前仪表板的下段有一定的空间间隙。然而仪表板面又要尽可能大一些以满足仪表的布置。在波音 777 的座舱布局设计中,使用了数字人体模型和脚蹬系统的 CAD 模型,让分析人员能够建立飞行员胫骨位置分布范围。胫骨的上边缘加上飞行员的舒适操作空间就能用于确定前仪表板的下边缘最低位置。

2. 原型工具(Prototyping Tools)

利用原型工具人因设计人员能快速生成新的概念形式,然后既可以进行单独评估,也可以开展更真实的模拟环境评估。同样,一些非集成的设备也常用于人因实验室或测评台(Test Bench)的评估与测评。台架测评,用于设备装机前测评,其不提供完全集成的环境,但是能用于检测类似显示器显示特性等项目。台架测评的一个最大优点是先于任何集成设备(如工程模拟器或者真机)测评。

3. 样机(Mock - ups)

样机通常用于可达性(Ergonomic Reach)、内视界(Internal Vision)、身体间隙(Body Clearance)的评估,如果条件允许还可以用于光照和可读性分析。样机能开展的测评范围受限于其保真度、几何精度,在某些测评中还受其结构材料的影响。样机形式各异,从最简单的(如只有一件或几件设备并且材料单一组成)到复杂的(如整个座舱的全尺寸样机)都有。这些样机可以包含光照、显示器,但是通常不会包含较多的运动部件(如控制器、转换开关等)和整体设计效果。使用样机的一个优势是能在项目开发的早期阶段提供具有一定几何精度的测评平台。当一些特定的仪表板和初步的可达信息获取后就可做出相应决定。总的来说,通过使用原型机和样机,驾驶舱设计中的很多主观问题就能进行评估了。

4. 模拟器（Simulators）

模拟器是一种呈现系统几何造型和系统性能的评估工具。图 3－2 所示为某民机驾驶舱模拟器。除真机外，模拟器可以说是设备最完整、精度最高的评估设备。在项目中，一旦模拟器造好就可以进行主观评价。通常只有在设计项目的最后阶段才能进行真机的人因综合评估，而模拟器能为座舱系统提供一种初步的人因综合评估平台。由于模拟器的逼真度高，可以用模拟器进行外视界、可达性、身体间隙、眩光、反射特性、显示主观效果、乘员舒适性的评估，甚至可以进行操作程序评估。这些全任务模拟器的实际价值是在项目的早期识别设计过程中的错误，因为有些任务只通过操作测评是无法完成的。因此，对于所有的系统设计项目来说，尽早让模拟器出现在项目中是非常重要的。

比起真机来，模拟器在进行复杂的真实环境的测评更方便，因为模拟器的环境更容易控制。许多不同类型的失效和异常状况可以通过模拟器进行呈现，并可以用其这些情况下的工作负荷和座舱界面管理的评估。

图 3－2　某民机驾驶舱模拟器

5. 真机（Airplane Itself）

真机最能呈现真实的人因设计。尽管很多评估可以通过软件硬件组合成的原型机开展，但是最终的座舱界面可接受性和监管机构的认证绝大多数都是通过试飞的飞机进行的。大多数界面的评估都是与其他项目的飞行测评一块开展的，因为人机界面在每一次的操作测评中都会用到。另外，有很多人机界面测评都要求作为操作测评的一部分进行评估。这些包括白天和夜间光照环境下的基本仪表的可读性测评等。

3.1.4　测量仪器

人因测评中会用到的测评或测量仪器有多种。下面简要介绍几种人因测评中常用的测量仪器。

① 照度计测定周围环境照度。这是一种极其有用的工具，对于确定光照水平要求是否符

合规范具有特别的价值。大多数照度计的使用都相对简单。

② 光点亮度计测定一度或更小角度范围内小面积的亮度。对于测定诸如在发光二极管或阴极射线管的显示亮度,这是一种最有用的工具。用光点亮度计还可以核实规范的符合情况。

③ 声级计和声波分析仪在10～150 dB范围内测量稳态声音。声波分析仪对较重要的语音范围中心频率进行倍频带分析。使用这种仪器还可以根据噪声曲线和语音干扰查明符合系统规范的情况。可以预先检查对主试造成危害的超音量条件。大多数声级计都比较容易使用。

④ 振动测量分析仪测量复杂振动幅度和频率成分,可用振动分析仪确定在2.5～25 Hz范围内选定频带的振幅。在实际测评之前,可测出振动对被试可能造成的危害。还能验证系统符合规范的情况。

⑤ 温度计测定空气、物体表面或液体的温度。温度计一般标有摄氏或华氏数字标度,并应带有多个温度传感器的接口。

⑥ 风速计测定局部空气流动速度。对于确定在0～5 m/s的范围内人员的舒适风速条件,这种仪器是最有用的。

⑦ 湿度计或干湿球温度计用于测定相对湿度。该仪器对确定人员的舒适干湿度条件也是非常有用的。

⑧ 气体分析器可对许多有毒气体、水蒸气和烟气进行很方便地短时间采样并分析。

⑨ 力、力矩及量具包括各种仪器,测定操作人员或设备的各种力、力矩及距离。力的测定范围为0.07～1 000 N。力矩的测量范围为0.06～200 N·m。卷尺应能测到15 m距离。对于测量角度,量角器是很有用的。

⑩ 人体测量工具使用人体测量尺、弯角规、卡尺、测角仪及卷尺可对重要的人体尺寸进行测量。人体测量数据对于工作空间的设计和评价是十分关键的,特别是当考虑进、出工作间时更为重要。为获得被试的人体尺寸,要注意确保测量方法是正确的。

3.1.5 资料和数据需求

在准备人因测评计划前,需要明确测评项目所要获取的资料和数据。人因测评需要获取的资料和数据包括各类型常规测评资料、设计类项目和性能类项目测评数据。下面是这些资料和数据的基本介绍(US Army Test and Evaluation Command,1990)。

1. 基本资料

在开展测评工作前首先要明确下列常规测评信息:

① 被试人员的个人信息;

② 测评条件及条件控制的描述(如温度、地形、天气状况、白天/夜晚、操作位置、冰雪状况、能见度等);

③ 测评设计、测评流程和每轮测评条件的描述;

④ 测评所用工具和材料的描述;

⑤ 测评所用测量设备描述:设备名称、类型、系列号和制造商;

⑥ 在寒冷地区对所使用测量设备改造的描述。

2. 设计类项目测评所需数据

进行人因测评工作需要获得的数据首先是设计测评数据，这包括技术和设计特性数据。具体如下：

（1）技术特性类项目的测评数据

① 光照数据；

② 噪声数据；

③ 温度、湿度和通风数据。

（2）设计特性类的测评数据

① 可视性数据；

② 语音可识别性评分；

③ 工作空间评估数据；

④ 力/力矩测评数据；

⑤ 完整的设计检查清单（如设备尺寸、工作空间、通道、控制器、显示器等）；

⑥ 灵活性评分。

3. 性能类项目测评所需数据

系统性能测评是人因测评的另一核心内容。性能测评数据包括人因专家分析、直接测量和问题识别的结果，具体如下：

（1）基于人因专家分析的性能测评数据

① 失误可能性评估；

② 负荷评估；

③ 机组配合评估（Team Interaction Assessment）；

④ 新设备培训效果评估。

（2）基于直接测量的性能测评数据

① 时间、速率、准确率记录数据；

② 从失误报告中获取的失误率记录；

③ 事件发生的频率和持续时间记录；

④ 物品消耗和使用数量记录；

⑤ 访谈、问卷和检查单结果记录。

（3）基于问题识别的性能测评数据

① 项目用户报告的问题；

② 已完成的任务清单；

③ 人因分析中识别的问题。

3.1.6　数据收集、记录与分析

在解决了评什么、用什么评和需要记录哪些数据的问题后，接下来要考虑的就是怎样收集有效数据，如何记录测评过程和数据以及数据拿到后如何分析的问题（US Army Test and

Evaluation Command,1990)。

1. 数据收集表

数据收集的常用表格有:人因测评计划单、人因测评初步分析表、任务检查单、设计检查单、面板共性分析表、工作负荷评估表、控制失误可能性工作表、显示失误可能性工作表、失误报告表、个人数据表、问卷调查表、培训/汇报问卷表、可视轮廓图等。这些数据表可以直接复制过来使用,也可以根据实际需要进行修改。其详细内容和要求可以参阅 TOP1-2-610 中相关章节内容。

2. 测评记录

测评过程及数据的记录形式各种各样。最原始的方法就是直接观察法,人因专家或研究人员通过直接观察,对测评活动进行如实记录或说明。此方法可以提供在真实环境下系统设计数据,找到系统的缺陷和优势,为系统修正提供依据。更进步的方法是录音和静态照片。录像和传感器则是目前应用最为广泛的方法。录像可以记录测评现场的影像资料,供后期分析使用。而传感器则是直接获取相关数据的最有效方法。

3. 数据分析

测评项目以及相关的维修性和培训方案在多大程度上符合或不符合人因规范、标准或要求,应该以叙述的形式表述出来。不合格的实例要配有相关测评和插图说明原因。所有定量测量数据(如人体测量、噪声、亮度、温度等)应该以表格或图形的形式呈现,以便与相应的标准进行比较。这样才能反映出被测项目和符合标准的程度。观察项目、问卷调查以及访谈的结果应该进行总结并以表格的形式呈现。

一个特定项目的特性测量需要进行多次,因为测量结果会有一定的波动。从这些多次测量结果中才能算出合适的统计结果。采用的统计方法包括均值、方差、标准差。在做主观评价时还需要考虑被试评价值之间的信度、效度。此外,数据处理的方法还有抽样误差、百分位数的计算等。

本文不介绍详细的数据统计分析方法。数据统计方法可参见相关数理统计资料或标准(如 DARCOM PAMPHLET 706-103)、工程设计指导手册(Engineering Design Handbook)、军事实验统计应用的相关章节(1983)以及相关教材。

3.2 人因测评计划

人因测评计划是为保证人因测评实施所制订的计划。一个好的人因测评计划能提供结构化的、一致性的方法来明确识别、评估和解决人因问题。测评计划需要描述评估目的、方法、设备、所需数据收集和分析技术等。测评计划应该是宏观层次上的,并辅以细节描述、测评方法、特定项目的检查单等。下面介绍推荐的项目评估计划的结构和基本要求。

3.2.1 项目介绍

简单描述一下所要评估的系统以及与其他系统的关系。另外介绍之前完成的任何评估以及发现的问题和得出的结果。之后介绍人因测评计划、所使用的技术方法、项目进度表、被测评系统交互功能及其人机界面的较详细的描述。图 3-3 所示为计划进度表示例。

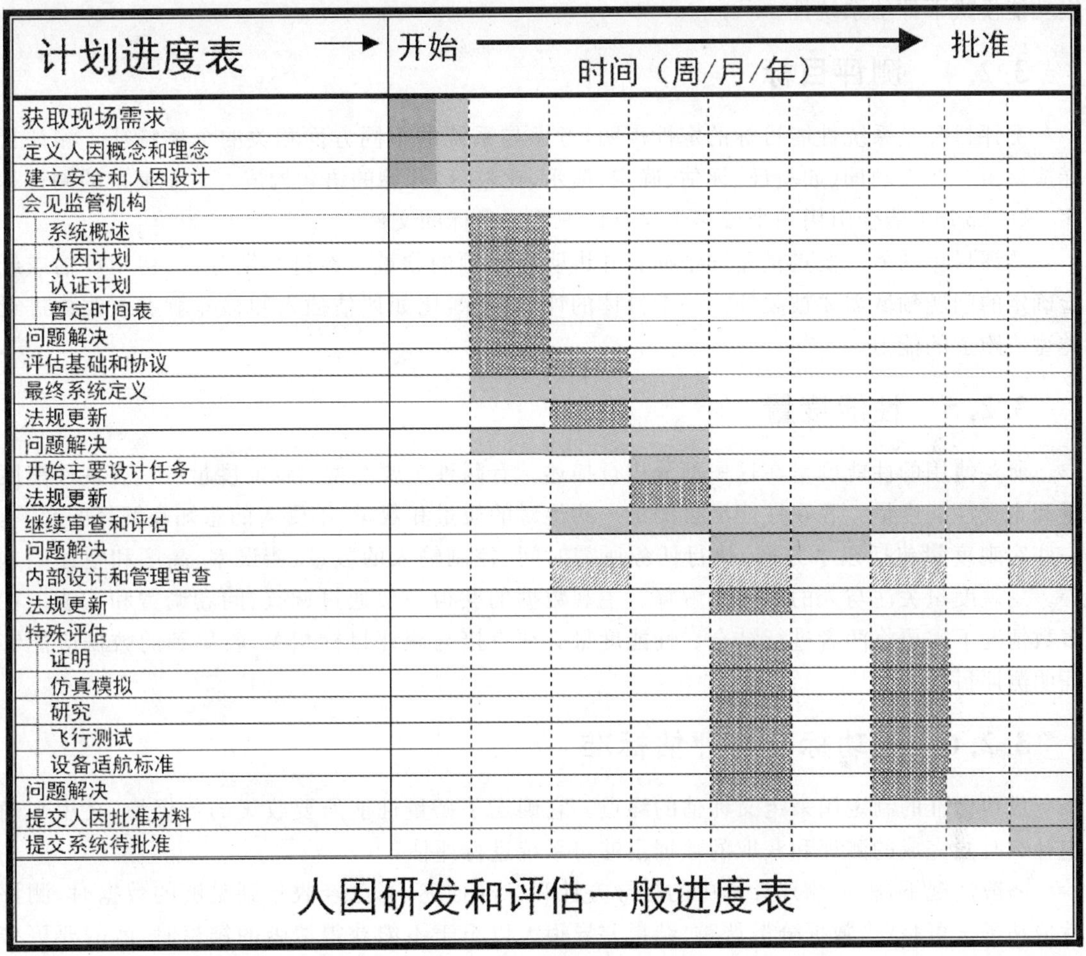

计划进度表	开始 ———— 时间（周/月/年）———— 批准
获取现场需求	
定义人因概念和理念	
建立安全和人因设计	
会见监管机构	
系统概述	
人因计划	
认证计划	
暂定时间表	
问题解决	
评估基础和协议	
最终系统定义	
法规更新	
问题解决	
开始主要设计任务	
法规更新	
继续审查和评估	
问题解决	
内部设计和管理审查	
法规更新	
特殊评估	
证明	
仿真模拟	
研究	
飞行测试	
设备适航标准	
问题解决	
提交人因批准材料	
提交系统待批准	

人因研发和评估一般进度表

图 3-3　计划进度表示例

3.2.2　评估参与者

这一部分需要讨论系统的设计是如何适应不同的人体特征、感知认知特性和能力的。对于人体特征，系统必须适应一定范围的身体尺寸、可达和力量能力，以便安全地操作系统。确定人的设计考虑中包含的所有的关键人体尺寸（如坐姿眼高、手臂可达、腿长、身高等）。这些特主要指导控制和显示的几何设计以及驾驶舱的最终几何尺寸。

内在的不同能力和经验，用户的技能水平差别很大。由于测评每一个人的认知能力是不切实际的，因此测评的参与者必须选择受不同程度培训和不同经验的人。选择的被试应能代表能力低的、新手和经验丰富的所有人群。

3.2.3　环境条件

测评计划还需要考虑操作环境的不同。系统可能在各种环境中运行，包括炎热、寒冷、干燥和潮湿气候。这些环境都将影响人机界面的性能。

一个重要的环境因素是环境光照条件。在所有可能的环境光照条件下,控制和显示必须提供有效且稳定的环境。由于系统不可能无限期的最佳运作,另一个非常重要的点就是在降级功能模式下评估系统性。

3.2.4 测评目标

测评目标是系统性能目标的定性声明,考虑与系统的不同方面相关的个体特征。测评目标应该由一些以动词(如验证、评估、确定、演示、比较等)开始的语句构成。对于复杂的测评程序,这一部分可能会引用一个或多个含有详细测评目标的文件。

测评目标的另一要点是要详细捕获并讲明有问题的领域。经过早期分析、初步评估或经验确定的问题领域需要被关注。一个具体的评估目标,比如评估插入和移除航点或改变进近类型或跑道的能力。

3.2.5 性能度量

所要使用的性能度量在这一部分进行描述。有两种主要类型的性能度量——客观性能度量和主观性能度量。客观性能度量测量一些绝对的质量和数量,不受人的感知和解释的影响。一些客观度量包括以下方面:执行任务所需时间、控制输入的数量、错误率、高度和空速偏差等。主观度量关注与人的感知和解释。主观数据的获得一般通过调查、问卷调查和访谈。在多数情况下需要将两者进行结合。性能度量必须直接与测评目标相关,收集到的数据应能够证明测评目标。

3.2.6 成功标准与评估标准

成功标准的制定用来定义评估的终点。它确定了衡量性能所要收集的数据量,它用来确定什么时候完成的测评和获取的数据足够对系统进行评估。

一般情况下,根据测评计划中的指导方针和标准描述,当已经收集到足够的数据时,测评就成功了。可是,当数据分散严重、结果差异很大以至于不能获得清晰的结论时,就需要更多的数据。更多的情况下,对于人因测评来说,当按照计划设置的条件和标准收集到足够的样本后,测评就已经成功了。例如,当规定数量的来自不同培训程度和经验的飞行员完成飞行任务和填写完问卷后。

这一部分,必须对将要进行比较的指南、标准或测评结果的衡量进行描述。评估标准是对特定或预期的系统性能的度量。结论通过对评价标准的评估获得。有时没有明确的标准可以参考,这时就需要根据经验和工程方面的判断来确定系统是否满足其设计和性能目标。

3.2.7 测评方法

测评方法部分描述了执行相关性能测量所要使用的设备、条件和流程。测评方法应该选择那些最能提供准确的人-系统性能预测的方法。尤其重要的是进行测评所要使用的设备的选择。以下列出了评估某一设计可能会用到的不同设备:

① 台架测评——台架测评是在实验室环境下对独立组件进行的测评。

② 样机评估——样机是为代表系统或组件的物理配置而制作的三维模型。

③ 模拟器评估——模拟器与样机的不同是模拟器提供了一定程度的功能。

④ 地面静态测评——这种测评是静止条件下在真机中进行的测评。

⑤ 飞行中评估——这种测评是在飞行条件下在真机中进行的评估。

3.2.8　结果、结论和建议

测评结果构成结论的基础,结论呈现了被证实的发现,并讨论了所要评估系统或功能的影响。区分测评结果和结论是很重要的。测评结果只是对数据的简单呈现和描述,不做任何解释。例如,7 个人中的 5 个人评定某一系统功能为"非常好",即可作为一个结果报告。对该结果的解释,如系统的可用性和可接受性,就是结论。

建议给出了行动方针。这是评估者根据已经进行的实际评估提供建议的地方。对于每一问题和缺陷都要有一个相关的建议。建议的行动方针包括以下方面:需要进一步的测评,组件需要重新设计以纠正缺陷,缺陷应该被记录下来并在手册中给出警告,以及需要进行培训以弥补缺陷等(理想情况下要尽量减少手册的使用和培训量)。提出的建议,作为最低要求,应能够缓解不利影响或为日后的进一步解决提供途径。

3.3　人因测试与评估方法

人因测试与评估工作在系统设计的各个阶段都要进行,然而,由于不同阶段系统的状态不同,可测评的内容也有所差异,测评对象的属性也不同,这就要求在实际的测评中,应根据需要选择相应的测评方法。本节将介绍一些常用的人因测评方法,概述其使用的一般流程。

3.3.1　人因设计检查单

1. 方法简介

人因设计检查单用于评估被测系统的设计特性,而检查单里的条目要求主要是从各类人因标准、行业规范等文件里提取的,如 MIL - STD - 1472。使用设计检查单不需要任何设备和测量仪器。

2. 实施流程

在使用人因设计检查单时,人机工效人员需要阅读准则中的条目,考量每一设计对象的人因内容。许多检查单预留有一部分空白,用于填写评语,如不符合的原因或其他应列入设计准则条目的说明。检查单使用程序进一步说明如下:

① 当使用检查单时,人机工效人员应当对被评价设计项目的目的和功能有一定的了解,并且人机工效人员对于检查单中要使用的准则必须有充分的了解,所进行的评价相互间不应发生干扰。

② 检查单评价的结果是对设计对象是否能满足所有相关的人机工效设计准则的一种验证。如果发现某条设计对象不适用,那就应当把这一情况提供给工程设计人员。

3. 应　　用

人因设计检查单需要从功能性、位置与布局、外形和尺寸、运动方向和力、间隙和分隔、可视性与可识别性、使用条件、安全性、操作程序这九个方面考量每一设计对象的人因内容,因此,每一设计对象的人因设计检查单也需要考虑这九个方面的因素。在使用人因设计检查单时挑选出适合的评估条目是关键。

在 TOP-1-2-610 的 HEDGE 附录 B 中给出一系列设计对象的人因设计检查单,并且在应用示例部分也给出了部分条目的设计检查单。在开展相应的测评工作时可以直接引用,并根据实际需要修改部分条目。HEDGE 给出了 22 类设计项目的设计检查单,分别是:

（1）标签、手册和记号

帮助识别组件和提供技术指导的书写材料、表格、说明和铭牌。它们通常告知操作者或维修人员危害信息、特定指导或者指令。

（2）踏板、阶梯、平台、扶手和栏杆

为使用者提供踩踏平面或抓握点。

（3）门、舱口和通道

提供进出工作空间或者添加取出物体的开口。这些内容需要进行正常使用和紧急使用评估。

（4）外部组件

驾驶舱外或者正常工作位置以外的组件。正常工作位置指检查区域、必须操作区域、装载区域和固定区域等。外部组件包括像轮胎、轨道、灯、电池、通风管道、补水管道、测试孔、指示器、浸棒、绞车、启动杆、滑轮、千斤顶等。

（5）控　件

用于启动、抑制和修改设备功率和调节操作元素的组件。

（6）特殊控件

特殊用途控件,只用于特殊设备或者添加普通组件上的控制元件,它们主要与飞行器有关。

（7）显示器

为操作者提供相关视觉和听觉信息的设备。

（8）特殊显示器

用于特殊目的的显示器。这些显示器安装在特定设备上,或者添加在正常显示的终端上。它们通常与飞行器相关。

（9）通信设施

成员间相互交换信息的设备和技术。

（10）线、软管和电缆

任何电缆、线、软管、管道等,用于传递东西(如插头、插座、连接器)的物体。

（11）工作空间

操作或维修区域。

（12）紧固件和连接件

用于固定和连接的物体。

（13）把　手

用于抓握、手持或提起东西的部件。

（14）光学设备

用于辅助人眼瞄准、观察的部件。

（15）操作部件

用于直接启动或决定被测项目运行的物体,这包括触发器、保险丝、曲柄等,不包括控件。

（16）包　装

用于设备存储或运输使用的物体,如纸箱、包装盒、包装袋等不属于被测物体的部分。

（17）槽、盖、套

用于保护部件的部分。

（18）测量设备

用于测量的设备,如尺子、容器、秤等。

（19）可更换单元

润滑油、燃料、液压流体及其他液体,气体,空气过滤器,燃油过滤器,机油过滤器,以及需要频繁更换的电气和电子部件(如灯泡、保险丝等)。

（20）测试元素和工具

普通和特殊用途的工具和测试仪器,用于收集、调节、校准、对齐等,这包括特约维修设备,如润滑点、倾倒口、滤管、喷嘴等。

（21）服装和个人装备

① 身上穿的,如衬衫、裤子夹克防护服等;

② 头上戴的,如帽子、头盔等;

③ 手上戴的,如手套等;

④ 脚上穿的,如鞋、袜子等;

⑤ 个人装备,包括睡眠设备,如睡袋、毛毯、睡垫等;

⑥ 战斗设备,如网络设备、救生设备等。

（22）结构组件

单独的项目,必须与其他组分连接以形成子系统,包括单梁、杆、预组装的电动单元,门、管段、帐篷等。

4. 示　例

显示器的部分人因设计检查单样例如表 3-1 所列。

表 3-1　人因设计检查单示例(显示器部分)

元件	显控交互
人因考量	功能性
缩写	CD int(Control Display Interaction)

测试标题	
测试项目编号	日期

详细设计考量	是	否	不适用	评论
1. 显示器与相关的控制器的下列关系正确 　① 适当的控制 　② 控制移动方向 　③ 控制移动速率和限制				
2. 功能性相关的单元成组放置,并且面板与面板之间具有相似性				
3. 操作控制器时显示相关信息的显示器必须能直接监控,并且消除视差的影响				
4. ……				

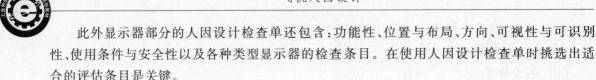
此外显示器部分的人因设计检查单还包含：功能性、位置与布局、方向、可视性与可识别性、使用条件与安全性以及各种类型显示器的检查条目。在使用人因设计检查单时挑选出适合的评估条目是关键。

3.3.2　环境与工程测量

1. 方法简介

在设计类内容的测评中，环境与工程测量是主要的手段。环境与工程测量的参数包括：光环境参数（亮度、照度）、噪声、温度、湿度、风速、力/力矩以及视角和工作空间的尺寸数据。

2. 实施流程

环境与工程测量可借助测试或测量设备进行，这些环境与工程测量的参数都有标准约束，而标准往往会给出合理的参数范围或者最低要求。当得到准确的测量值后，与对应标准比较就能得出评估结论。

在进行参数测量时，需要考虑测点位置、数量、分布等因素。例如工作台或测试台的光环境测试时需要进行多组测试，并且需要把测试表面按照一定尺寸划分成网格状，然后分别测试每一网格内的光度参数。此外在进行测试时还需要考虑外环境因素，尽量减小环境因素对测试结果的影响。

3. 环境与工程设备介绍

使用者在收集实测数据之前应当熟悉具体仪器的使用。下面介绍几种人机工效测量设备及其使用说明：

① 照度计测定周围环境照度。这是一种极其有用的工具，对于确定光照水平要求是否符合规范具有特别的价值。大多数照度计的使用都相对简单。

② 光点亮度计测定一度或更小角度范围内小面积的亮度。对于测定诸如在发光二极管或阴极射线管的显示亮度，这是一种最有用的工具。用光点亮度计还可以核实规范的符合情况。

③ 声级计和声波分析仪可在 10～150 dB 范围内测量稳态声音。声波分析仪对较重要的语音范围中心频率进行倍频带分析。使用这种仪器还可以就噪声曲线和语音干扰查明符合产品规范的情况。可以预先检查对主试造成危害的超音量条件。大多数声级计都比较容易使用。

④ 温度计测定空气、物体表面或液体的温度。温度计一般标有摄氏或华氏数字标度，并应带有多个温度传感器的接口。

⑤ 湿度计或干湿球温度计用于测定相对湿度。该仪器对确定人员的舒适干湿度条件也是非常有用的。

⑥ 风速计测定局部空气流动速度。对于确定在 0～5 m/s 的范围内人员的舒适风速条件，这种仪器是最有用的。

⑦ 力、力矩及量具包括各种仪器，测定操作人员或设备的各种力、力矩及距离。力的测定范围为 0.07～1 000 N。力矩的测量范围为 0.06～200 N·m。卷尺应能测到 15 m 距离。对于测量角度，量角器是很有用的。

4. 示　例

光环境测量就是光环境参数的测量,此处讨论限于光度学参数,这是获取定量参数的主要方法。需要获取的光环境参数包括:照度 E、亮度 L、对比度 C、光强 I、光通量 φ。光度计(亮度计、照度计)或光谱辐射仪用于测量光环境参数,其中能直接测量的参数有:光强、照度和亮度,而对比度、光通量等其他参数均可以通过光强、照度和亮度计算出来。下面以显示亮度测量为例介绍。

(1) 测试环境条件

在没有特殊要求时,显示测试应在如下环境中进行:气压 711.2～812.8 mmHg,温度 21 ℃±3 ℃,湿度不大于 80%。

光照环境:亮度、色度和辐射测量应该在暗室中进行,要求检测不到外界辐射波长为 380～930 nm 光的能量,或者外界辐射能量小于测试样本辐射能量的 1%。光源色温应在 3 000～6 500 ˚K。

驾驶舱内照度测量时的环境照度条件如表 3-2 所列。

表 3-2 　各照明部位亮度测量环境要求(飞机设计手册总编委会,2005)

照明部位	规定操作条件下照度要求/fc	
	最小值	最大值
飞行员区域总体照度要求	1(过道地板)	20
控制面板不照明(规定飞行中调节和操作)	5	10
仪表板和控制器	2	10
过道和通道(地面)	0.2	5
货仓(地面)	0.2	5
装载和斜面区(地面)	2	10
机组导航和系统计算任务的区域(工作区域照明)	30	60
电站辅机,电气和电子舱室(工作区域照明)	5	10

(2) 亮度测量

亮度的测量可以使用光度计或者光谱辐射仪,任何部件亮度的测量都应该在规定的照明条件下进行。显示信息元素指观测者读取的最小显示单元,如字符、符号等。

下列亮度水平测量应该在表 3-2 规定的外界光照条件下进行:

L_1:显示屏屏幕平均亮度(不包含显示信息亮度);

L_2:照明环境下显示信息平均亮度;

L_3:暗环境下显示信息平均亮度

如果显示元素足够大并允许多次测量非重叠区域,通常以多次测量的平均值作为显示元素的亮度值。应确定显示器表面五个区域显示元素亮度均值的最小值。如果能证明在高亮度外界光环境下亮度差没有改变或者变化在设定的范围内,L_1,L_2,L_3 就能用于计算其他参数。

直接测量测量区域亮度均值:使用光度计或者光谱辐射仪测量测量区域,需要保证飞行员在此位置观测显示器时拥有 1.8 分弧度或更大的范围的视角。

间接测量测量区域亮度均值:当光度计的传感区域小于直接测量区域时,需要多次测量并求平均值。

反射亮度测量：L_1，L_2，L_3的值应包括镜面反射和漫反射的亮度。该测量需要使用两种类型的光源，如图3-4所示。也可以单独测量，把两种情况下的亮度值相加。

漫反射亮度测量：图3-4中光源E应放置于垂直显示器平面中心轴上，漫反射亮度可以通过光度计P测量，光度计放置角为$30°\pm2°$或者显示器预期的最佳观察效果时的最大视角上。光度计应能在显示器表面产生一个清晰的测量点。

L—镜面反射光源：均匀亮度光源或照明中的漫反射表面

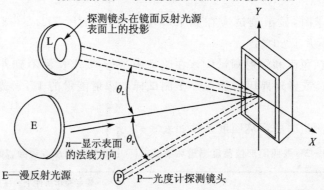

图3-4 显示器亮度测量方案(镜面反射光源与漫反射光源组合)示意图
(US Department of the Air Force, 1996)

3.3.3 主观评价法

1. 方法简介

主观评价方法也称为定性评价方法，其在人因测评中的作用就是获取那些无法量化或者测量的评价属性，如飞行员的操纵舒适性。这类方法主要是基于同行或者专家过去的知识和经验对评价对象做出主观判断。进行主观评价的人可以是设计人员、操作者或者系统维修人员等。

主观评价方法种类很多，其中较为常用的包括：问卷调查表、专家评审和Likert量表。下面简要介绍以下三种方法。

(1)问卷调查表

问卷调查表是一种获取主观评价数据的最基本的方法。它提供了一种收集系统用户信息的结构化方法。调查问卷通常由一些关于系统和人机界面运行状况的特定问题组成。在收集人机工效信息的所有主观评价方法中，调查问卷是一种使用最频繁，也是最有价值的一种方法。

(2)Likert量表(Likert Scales)

Likert量表又称总加量表，由美国社会心理学家R. A. Likert于1932年在原有的总加量表基础上改进而成，并因此而得名。这种量表一般由一组与研究主题相关的陈述以及其他辅助内容所组成。它是由设计人员在一定的理论框架的基础上，按照调查目的和要求而构制出来的，用来探知受试者对某一事物或现象的态度、看法、评价或行为倾向等方面信息的一种调查工具。

Likert 等级量表是一种定距量表,量表所收集的数据可以借助统计软件(如 SPSS)进行各种参数和非参数检验,以此来挖掘量表所反映的深层信息。在实际设计中,Likert 量表通常采用 3~7 个等级形式,即量表中各选项给出表示态度积极程度等级的几种备选陈述(如"非常符合"、"非常不符合"等),并用不同的分值给每一等级陈述赋值。受试者的得分越高,说明其对某事物或现象的态度越积极或越消极。Likerk 量表的设计比较简单,而且易于操作,量表调查具有效率高、信度好、实施方便等特点。

(3)专家评审

专家评审在评估学上称为同行评议,其主要形式有:通信评议、会议评议、调查评议和组合评议。在工程上专家评审主要是对系统设计的核心问题和难点问题进行评估。专家评审可以是单个专家独立进行评估,也可以是专家开会讨论,然后得出统一的意见或结论。专家评审是以专家定性判断为主的方法,其特点是可以充分利用和发挥专家的经验和能力,对系统进行评估。经过几十年的发展和完善,专家评审目前已经被公认为一种最基本的评价方法。

2．实施流程

虽然主观评价方法种类较多,其评价流程也不完全一样,但大多数评价方法是以问卷的形式进行的,其实施流程可以按照制订评价计划、确定调查问题、开展预实验和实验、实施主观评价以及数据分析处理五个部分进行。

(1)制订初始计划

确定需要收集的数据、实施主观评价的方法、参与评价的人员以及后期数据分析所需要的方法等。

(2)确定调查问题

根据主观评价的对象以及实施主观评价的方法,确定在评价过程中所使用的相关问题,根据方法的要求制定不同类型的问卷。

(3)开展预实验和实验

根据评价目标的不同,设计实验,并进行预实验。

(4)实施主观评价

召集参与评价的人员对评价目标进行评价或评分。

(5)数据分析处理

对收集到的数据进行分析、处理,得到评价目标的主观评价结果。

3．应　用

主观评价方法是人因工程学中一种重要的研究方法。针对民机设计过程,该方法划分为脑力负荷的主观评价方法、体力负荷的主观评价方法、人对环境刺激的主观评价以及人对机器系统的主观评价四个方面。

(1)脑力负荷的主观评价方法

该方法对飞行员在执行飞行任务过程中的脑力负荷进行评价。由于其具有无侵入性、使用简单、信度效度较高、敏感性高和被试接收程度高等显著优点,所以是一种最有效、使用最广泛的脑力负荷评价技术。目前最流行的几个主观评价技术包括:NASA 操作任务负荷指标法(NASA TLX)、主观工作负荷评估技术(SWAT)、库伯哈勃量表(CH)和改进的库伯哈勃量表方法(MCH)等。

（2）体力负荷的主观评价方法

该方法与脑力负荷评价方法相同,通过对飞行员的调查,根据其对体力任务负荷大小的主观感受进行评分,从而确定飞行员的体力负荷的大小。

（3）人对环境刺激的主观评价

利用主观评价法对环境中的各种因素进行评价,其中包括声音、光、温度、湿度、空气质量等。人对这些环境因素刺激的主观感觉评价是驾驶舱、客舱的环境设计过程中的重要参考。

（4）人对机器系统的主观评价

通过主观评价的方法,从人的角度对机器系统进行评价,要考虑其可达性、可视性、安全性、舒适性等多个方面。

4. 示 例

下面是 C-130 和 C-141 运输机舱内改造时对夜视镜使用性能影响评估报告中所使用的调查问卷。该问卷出自 AD-A276 843 Assessment of Interior Modifcations in C-130 and C-141Aircraft for Night Vision Goggle Operations (U)。这次评估就是通过问卷调查表的方法对飞行员进行调研,并获得与驾驶舱相关的主观评价数据和结果。

C-130/141 驾驶舱内饰喷涂方案夜视效果评估问卷

姓名:　　　　　　　　　夜视仪型号:

机型:　　　　　　　　　飞行职务:

大致的佩戴夜视仪飞行时长经历:

旧内饰机型小时:　　　　　新内饰机型小时:

1. 请列出佩戴夜视仪时夜视飞行任务中最重要的四项视觉任务,并选出在新内饰系统中每项视觉任务的操作效果变化等级（与旧系统相比）。（勾选）

任 务	没有变化	稍微提升	很重要提升	略微变差	变得非常差

2. 对于题 1 中所列出的操作效果没有变化的任务,描述在新旧内饰系统中执行它们的时候有什么差别。

3. 请描述在夜视仪视野中任何你认为与内饰喷涂项目相关的反光部位。

旧内饰系统

新内饰系统

4. 请列出当佩戴夜视仪时会影响你的操作的反光部位,并选出影响等级。

反光部位:

—对夜视操作没有影响

—对夜视操作有轻微影响

—中等影响（反光部位限制了佩戴夜视仪时的操作）

—重要影响（反光部位使得夜视操作无法完成）

反光部位：

——对夜视操作没有影响

——对夜视操作有轻微影响

——中等影响（反光部位限制了佩戴夜视仪时的操作）

——重要影响（反光部位使得夜视操作无法完成）

……

5. 在你的操作位置上，旧内饰系统中佩戴夜视仪操作时，最严重的光照兼容性问题是什么？

6. 问题 5 中的夜视操作光照兼容性问题在新内饰系统中有什么影响？

3.3.4　生理测量法

1. 方法简介

生理测量法是通过测量操作者的某些生理指标的变化来反映其脑力负荷的改变的一种传统方法，该方法假设生理反应和负荷相关，人的脑力负荷变化时，与之相关的生理量指标也会有所变化。生理测量方法要通过使用一些专业的仪器来获取这些指标值，如通过眼动仪记录眼部的生理情况，然后通过计算机将信号放大，分析不同脑力负荷情况下的变化。生理测量技术主要包括心电测量、脑电测量和眼动测量三种技术。

（1）心电测量技术

心率（HR）及心率变异率（HRV）反映了心脏的活动，可通过心电图（ECG）追溯。心率是心脏在一个确定时间（通常是 1 min）内的搏击次数，心搏间隔（IBI）指在这段时间内心跳的平均间隔。连续心搏期间瞬时心率具有微小涨落，称为心率变异性（HRV）。许多研究表明，健康人的心率即使在安静状态下也是有涨落的，而不是恒定不变，在一连串的心搏中，频率有时快有时慢，心脏每搏间期（RR 间期）一般有几十毫秒的差异，构成一定的节律的变化，这构成了心率变异性的基本内容。HR 和 HRV 通常作为脑力负荷的指标：投入的努力越多，HR 就越高而 HRV 就越低。在短期脑力负荷实验任务结果中获得的 HR 和 HRV 的可靠性和有效性通常是很高的，但是在实际应用中并不能保持高可靠性和有效性。

（2）脑电测量技术

脑电活动是大脑皮层锥体细胞及其垂直树突的突触后电位的总和。通过精密的电子仪器，从头皮上将脑部的电位变化加以放大并记录下来，即脑电图（EEG）。脑电测量技术是目前最敏感的监测脑功能的方法。脑电图仪是用来记录大脑皮质神经细胞生物电活动的电子仪器，最初应用于医学研究。脑电图信号较为复杂，需要采用多个电极进行检测。为了消除其他生物电信号的干扰，必须将数量较多的电极集中放置在大脑表面一个较小的区域内，因此脑电图的导联比心电图要复杂得多。

（3）眼动测量技术

眼动测量法是分析和验证与注视点、扫视轨迹以及瞳孔变化相关的显示界面、仪表板的理想方法。人的眼球运动有三种基本的类型：注视、眼跳和追随运动。为了看清楚某一物体，两只眼睛必须保持一定的方位，才能使物体成像在视网膜上。这种将眼睛对准对象的活动叫注视。为了实现和维持获得对物体的最清楚的视觉,眼睛还必须进行跳动和追随运动。眼动参数主要有以下四类:眼动轨迹图、眼动时间、眼动方向和距离、瞳孔大小与眨眼。眼动参数的记录有很多方法,如观察法、机械记录法、胶片记录法、电流记录法、探查线圈记录法、基于瞳孔和角膜反射的视频记录法、红外线普金野图像跟踪法。目前最常用的眼动记录技术是用一个摄像机或其他光学接收器记录接收被眼睛反射回来的红外线,视频数据的分析和处理都是通过计算机采用相应的软件来完成。

2. 实施流程

工作负荷的生理测量技术包括心电测量、脑电测量和眼动测量技术三种,三种测量技术的实施流程相似,这里选择眼动测量技术的实施流程进行介绍:

① 确定实验目的,详细了解设备状况、与眼动数据采集相关的参数及其定义和各测量部件。比如,采用 eyelink Ⅱ 头盔式眼动测量系统,允许被试自由地转动头部,平均凝视位置误差<0.5°,采用瞳孔和角膜反射追踪模式,采样频率是 250 Hz。系统的场景摄像头可以对实验场景录像,以视频的形式存放到硬盘上,对视频数据回放就可以知道被试视线的位置和扫视仪表的次序。

② 确定实验方案后,选择与实验目的相符合的被试群体。通常眼动实验会选择视力正常的人群,并针对特定实验有更加具体的要求。

③ 向被试说明实验任务后,被试穿戴实验设备,或到达设备要求所在位置等待实验开始。有些实验在开始前需要被试对操作任务进行熟悉和学习。

④ 开始任务前,要让被试在设备运行的情况下进行调节和标定程序,标定好后坐进座舱,先让被试练习 5 min 以熟悉任务,然后开始正式实验。每一个被试开始任务前都要重新进行标定,执行相同的程序。

⑤ 正式进行试验,现在使用的眼动仪大多为穿戴式,长时间佩戴可能对被试造成较大的身体负担,应适时让被试休息。重新开始试验时要注意眼动仪再次标定、校准。

结束上述步骤后即可对系统收集到的被试眼动数据进行分析。当大脑在思考时,眼睛会停顿注视。思考的时间越长,眼睛停顿的时间也相应增长。在用户操作计算机过程中,眼睛在屏幕上注视的时间可以大致观察出他们认知活动所使用的时间。用户在搜索一个目标时,眼睛的运动表现为眼跳。眼跳的次数反映了人机界面的设计好坏,如果用户经过许多次眼跳和注视后才找到目标,就应该引起设计师注意,这可能意味着设计存在问题。

3. 应　用

由于生理指标的实时性和客观性,生理测量是一个评定脑力负荷的很好的方法,需要注意的是,任何单一的生理指标对脑力负荷的测量都是片面的,只有多种生理指标的综合运用才能全面反映脑力负荷的变化。该方法的一个优点是:对主任务有较小的侵入性,特别是近年来软件技术和硬件技术的发展使生理数据的测量和分析变得容易,测量设备尺寸都大为减小,执行任务时,成套的测量设备能方便地安置在操作者身上,侵入性问题也越来越小。其缺点是缺乏特异性和可靠性。这是由于生理度量法假定脑力负荷的变化会引起某些生理指标的变化,但是其他许多与脑力负荷无关的因素也可能引起这些变化,而且有些仪器比较昂贵,有的测评过程复杂,需要专家进行测评和分析,这给实施带来不便。目前研究的较多的生理指标主要有:心率及其变异性、眨眼率、眼电图、脑电图、脑事件相关电位等,在各种生理指标中,心跳变化率

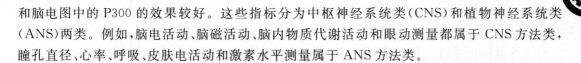

和脑电图中的 P300 的效果较好。这些指标分为中枢神经系统类(CNS)和植物神经系统类(ANS)两类。例如,脑电活动、脑磁活动、脑内物质代谢活动和眼动测量都属于 CNS 方法类,瞳孔直径、心率、呼吸、皮肤电活动和激素水平测量属于 ANS 方法类。

3.3.5　虚拟评估方法

1. 方法简介

虚拟评估技术是一种利用 CAD 工具来辅助评估的方法。这种方法为人因专家提供了一种简单的方法来评估人机界面的实际能力。在 CAD 工具出现之前,人机界面分析费时费力,CAD 工具和模型的出现允许人因专家在没有样机的情况下进行评估。如果需要,还可以在早期设计过程中进行评估,从而在设计定型前完成评估工作并对设计方案进行修改,减少再设计的费用,避免出现设计不合理的情形。

目前虚拟评估技术已日趋成熟,并开发出多种虚拟人因评估软件,比较著名的有 JACK 人体建模和仿真软件、SAMMIE 工效分析系统、MANNEQUIN 和 SAFEWORK 人/机系统软件、SPEOS 光学仿真平台等。其中,JACK 与 SAFEWORK 是较为常用的人体仿真和人因分析评估软件。

这些虚拟评估软件和仿真平台可进行光环境评估,温度、湿度、通风评估,可视评估、可达评估、振动评估等。

2. 实施流程

虽然针对不同方面的人因评估,虚拟评估的流程并不完全一样,但其主要实施流程还是可以归纳为建立虚拟环境、创建虚拟人体、将人体置于环境中、进行评估四步。

(1) 建立虚拟环境

利用 CAD 软件对需要评估的对象进行建模,使其与真机相似,能够进行相关的评估。

(2) 创建虚拟人体

常用虚拟评估软件都能够生成虚拟的人体,在建立人体时可输入人体尺寸、所属百分位等数据,生成目标用户虚拟人体。

(3) 将人体置于环境中

完成虚拟环境与虚拟人体创建后,将虚拟人体置于虚拟环境中,调整其位置与动作,模拟人体进行任务时的状态。

(4) 进行评估

利用虚拟评估软件的评估模块对需要进行评估的方面进行评估,得到评估结果,进行后期分析。

3. 应　用

利用虚拟评估技术,设计者可以对设计进行评估而不用制造物理样机。大多数与物理尺寸和布局相关的初始人因测试可以通过虚拟评估进行。现在有一些与人的模型相关的软件工具允许人因专家在物理建模之前利用电子模型进行布局方面的人体尺寸测试。下面是一些虚拟人因评估软件一般都具备的功能:

(1) 人体尺寸分析

利用男性、女性人体尺寸数据库为人因专家提供完整的人体尺寸,这些尺寸有可能在测试过程中不易获取。

（2）可达包络面分析

基于肢体长度和关节转向角度限制数据绘制人体的可达包络面，用来评估控制器的布置和与操作者相关的其他方面。

（3）视域分析

通过创建人体的视野图来检查人的可视域，分析可视性，从而发现保护装置或系统结构造成的视觉障碍。

（4）通过性分析评估

用于检测人的通过性。例如，工具和被修理的部件之间是否提供足够的空间，参与项目的操作者或维修者是否被提供足够的移动空间，出、入口对于身体出入是否足够大。

（5）力分析

确保操作者或维修者在可能的姿势下能有足够的力和力矩。更深入的分析需要借助人的CAD模型实现。

4. 示 例

下面以 JACK 软件与 SPEOS 软件为例讲解虚拟评估中的可视评估、可达评估、力/力矩评估与光环境评估。

（1）工作空间（可视、可达）评估和力/力矩评估

JACK 软件是一个人体建模与仿真以及人因评价软件，它提供了一些基本的工具，可用于人体动作的虚拟评估。分析者还可以通过选择 Task Analysis 和 Occupant Packaging Toolkits 工具箱，使用更先进的人因分析工具。通过 JACK 软件，用户可以进行可视评估、可达评估、合适度与适用性测评和力/力矩评估等工作。

1）可视评估

JACK 软件提供了许多视界评估的工具，用户可以：

① 创建从 JACK 人体模型出发的 eye Windows；

② 创建视野来说明在第三者看来 JACK 人体能看到；

③ 测量 JACK 人体的眼睛和任何物体之间的距离；

④ 控制 JACK 人体的头/眼跟踪一个物体的运动。

图 3-5 所示为 JACK 可视评估界面。

2）可达评估

JACK 的可达评估能力使用户可以：

① 确定人体是否可以够到目标对象；

② 测量 JACK 人体的手和物体之间的距离；

③ 建立延伸边界，以图形显示，定义人体可以达到的范围；

④ 导出延伸边界到 CAD 系统，作为设计的范围。

图 3-6 所示为 JACK 生成的可达域。

3）合适度和适用性测评

JACK 帮助用户确定其设计是否适合各种身体尺寸的人群使用。用户可以：

① 放置一个虚拟人体，然后利用这种姿势，测评各种不同尺寸的人体；

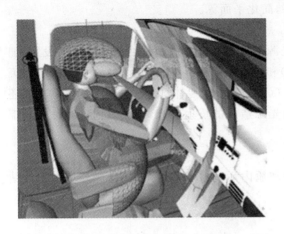

图 3－5　可视评估　　　　　　　　图 3－6　JACK 生成的可达域

② 当其相对位置变化时，实时测量环境中任何两点之间的距离，这有助于量化产品的设计对目标人群的适合程度；

③ 物体移动时，突出人体和物体碰撞的实时数据。

4）人体的受力和力矩评估

JACK 可以计算出在一个特定的姿势下一个人的关节和相关部位的受力情况。因此，用户可以比较用来完成各项任务的力量。软件还可以让用户加上虚拟人体持有物体的重量因子，以代表更多的外部力量。

该软件受力分析模块主要使用步骤如下：

① 建立一个虚拟的环境；

② 创建一个虚拟人；

③ 定义人体形状和生理参数；

④ 把人加入虚拟环境中；

⑤ 给虚拟人指派任务；

⑥ 分析虚拟人体如何执行任务；

⑦ 对于虚拟人进行工效学评价。

（2）光环境虚拟评估

在现代飞机驾驶舱光环境相关设计中，运用计算机软件工具进行光环境虚拟评估的方法起着越来越重要的作用。SPEOS 光学仿真软件能与当前航空领域使用的 CATIA 平台结合，且提供了一种基于人眼视觉的光学仿真方法，它能够建立真实的光线、精确的几何结构和 3D 环境，还能够建立通过工具测试的真实物理材质属性的材质库。该软件在 A380 驾驶舱设计中得到运用，是目前最为先进的视光学评估系统（孙铭錾等，2012）。

采用 SPEOS 软件平台进行光环境虚拟评估的主要步骤如下（以飞机驾驶舱为例）：

1）建立驾驶舱仿真数字模型

航空领域的三维数字模型基本上都是通过 CATIA 软件建立，因此用于光环境虚拟评估的驾驶舱数字模型采用 CATIA 软件建立，也可以从飞机设计总体部门获取作为光环境虚拟评估的输入。模型的精度影响仿真结果的逼真度，也会影响计算速率，因此在模型处理时需要对复杂模型进行简化处理,去掉细小按键、器件,简化平面等。

2）建立光源模型

驾驶舱内外光源模型通过 SPEOS 建立,光源参数根据需要虚拟评估的实际情况设定,如环境光源可采用 2004 年国际照明委员会(CIE)和国际标准化组织(150)认可的 CIE 标准全天空,主灯、中控台灯、侧控板灯、阅读灯均采用 6 000 K 色温的黑体灯等。另外根据评估需要还可以设定舱内灯光开关情况。如为了模拟舱内光源造成的反射眩光,驾驶舱内这几种灯具都需要处于打开状态(张炜等,2012)。

3）建立观察视角

飞机驾驶舱内光环境是为飞行员飞行操作和舱内活动服务的,因此舱内光环境虚拟评估效果的观察位置选定为飞行员眼位点。

4）虚拟计算与效果分析

SPEOS 在参数设定完成后,进行仿真计算,并输出观察效果图。根据效果图可直观查看舱内光环境情况,如光线明暗、眩光等。

此外通过二次开发还可以探测获取仿真结果中的光环境参数,进行量化分析。

3.3.6　辅任务监测法

辅任务监测法是一种测量心理工作负荷的方法,该方法要求操作者同时执行两个任务——主要任务和其他任务(可能相关也可能不相关)。操作者关于辅任务的绩效用以估计主要任务的工作负荷。该方法可以帮助人因人员和设计人员评估心理工作负荷,由此识别出压力大的任务,然后进行重新设计或分配。

1. 方法简介

为确定人员工作负荷,被试需要同时执行操作任务和辅任务。对于要试验的其他内容,辅任务可能有意义,也可能没有具体意义,对于被测试的任务,它也绝不是必需的。辅任务监测法一般在原型机、具有一定功能的样机或者模拟器上进行,并通过特定设备或遥测记录系统操作人员的工作绩效。通过考察双任务作业情境下辅任务绩效受影响的程度(相对于单任务情境)来间接评价主任务的认知负荷。

2. 实施流程

在实施辅任务监测法时,一般要求被试在执行主任务时不能犯错,并在不需要执行主操作任务时完成辅助任务。记录完成辅助任务所用的时间,然后将它从总的可用时间中减去。这样,根据测量所得的剩余的可用时间(或精力),就可以推断出执行主操作任务的工作负荷。关于辅任务监测法的更多信息,可参阅 Boff 等人(1986)的著作:Handbook of Perception and Human Performance。

3. 应用

辅任务监测法是一种很有用的机组工作负荷测量方法,尤其适用于操作任务的绩效参数不能直接监测的情况。由于在这种情况下工作负荷可以定量测量,因此与其他工作负荷评价方法相比,该方法可能获得更精确的结果。如果对辅助任务数据进行自动记录,和其他人因测试评价方法相比,使用该方法的成本相对较高。但是,与监测每一个控制器和显示器的操作绩效方法相比,辅任务监测方法的成本还是低的。有两种不同类型的辅任务监测方法,一种使用与系统主操作任务完全无关的辅任务,另一种较复杂,采用与主任务本质上相同的辅任务。被试一般更乐意执行更真实的辅任务,而不是那些特意安排的任务。

4.示　例

(1)测试飞行员在工作条件下精力剩余情况

辅任务是用来测试飞行员的备用能力(备用能力跟工作负荷相关)。

辅任务有两种测量方法:正刺激的响应时间和反应精度(正探头正确的百分比)。约束是指强加于被试响应的时间。超过 10 s 的响应将会被忽略,因为该任务不是连续的。

1)辅任务具体内容和响应时间

ATC 向一个飞机发出呼叫,ATC 在他们开始发音的时候就开始计时,该飞机作为正刺激。正刺激是飞行员自己的飞机(比如:"美 247 请求出发控制……")和在同一区域的陪同飞机(比如:"美 241 下降和维修……")。当 ATC 呼叫正刺激时,该飞机的飞行员即被指示按下连结左侧的发话开关(PTT)。这个发话按钮终止 ATC 激活的时间。飞行员被允许写下两个正刺激飞机的发话信号,并且在他们航程中发话信号是可以用的。其他 ATC 初始呼叫被视为负探头。

对于正刺激有两种发话信号设置(241/247、352/356)。发话信号在负荷条件下(低和高)和路线(San Francisco – Stockton and Sacramento – San Francisco)中保持平衡。

2)辅任务探索准确性

反应精度是指探头对每一个衡量窗口响应的正确百分比。

(2)歼击机飞行员脑力负荷评价模型的研究

1)对　象

进行脑力负荷评价参数的测定的对象为:驾驶过歼-A 和歼-B 两种飞机的飞行员 60 名。年龄 26~43 岁;飞行时间:歼-A 100~2 550 h,歼-B 100~1 300 h。飞行技术均属优、良等级;身体、心理状况健康,飞行合格。

2)辅任务评价法

双重任务飞行时,在完成飞行任务的同时,附加辨别 P300 靶刺激和非靶刺激听觉信号。辅任务成绩用信息处理速度来表示,评价结果表明,在双重任务飞行时,信息处理速度这一辅任务指标模拟机歼-A 组为(9.84±1.71) bit/s,歼-B 组为(10.56±1.64) bit/s,歼-B 比歼-A 快($t=4.47, P<0.001$)。

3.3.7　交互仿真

前面章节所介绍的人因测试与评估方法严重依赖原型机或者样机,而本书中还将介绍那些只利用计算机程序模拟人机界面中的操作者和设备的评估方法——联机交互仿真。这种方法与实时计算机仿真程序的应用和真实的测试操作者的参与有关。

1.描　述

联机交互仿真是一种应用计算机技术建立所评价的系统的实时仿真模型的评价方式。与其他方法一样,联机交互仿真程序可用于评价和验证特定操作设备和流程的适用性。

联机交互仿真最重要的要求是要精确仿真出所评价系统的关键部分。仿真模拟程序应包含所评价系统中的关键变量。由于在仿真过程中某些参数的设定不能十分明确,模拟器对这些参数必须能提供一定的偏离冗余,目的是为了训练操作者对实际操作情况的正确响应,确保在实际操作时更为可靠。使用这种偏离冗余设计具有风险性,但对补偿参数的误差又是必需的。

2. 实施流程

联机交互仿真意味着要使用复杂的计算机及软件,仿真的基本步骤如下:

① 设定被试在仿真环境中需进行操作的程序。

② 联机仿真操作需要构建仿真环境(模型),如与被模拟的系统控制台相似的各种仿真布局、操作系统、显示器及其显示格式等。

③ 进行交互仿真后,仿真模拟系统应能够输出实验结果,如应包括的动作、误差与反应时间等。

3. 应　用

联机交互仿真可应用于方案阶段、工程研制阶段、设计定型阶段、生产定型阶段,主要方面有方案的提出、人员要求信息、操作过程设计、培训系统设计、附加人的因素分析和人机工效数据存储信息。

一般来说,联机交互仿真的应用在被模拟系统建立之前,其优点就是不必用真实系统就能对模型进行操纵、研究和测量,发现可能发生的问题。与其他测试评价方法相比,使用实时模拟仿真方法具有以下优点:

① 建立仿真模拟器比建造被模拟的系统或模型更便宜、更容易、更快捷;

② 模拟器装上仪表可以很方便地收集数据,且能很快将数据转换成可用的形式,而由真实系统收集这种数据是很困难的或者是不可能的;

③ 作为训练的辅助手段,模拟器是极其有用的;

④ 模拟器比其所代表的实际系统更容易操作;

⑤ 模拟器可以用来训练完成对被试有危险的任务(如摔毁着陆等);

⑥ 可根据模拟程序选择不同的方法和策略;

⑦ 可以保存记录数据,以备后续使用。

与其他试验与评定方法相比,使用联机交互仿真方法也有一些缺点:

① 模拟容易导致过分一般化;

② 如果变量之间的关系不正确或假设的限制条件错误,那么模拟就会出错;

③ 模拟器可能因其固有的原因而夹杂进真实系统所没有的特性;

④ 模拟器一般比使用面谈、问卷或其他经验数据收集方法复杂、执行时间长且费用较高。

4. 示　例

现以"基于飞行任务的驾驶舱显示人机界面仿真"中所述的方法解释联机交互仿真的应用。

在该仿真过程中实验人员在 VAPS 集成开发平台上进行驾驶舱显示人机界面的仿真。通过软件平台中的 OE 描述驾驶舱显示人机界面,由软件提供的各种控件模拟建立每个单元(包括平显 HUD 和多功能显示器 MDU),并对各显示器中的信息进行仿真,仿真界面如图 3-7 所示。

图 3-7 用 VAPS 软件平台模拟的显示-控制界面

(1) 座舱显示人机界面显示信息动态仿真

平显 HUD 和多功能显示器 MDU 显示的信息需要根据不同的飞行任务动态显示,为了真实模拟不同飞行状态,飞行数据通过某型号飞机的飞行数字方程与 VAPS 显示界面中的信息进行数据通信,采用 VAPS 平台提供的 CHANNEL 对显示信息进行驱动以实现任务中信息的实时动态显示,具体流程如图 3-8 所示。

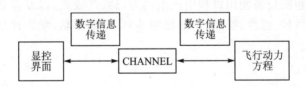

图 3-8 显示信息通过 CHANNEL 实现动态显示

(2) 实现具有人机交互功能的动态仿真

显示-控制界面仿真需要具有良好的人机交互功能才能实现对显控信息的评价,用 VC++实现对飞行动力方程的人机交互功能,程序中提供人机交互的输入接口通过人机交互影响飞行数字方程,进而通过 CHANNEL 反映在显控界面上。具体实现过程是在 VC++程序中通过键盘实现人机交互控制飞行方程,飞行方程对人的操纵响应后把计算得到的实时数据通过 VAPS 的专用通讯函数建立与显控界面的网络 TCP/IP 通讯,建立通讯后将飞行数据传送到 VAPS 中。具体实现方式如图 3-9 所示。

(3) 仿真结果及数据输出

上述方法通过 VAPS 和 VC++以及 TCP/IP 通信协议实现了座舱显控界面的仿真模拟。在仿真飞行的同时记录飞行的各项参数,以备用于工效评价和飞行绩效的评价。

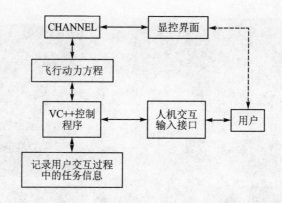

图 3－9　通过 VC＋＋实现具有人机交互功能的飞行任务模拟

3.4　人因测评方法分类

3.4.1　设计类项目测评

设计类项目测评包括技术特性和设计特性的测评。这类项目的测评更倾向于检查单式的,需要逐条测评与审核,而且大都可以通过直接测量获取参数。人因设计检查单(HFE Design Checklists)在设计类型项目的测评中是非常有用的,它既可以用于技术特性项目的测评也能用于设计特性的测评。

1. 技术特性类项目

技术特性类项目包括设备使用过程中产生的力、热、气或光,以及设备使用和维护中所需的环境条件(如天气、气候、温度、噪声、地形照明等)。光照评估,噪声评估,温度、湿度和通风的评估都属于这一类。

2. 设计特性类项目

设计特性类项目包括操作者或维修人员使用或接触的被测项目设备组件的物理维度。可视评估、语音可识别评估、工作空间评估、力/力矩测量这些都属于设计特性类的测评内容。

这些设计类项目的测评开展较多,发展比较成熟,而且建立了很多参数的标准或最低要求,因而这类项目的测评更多的是用仪器直接测量实际参数,然后与对应标准比较,就能得出结论。在系统的设计阶段,运用虚拟仿真技术进行测评是一种廉价、高效的手段。然而在人因测评中,不管是参数直接测量,还是虚拟评估,其结果都不可能与人在实际操作中的效果和主观感受完全吻合,因此人在实际条件下的操作测试和主观评价仍然是不可或缺的。

虚拟仿真技术、客观参数测量法与主观评价各有优缺,各有侧重,在测评中需要根据实际情况进行选取或者综合运用。虚拟仿真技术往往用于系统设计阶段,用于预测和评估设计方案的工效设计,其主要的优势是成本低、效率高、操作简单;其缺点就是仿真结果与实际的差异,这需要与实验结果进行对比,验证仿真结果的可靠性。客观参数测量法是一种定量评价方法,其主要优势是可以准确获取评价参数,评价结果客观、真实;其缺点是评价结果单一,不能全面反映评价对象的多维性。主观评价是一种定性评价方法,其通过行业相关专家(设计人员、使用人员等)对系统进行主观评审,该方法评价结果具有综合性、有深度,但容易受到专家个人知识、技术背景、喜好等个体因素的影响。

大多数测评方法只是针对某一特定对象或者子系统,如眩光指数模型只适用于评价眩光情况,但是对于整个系统而言,光照的测评只是评估内容的一部分,还会有控制器、显示器、工作空间等内容的评估,这时就需要考虑系统的综合评估问题,这就是多指标综合评估,也称多维度综合评估。

采用任何单一方法都不能得出比较理想的结论,因此在进行测评时,要综合考虑上述方法,结合使用。

3.4.2 系统类项目测评

系统性能类项目主要是确定人机界面设计是否充分以及用户在使用该设备时的绩效。这体现在潜在失误、工作负荷、态势感知、任务完成时、失误率等方面。在对这些内容进行评估时可以通过生理测量监测被试的生理指标;也可以通过主观测量,即通过主观打分的方法进行测量;同时,还可以使用一些针对性的评估技术,如辅任务监测法等。

思考题

3-1 设计类条目的测评与系统特性类的测评分别包含哪些内容?

3-2 简述研发测评与操作测评在项目各阶段的主要内容。

3-3 简述模拟器和原型机在开展测评工作中的作用,以及二者的主要区别。

3-4 测量仪器主要有哪些?

3-5 简述眩光定义及分类?

3-6 可达包络面的获取方法有哪些?

3-7 列举一个虚拟评估技术应用的简要示例。

3-8 查阅资料说明 CH 量表和 MCH 量表(改进的 Cooper - Harper 量表)的差别。

3-9 简述 NASA 量表的主要组成和使用步骤。

3-10 编写一个光环境的测评计划。

推荐阅读

[1] US ARMY TEST AND EVALUATION COMMAND. Human Factors Engineering [R]. Test Operations Procedure 1-2-610. Virginia:Army Test and Evaluation Command,1990.

[2] FAA. Guidance for Reviewing Certification Plans to Address Human Factors for Certification of Transport Airplane Flight Decks[R]. Policy Statement Number ANM-99-2,Washington,D.C:Federal Aviation Administration,1999.

[3] SAMUEL G. C,THOMAS G. O. Handbook of Human Factors Testing and Evaluation[M]. Second Edition,New Jersey:Lawrence Erlbaum Associates,Inc. ,Publishers,2008.

[4] SINGER G. Methods for validating cockpit design[D]. Stockholm:Kungliga Tekniska H? gskolan (KTH) Royal Institute of Technology,2002.

[5] NASA. Human Integration Design Handbook[R]，NASA/SP-2010-3407，Washington，DC：National Aeronautics and Space Administration，2010.

参考文献

[1] 谢荣. 船舶虚拟仿真技术在船舶建造评估中的应用研究[J]. 船舶工程，2011，33(5)：65-68.

[2] 刘让同，严灏景. 主观评价及其主观性与客观性分析[J]. 科学技术与辩证法，1994，11(4)：34-37.

[3] 陈衍泰，陈国宏，李美娟. 综合评价方法分类及研究进展[J]. 管理科学学报，2004，7(2)：69-79.

[4] 孙铭壑. 高速列车驾驶室光环境研究[D]. 北京：北京交通大学，2012.

[5] 张炜，马智，俞金海. 基于 SPEOS/CATIA 的飞机驾驶舱眩光量化评估方法[J]. 系统工程理论与实践，2012，32(1)：219-224.

[6] MIL-STD-3009，Department of Defense Interface Standard：Lighting，Aircraft，Night Vision Imaging System (NVIS) Compatible [S]. 2001.

[7] US Army Test and Evaluation Command. Human Factors Engineering[R]. Test Operations Procedure 1-2-610. Virginia：Army Test and Evaluation Command，1990.

[8] MICHAEL T P，WILLIAM H R，HAYES N P，et al. A Crew-centered Flight Deck Design Philosophy for High-Speed Civil Transport (HSCT) Aircraft[R]. NASA TM—109171，Virginia：Langley Research Center，1995.

[9] 程不时. 飞机设计手册：军用飞机总体设计[M]. 北京：航空工业出版社，2005.

[10] FAA. Guidance for Reviewing Certification Plans to Address Human Factors for Certification of Transport Airplane Flight Decks[R]. Policy Statement Number ANM－99－2，Washington D C：Federal Aviation Administration，1999.

[11] SAMUEL G C，THOMAS G O. Handbook of Human Factors Testing and Evaluation[M]. Second Edition，New Jersey：Lawrence Erlbaum Associates，Inc.，Publishers，2008.

[12] US DOD. Department of Defense Handbook：Human Engineering Guidelines for Military Systems，Equipment，and Facilities [R]. MIL-HDBK-46855A. Department of Defense，1999.

[13] MIL-STD-1472G，Design Criteria Standard. Human Engineering[S]. 2012.

[14] US DOD. Handbook for Human Engineering Design Guidelines[R]. MIL-HDBK-759C. Department of Defense，1995.

[15] BEEVIS D，BOST R，DÖRING B，et al. Analysis Techniques for Man-Machine System Design[R]. NATO document AC/243 (Panel 8) TR/7. Ontario：Defence Research Section，1992.

[16] SINGER G. Methods for Validating Cockpit Design[D]. Stockholm：Kungliga Tekniska Högskolan (KTH) Royal Institute of Technology，2002.

[17] NASA. Human Integration Design Handbook[R]. NASA/SP-2010-3407. Washington D C: National Aeronautics and Space Administration, 2010.

[18] NASA-STD-3001A, NASA Space Flight Human-system Standard[S]. Washington D C: National Aeronautics and Space Administration, 2014.

[19] BOFF K R, KAUFMAN L, THOMAS J P. Handbook of Perception and Human Performance. Volume 2. Cognitive Processes and Performance[M]. New York: John Wiley & Sons, 1986.

［7］NASA. *Human factor design guidelines*［R］. VI54. SP. 2010. MOV. WASH... *ington D C: National Aeronautics and Space Administration*, 95 M...

［8］NASA. *STD-3000 man-system integration standard*. S...... WA. http...... *com UCG. National Aeronautics and Space Administration*, 2014.

［9］DEEP K M., KAUFMAN J L., THOMAS J. *Handbook of Perception and Human*...

第二篇　设计篇

在基础篇中已经介绍了人的因素的一些基本内容,本篇将带领大家了解和学习飞机设计中与人因相关的内容。飞机的主要使用人群包括机组成员(飞行组成员和乘务员)、乘客、维修人员等。飞机的驾驶舱是机组成员中飞行员的主要操作空间;客舱则是乘客以及乘务员的主要活动空间;在飞机使用过程中涉及飞机的检修,这时就需要维修人员介入。本篇将从这三个角度介绍飞机驾驶舱设计、客舱设计和维修性设计中与人因相关的内容。

在进行飞机机身总体设计时,首先要确定飞机本身的设计要求和主要性能指标,如飞机的机身配置、乘员人数、目标乘客和货物要求、空中乘务员人数、航程长短、速度高低、经济性目标等。设计要求和主要性能指标确定之后,就可以确定机身的布局。首先对机身进行分段,确定驾驶舱、客舱、货舱等的大致位置,同时还会确定机身内部的侧视图、主视图和俯视图;之后就可以进行驾驶舱、客舱、货舱等的设计;接下来进行的是机头、机尾等的设计。值得注意的是,驾驶舱、客舱及货舱设计过程也会涉及机头机尾的设计,两者并不是独立的。最后还需要检查整个机身设计是否满足最初的设计要求,如果有任何设计要求没有得到满足,都应该返回相关的设计步骤重新进行设计。

驾驶舱和客舱设计在机身布局确定之后就进入了一个相对独立的设计环节,其中驾驶舱设计会经过需求分析、概念设计、初步设计、详细设计等阶段,完成驾驶舱设备选择、构型设计、风挡设计、驾驶舱设备布置与功能集成、评估决策等一系列工作,最终设计定型。在驾驶舱设计过程中,风挡设计、驾驶舱布置设计与功能集成与人因相关,是驾驶舱人因设计的重点内容。书中取这几项工作为示例进行设计方法讲解,而客舱设计会经过构型设计和详细设计两个阶段,完成客舱横截面设计、地面规划、座椅等设施布置、应急救生系统设计、评估决策等一系列工作,最终设计定型。在客舱设计过程中,座椅的布置、应急救生系统的设计与人因相关,是客舱人因设计的重点内容,书中以这几项工作为设计示例。

飞机的维修性设计与驾驶舱和客舱的设计不同,飞机的维修性设计是飞机设计的各个阶段以至生产和使用阶段都需要考虑的问题。维修性设计的第一步是确定维修性要求,通过定性和定量设计来实现目标的分配,而后按照飞机维修性设计流程,使用 V 字验证方法将各项要求贯彻到设计当中。维修活动需要人的参与,因此维修性设计也不能脱离人的因素的影响,在维修性要求确定时需要根据维修人员的活动确定定性和定量要求并分配,验证阶段也需要对各系统环节的人因相关因素参数进行验证工作,因此要提高飞机维修性,提高飞机维修效率,人的因素必须放在非常重要的位置上进行考虑。在维修性设计中涉及的人的因素的内容和其设计准则的基础上,利用人体模型、计算机辅助技术和人体工程实验的方法对维修性设计中的人因进行分析,从而验证飞机是否达到了维修性人因设计的要求。

本篇包括了第 4~6 章,分别为驾驶舱人因设计、客舱人因设计和维修性人因设计。第 4 章将向大家介绍驾驶舱基本的设计要素及其设计流程,并详细介绍设计过程中涉及的人因问题,并以三个示例展示人的因素在驾驶舱设计中的应用。第 5 章介绍了客舱的基本设计内容、设计流程以及其设计的人因问题,详细介绍了客舱中座椅和应急救生两大和人密切相关的系统。第 6 章首先介绍了飞机维修性的基本概念和其在整个设计阶段所参与的工作,然后详细描述了维修性设计中的人因,并介绍了虚拟现实技术在维修性中的应用。

第4章 驾驶舱人因设计

驾驶舱主要供驾驶员使用,是驾驶员的工作场所,是驾驶员与飞机交换信息的主要窗口。飞机驾驶舱内一般有飞行控制系统、驾驶舱仪表系统、导航系统、机载通信系统、电气系统、驾驶舱灯光系统等,各系统的主要设备布置在主仪表板、遮光罩、中央操纵台、顶部板、左操纵台、右操纵台等区域。在飞行过程中,飞行员通过舱内仪表、显示器等设备获得飞机的飞行信息,所有飞行信息通过人的感官,由视觉、听觉和触觉等诸多途径进入人脑,经过人脑对飞行任务(计划)及当前飞机位置、状态及运动的综合分析,结合飞行经验,做出决策,通过控制器对飞机进行操纵,操纵控制飞机结果反馈给飞行员,完成一个飞行控制的循环过程。在这样一个密切的人机交互过程中,为了使驾驶员能够安全、高效地完成飞行的过程,驾驶员的生理、心理需求(即人因)应作为驾驶舱的设计要求之一。

本章将针对民用飞机介绍飞机驾驶舱和飞机驾驶舱设计的内容以及飞机设计中的人因,并详细介绍设计眼位的确定、驾驶舱风挡的设计、驾驶舱设备的布置以及驾驶舱数据输入系统的功能集成。

4.1 飞机驾驶舱

飞机驾驶舱是飞行控制的人机交互节点,是一个复杂的系统,它是由各分系统组成的,包括飞行控制系统、驾驶舱仪表系统、导航系统、机载通信系统、电气系统、驾驶舱灯光系统等。驾驶舱中包含了大量设备,包括驾驶员个人设备、驾驶杆、油门杆、脚蹬、显示仪表、控制器及按钮等,这些设备分属于驾驶舱内不同的子系统,各个子系统功能相互配合,共同实现对飞机的控制。

4.1.1 驾驶舱子系统

1. 飞行控制系统

飞行控制系统是驾驶舱的重要组成系统。驾驶员通过操纵飞行控制系统分布在舱内的设备——控制器(包括脚蹬、驾驶杆、油门杆等)完成对飞机的操纵。

2. 驾驶舱仪表显示系统

驾驶舱仪表系统包括飞行导航仪表、动力装置仪表及其他显示仪表等设备。在现代飞机中,各仪表已被集成在综合显示屏上。该系统能帮助驾驶员获取有关飞机飞行状态的信息。

3. 导航系统

导航系统是驾驶舱的重要系统,它引导飞机沿规定的航线,安全、按时、准确地从一点飞到另一点。驾驶员可以依靠该系统获得必要的导航要素:高度、速度、姿态、航向,得到高精度的定位信息以引导飞机按预定计划飞行。

4. 机载通信系统

机载通信系统主要担负着指挥、联络和内部通信(机内)三个方面的任务。一般分近距通信、远距通信和内部通信。它的主要功能是实现飞机与飞机之间、飞机与地面站之间的信息交换和通信联络。

5. 电气系统

电气系统的功能是使驾驶舱内各系统和设备正常工作,完成预定的功能。驾驶舱电气系统包括电源、输配电、用电设备三个部分,而电源和输配电两者组合统称为供电系统。供电系统的功能是向驾驶舱各用电系统或设备提供满足预定设计要求的电能,包括足够的电容量和可靠的输配电,并保证供电质量符合要求。

6. 驾驶舱灯光系统

驾驶舱灯光系统是飞机驾驶舱中一个重要的子系统。驾驶舱灯光系统包括驾驶舱照明、仪表灯光、控制器灯光、警告灯光等部分,它对飞机的安全、性能的充分发挥和机组人员的工作效能都起着重要的作用。

4.1.2 驾驶舱分区

驾驶舱内各系统的设备集中分布在顶部板、仪表板、飞行制导板、中央操纵台及侧面操纵台等区域,其分布如图4-1所示。

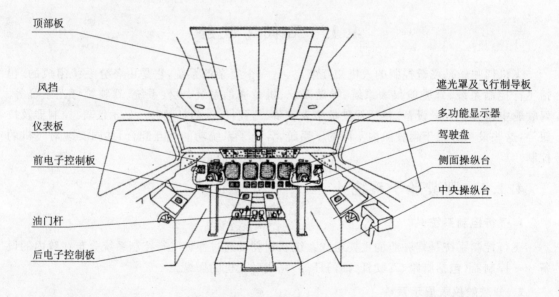

图4-1 民用飞机驾驶舱示意图

1. 顶部板

顶部板位于两个驾驶员之间,用于安装那些对于完成飞行任务是重要的、但又不经常用到的控制部件。

2. 仪表板

仪表板在驾驶舱内的主要作用是放置显示器和控制器等主要设备,是驾驶员在飞行中观看、使用最频繁的设备。驾驶舱仪表主要集中在仪表板上,在现代民用飞机中,驾驶舱仪表通常集成显示在多功能显示器上,便于驾驶员查看。

3．操纵台

驾驶舱操纵台有中央操纵台、左操纵台和右操纵台。

中央操纵台位于正副驾驶员之间最方便可达的区域之间,该区域包括电子控制板、飞行控制器件与油门杆等。左、右操纵台上布置了少量不常用的控制装置,并为驾驶员的书写提供了区域,该区域不仅为驾驶员提供了手搁置的位置,还提供了放笔的地方。

4．遮光罩及飞行制导板

为防止眩光及反光影响驾驶员对飞机仪表的观察,仪表板顶部装有遮光罩,在遮光罩下部空间安装了飞行导引板以及显示控制板这类关键而又常用的控制部件。

4.2　飞机驾驶舱设计

飞机驾驶舱的设计指的是将各驾驶舱子系统布置在驾驶舱中。它是影响飞机操纵效率与飞行安全的一个重要因素。因此,飞机的驾驶舱设计工作是非常重要的。本节将介绍飞机驾驶舱设计的流程及其各个阶段的设计内容。

驾驶舱设计并不是一步完成的,它需要以飞机驾驶舱的设计需求为基础,经过数轮"设计→整合评估→进行新的设计"的反复循环,才能完成最终的驾驶舱方案。概括地说,飞机驾驶舱设计可分为需求分析、方案设计与详细设计三个阶段,其中方案设计阶段又可分为概要设计与初步设计两个阶段。图4-2所示为驾驶舱设计流程图,图中描述了驾驶舱设计各阶段在飞机设计流程中的位置。

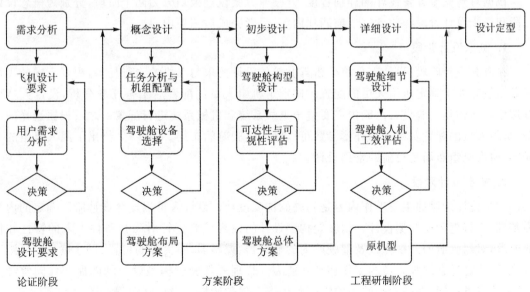

图 4 - 2　驾驶舱设计流程图

4.2.1　驾驶舱需求分析

飞机驾驶舱的设计始于对驾驶舱的需求分析,它来自于飞机的设计要求与未来用户需求。不同的飞机设计要求对应不同的驾驶舱设计要求,它们共同的基本要求是需要保证飞行员在各种飞行状态下都能够得到良好的视野,以及能够满足飞行员从左右两侧都可以操纵飞机。

在需求分析阶段确定的主要内容有:

① 飞机的基本设计要求和主要性能指标,包括飞机的机身配置、航程长短、速度高低、经济性目标等。

② 用户需求,包括飞行机组人数以及航空公司对驾驶舱设计的定位和评估及飞行员操作知识的调查和预测。

③ 驾驶舱理念,包括"以人为本、机器辅助"与"以机为本、人为辅助"等理念。

④ 驾驶舱设计要求。

4.2.2 驾驶舱方案设计

以驾驶舱需求分析确定的设计要求为基础,设计人员可经设计分析得到飞机驾驶舱的总体方案,一般应包括下述内容:

① 飞行任务分析,对飞机可能经历的飞行任务进行分析;

② 机组人员配置,包括二人制机组、三人制机组等;

③ 驾驶舱内主要设备的选择;

④ 驾驶舱布局,主要针对机组人员配置进行布局;

⑤ 驾驶舱构型设计,包括驾驶舱外视界设计和驾驶舱布置设计;

⑥ 可达性与可视性评估,利用图低、样机等进行评估;

⑦ 工程样机的设计与制造。

根据对驾驶舱方案设计的详细程度,驾驶舱方案设计被划分为两个阶段,分别为概念设计阶段和初步设计阶段。前者完成前四项内容,后者完成后三项内容。

1. 概念设计阶段

在概念设计阶段,设计人员将分析驾驶舱的设计要求与飞机的飞行任务,根据不同的飞行任务及设计要求确定机组人员的配置。确定了机组人员的配置后结合任务分析,设计人员可以选取合适的驾驶舱设备对舱内主要电子电气系统和机械系统进行配置。之后根据选择的设备、机组人员的配置及驾驶舱外形参数可以确定驾驶舱的布局。图4-3给出了两人机组的布局图,两人机组布局是目前的常用设计。

2. 初步设计阶段

初步设计阶段的主要工作内容是驾驶舱构型设计。设计人员以概念设计阶段确定的内容为基础,进行驾驶舱构型设计。驾驶舱构型设计的内容主要指针对飞行条件下人的特性和任务要求,对驾驶舱的外视界以及驾驶舱内的显示器、控制器、座椅等的位置、尺寸按一定原则进行设计,使之适合驾驶人员的工作特点和能力。合理的驾驶舱构型设计既能保证驾驶舱舒适性,也能节省空间,提高驾驶舱内的空间利用率。驾驶舱构型设计的流程如图4-4所示。

驾驶舱构型设计过程中首先进行的是驾驶舱外视界设计。在驾驶舱外视界设计过程中,设计人员首先确定设计眼位点,并根据设计眼位点确定视界标准,然后以此为标准设计驾驶舱风挡,并在机头曲面上生成风挡曲线。风挡设计完成后需要进行外视界评估,若不满足航标规定的外视界,需要调整风挡设计,若依然无法满足,则需要对机头气动外形与设计眼位点的位置进行调整,重新进行风挡设计,然后进行新一轮评估,直至满足要求。

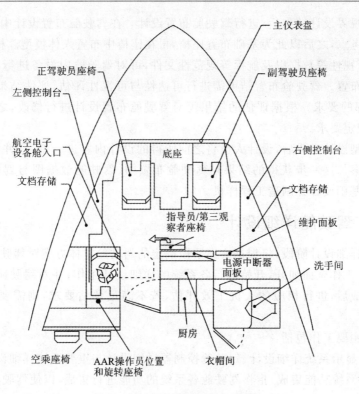

主仪表盘

正驾驶员座椅

副驾驶员座椅

左侧控制台

航空电子
设备舱入口

底座

右侧控制台

文档存储

文档存储

指导员/第三观
察者座椅

维护面板

电源中断器
面板

洗手间

厨房

空乘座椅

AAR操作员位置
和旋转座椅

衣帽间

图 4-3　两人机组驾驶舱布局图

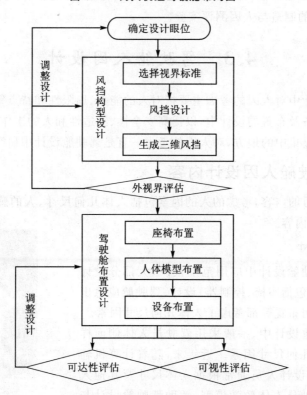

确定设计眼位

调整设计

风挡构型设计

选择视界标准

风挡设计

生成三维风挡

外视界评估

驾驶舱布置设计

座椅布置

人体模型布置

设备布置

调整设计

可达性评估

可视性评估

图 4-4　驾驶舱构型设计的流程

驾驶舱外视界设计结束后,进行驾驶舱布置设计。在驾驶舱布置设计中,首先由设计眼位点确定座椅参考点,之后以此为基础布置座椅,再在座椅中布置人体模型。根据人体的几何尺寸、可达性与可视性等数据以及航标等规范性文件,可对驾驶舱内设备进行布置,主要为显示器与控制器的布置。驾驶舱布置结束需进行可达性与可视性评估,评估结果应该要保证满足适航条例 25 部的要求。根据评估的结果可对驾驶舱布置设计进行修改,之后进行新一轮评估,直至满足规定要求。

驾驶舱构型设计完成后,设计人员将之前所得的设计内容进行整合,并进行调整,得到完整的驾驶舱方案。这一步获得的结果是驾驶舱布置图、驾驶舱数据图与驾驶员视界显示图。之后将以此为基础设计并制造工程样机。

4.2.3 驾驶舱详细设计

在驾驶舱详细设计阶段,将根据方案阶段确定的驾驶舱总体方案对驾驶舱进行详细设计。在此阶段,设计工作全面铺开,开始进行各系统的详细设计工作,并对驾驶舱内系统进行功能集成。设计完成后,进行相应的人机工效评估,若不满足评估要求,则需要对之前设计进行调整。

该阶段的主要工作包括:

① 驾驶舱显示系统详细设计、驾驶舱控制器详细设计与重要系统详细设计;
② 驾驶舱系统功能集成,指将驾驶舱各系统的功能进行集成,以使驾驶舱更加高效;
③ 驾驶舱人机工效评估,评价内容包括工作负荷评估、可视评估、可达评估等多项工作;
④ 工程模拟器的制造与人因测评实验。

4.3 驾驶舱人因设计

飞机驾驶舱设计中对人因的考虑主要指对人的能力、局限性和特点等因素的考虑,并将其应用于驾驶舱内设备及布置的设计中,以提高安全性、舒适性和人的工作效率。由于驾驶舱是人机接口最突出和最集中的地方,对人因的考虑一直是驾驶舱设计中研究的重点。

4.3.1 驾驶舱人因设计内容

根据前几章学习的内容,考虑的人的因素包括人体几何尺寸、人的感知特性、人体运动特性、人的负荷特性等内容。

1. 人体几何尺寸

人体尺寸在驾驶舱设计中应用范围很广,大部分设计内容如驾驶舱设备(包括座椅、控制器)设计、驾驶舱应急出口设计及驾驶舱空间布置等都考虑了人体几何尺寸因素。

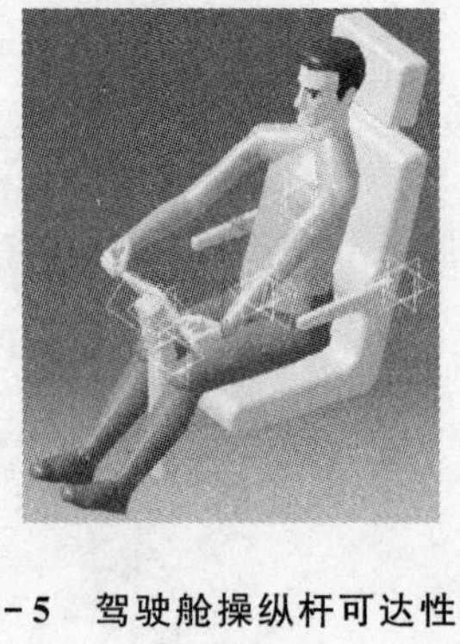

在早期的驾驶舱设计中,一般采用驾驶员人体侧面样板的形式考虑人体几何尺寸因素。近年来,随着计算机辅助设计技术的发展,设计人员通常根据人体尺寸及其他人体统计数据生成驾驶员人体数学模型,辅助驾驶舱设计与评估。图 4-5 所示为利用 CATIA 中的驾驶员人体数字模

图 4-5　驾驶舱操纵杆可达性验证

型验证驾驶舱操纵杆的可达性。

在驾驶舱中对人体几何尺寸应用的另一个例子是根据人体尺寸数据得到控制杆及脚蹬的布置位置。如图 4-6 所示，在布置好座椅后，设计人员将 95 百分位的人体模型置于座椅上，此时根据人体的臂长及腿长即可获得控制杆及脚蹬的布置位置。

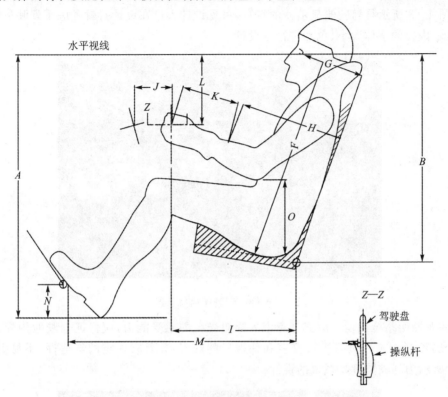

图 4-6　控制杆及脚蹬的布置

2. 人的感知特性

在驾驶舱设计中涉及的人的感知特性包括人的视觉、听觉及其他特性。

人的视觉特性包括人的视野分布特点、人对色彩的感受及人对光亮的感觉范围等。人的视野分布特点常作为驾驶舱视界的设计基础，是驾驶舱风挡设计及仪表板安排的参考。

图 4-7 所示为驾驶舱仪表板布置模型，根据人的下视野分布特点，主仪表板安装的方位

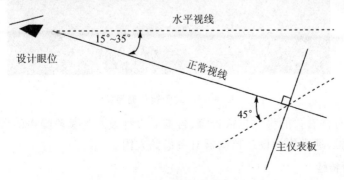

图 4-7　主仪表板安装方位

垂直于飞行员的正常视线,与正常视线的夹角不低于 45°,主仪表板的安装方位如图 4-7 所示。这即是人体垂直视野分布特点应用的一个例子。

人眼对色彩及光亮的感受直接影响驾驶舱内饰、标签、显示内容及照明系统的设计。

在对驾驶舱内标签及显示器内容设计时,其颜色、字体、布置位置都受到人的视觉要求的影响。图 4-8 所示是驾驶舱显示器的特写,可见设计人员在设计时就考虑了驾驶员的视觉特性,对显示内容的字体大小、色彩进行了设计。

图 4-8 驾驶舱内显示器

驾驶舱照明系统的设计应充分考虑人眼对光亮的感受能力,应保证驾驶舱内光照柔和且没有眩光,不影响驾驶员对飞行仪表和外视界的观察,并具有一定的舒适性,不易引起疲劳。图 4-9 所示为驾驶舱灯光系统的设计。

图 4-9 驾驶舱灯光系统

与人的听觉特性有关的设计包括告警、告警的设计及对驾驶舱噪声的考虑,而人的其他特性(触觉、本体感觉)通常作为设计控制器时考虑的人因。

3. 人的运动特性

在驾驶舱设计中涉及的人的运动特性包括人的可达性及人体操作力两方面人因内容。

在驾驶舱设计中考虑的人的可达性因素由可达区表示,可达区可作为布置控制杆、脚蹬及各个控制区域的基础;而人的操作力特性可作为驾驶舱内控制器阻力及反馈等方面内容的设计基础。

对人体运动特性运用的一个例子是油门杆的设计。在对油门杆设计时,油门杆的位置确定方法如图 4 - 10 所示。油门杆的最前位置根据驾驶员第 1 可达区(见 HB6154—88《飞机座舱几何尺寸》)而定,最后位置根据第 95 百分位数驾驶员的手臂与后面结构之间的间隙来确定。

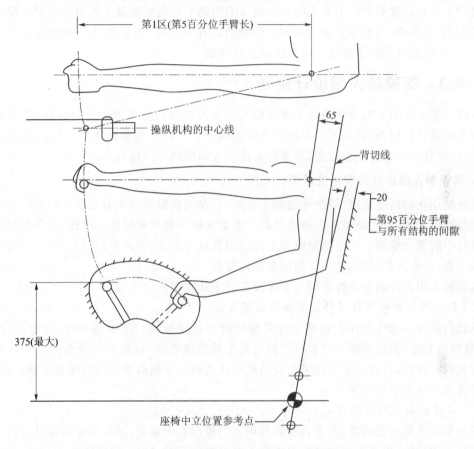

图 4 - 10　驾驶舱油门杆布置

人体可达性还可用于检验驾驶舱内设备布置的合理性。如图 4 - 11 所示,驾驶舱设备布置结束后,将第 5 百分位数驾驶员人体模型置于座椅上,绘制其可达域,进行驾驶舱内设备的可达性评估。

在驾驶舱设计中应用驾驶员人体操作力可确定控制杆的阻力,例如用手操纵控制器时,控制杆的阻力一般为 9 N。

4. 人的负荷特性

在驾驶舱设计的过程中,必须要考虑工作负荷对操作者的影响。负荷过大,将会导致错误率提升,甚至

图 4 - 11　5% 人体模型的可达域

任务失败等情况;负荷过小,将会导致操作者注意力不集中,也有可能引起任务失败。以往的大量的飞行事故都源于在对驾驶舱设计时没有关注驾驶员的工作负荷,导致驾驶员工作负荷不合理,引起飞行任务失败。因此,人的负荷特性是影响飞机驾驶舱设计的一个重要因素。

通常,对人的负荷这一因素的考虑在驾驶舱设计评估中进行,包括对人的体力负荷及脑力负荷的评估。例如,美国 NASA 在部分和全任务飞行训练设备下进行了机组飞行工作负荷评估,对不同航程、不同飞行状态下的飞行负荷进行了评估。

另一个对在驾驶舱设计中对人的负荷的考虑的例子是驾驶舱最小机组的确定。最小机组根据 CCAR 25.1523 所规定的条款确定。驾驶舱设计完成后,通常是以最小的机组人员在预期条件下、预期的合理操作环境下对驾驶舱进行评估。

4.3.2 驾驶舱人因设计原则

在前一节中介绍了驾驶舱设计中涉及的人因及人因如何介入驾驶舱的设计,但若不了解驾驶舱人因设计的原则,依然无法开展驾驶舱人因设计工作。驾驶舱人因设计的原则可分为安全性、高效性与舒适性三个方面,本节将对这三方面原则一一进行介绍。

1. 驾驶舱人因设计的安全性原则

驾驶舱正在向高度精密、复杂和快速化发展,若在驾驶舱设计中对安全性的考虑不足则可能造成驾驶舱失效,而驾驶舱的失效将可能产生重大损失和严重后果。因此,安全性是驾驶舱人因设计中的第一原则。决定驾驶舱安全性的因素极为复杂,有外界环境的因素,有驾驶舱各系统的因素,也有人的因素,其中人的因素最为复杂。

驾驶舱人因设计的安全性原则主要体现在以下几方面:

(1) 防止驾驶舱对驾驶员造成直接的生理伤害

驾驶员执行一次飞行任务的整个过程包括进出驾驶舱、起飞、机动飞行、仪表飞行、迫降等,在这些过程中,人机界面可能会给驾驶员的生理造成伤害,这是在驾驶舱的设计过程中要尽力避免的。因此,对驾驶舱结构进行简洁化的改造有助于提高舱内的直接安全性能,防止对驾驶员造成直接的生理伤害。

(2) 减少驾驶员的误操作

驾驶员是人而不是机器,其在判断和使用上的错误在所难免,因此驾驶舱设计应具有一定的容错性和防错性,以减少驾驶员的误操作。典型的例子是 A380 的驾驶舱,它的显示屏和控制装置布置都充分考虑了人体工程学的各方面要求,驾驶员可以很轻松自如地进行各项操作,8 块显示屏和平视显示器的加入,使机组人员对飞机的当前状态了如指掌,这样也加快了驾驶员的决策,避免了由于时间紧迫所造成的误操作和对信息的错误理解;设备的功能模块化布局,可以使人机界面更加合理,具有逻辑性,避免驾驶员由于习惯所造成的失误。

2. 驾驶舱人因设计的高效性原则

在现代驾驶舱设计中,使人与机信息交换具有更高效率,提高驾驶舱系统的工作效能一直是设计人员追求的目标。遵循驾驶舱人因设计的高效性原则可以使人机界面设计合理,使驾驶舱系统具有更高的工作效能。

驾驶舱人因设计的高效性原则主要体现在以下几个方面:

(1) 显示系统应直观地显示飞行信息

传统飞机的驾驶舱显示系统由于主要采用机械指针式仪表,其能够提供的信息是非常有限的,需要驾驶员首先进行理解、分析和综合,驾驶员的工作负荷普遍较高。以大量应用直观的显示屏幕为标志的现代航空电子系统大大增加了驾驶舱显示系统的信息量,使得驾驶员的工作负荷明显降低,如"一平三下"的多功能显示系统,声、光、文字信息一体化的综合告警系统等。

（2）显示界面友好

驾驶舱的显示系统要给驾驶员提供最直观、最形象的信息,目的是使驾驶员能够迅速而准确地获取飞行信息,如显示图像的标准化、导航画面的地图化、数字信息的模拟化、文字信息的简洁化等。从优化设计的角度,还要考虑显示画面的清晰度和逻辑性、各个画面的位置的合理安排、画面字符的可读性等。另外画面的切换和调整要方便快捷。

（3）驾驶员要能够迅速、有效地控制各个系统

驾驶舱内的电门、开关、把手等控制器数量较多、功能不一、使用频繁。为了使驾驶员能够迅速而准确地使用,在设计上应考虑根据功能的不同而进行合理布置。如操纵部件要有较好的可达性;采用控制器上的功能集成设计,驾驶员手不离杆就能实现多个系统的开关和功能的转换;常用的控制器要安排在方便驾驶员使用的位置;操纵部件的使用要方便灵活;操纵部件的扳动或移动方向要符合驾驶员的生理习惯。为此,就需要对控制器和显示设备按照功能的相似度进行模块化布局,并按照驾驶员人体标准身材合理设计舱内各结构的尺寸。

3. 驾驶舱人因设计的舒适性原则

驾驶舱环境的合理性对驾驶员的工作效率有直接影响。遵循驾驶舱人因设计的舒适性原则,使驾驶舱环境舒适,有助于驾驶员安全、高效地完成飞行任务。

驾驶舱人因设计的舒适性原则主要体现在以下几个方面:

（1）驾驶舱内有和谐的外观和结构

通常人们会有这样的感受:和谐的色彩和形象给人一种平静、愉悦的感觉,而昏暗、杂乱的环境给人一种焦躁不安的感觉。驾驶员对驾驶舱内外观的感受也是同样的。因此,在驾驶舱外观设计上应注意界面外表要圆滑平整,显示器、仪表、设备的布置要和谐而有规律,驾驶舱内的色彩要和谐统一,驾驶员的视野要开阔,驾驶舱内灯光要柔和。

（2）驾驶舱有足够的空间

驾驶舱要求有足够的空间供驾驶员活动,座椅宽敞舒适,这样才不易造成驾驶员疲劳,保证飞行安全。

4.4　驾驶舱人因设计示例

在之前的章节中已经介绍了驾驶舱设计的相关内容,并对驾驶舱设计中的人因进行了介绍,但如何将人因引入驾驶舱设计中依然未说明。本章将从驾驶舱风挡设计、驾驶舱布置设计及驾驶舱功能集成三个具体的例子进行示例介绍。

4.4.1　驾驶舱风挡设计

飞机驾驶舱风挡是为飞行员提供开阔的视野,并防止气流和鸟撞等直接伤害的保护装置,现代民机风挡一般由 4 块或 6 块风挡玻璃组成。在驾驶舱设计中,设计人员对驾驶舱风挡的设计重点在于风挡所能提供的外视野。驾驶舱风挡的设计流程如图 4 - 12 所示。

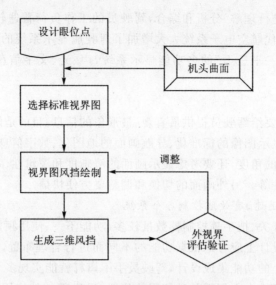

图 4 - 12　风挡构型的设计流程

1. 确定设计眼位

确定驾驶员设计眼位是风挡设计的起始,风挡的设计与设计眼位是息息相关的。

在设计眼位的确定过程中,设计人员首先根据标准规定的驾驶员侧视角与下视角要求及眼位与驾驶舱顶部最小距离要求确定设计眼位的所在区域,若找不到合适的区域则需要对机头气动外形进行修改。之后在之前所得区域中选取最优解,得到设计眼位点。

2. 选择标准视界图

外部视界要求来自于以多个数据点方式定义在一个以左右和上下视界角度组成的二维坐标系上的标准视界图,典型的如 FAR - 25 标准视界图以及美国机动车工程师协会(SAE)所推荐的视界图标准 AS580,其中 AS580 为现代民机一般遵循的视界标准。我国驾驶舱风挡设计选择的标准设计图为航标规定的"清晰视区"。

"清晰视区"的规定可见于 HB 7496 - 97,是指驾驶员用"双目视界"从设计眼位进行角度测量而得到的。双目视界指用两只眼睛所能看到的总区域。

在以上测量基础上,要求的清晰视区(角度范围)如图 4 - 13 所示。图中表示的是左驾驶员的视界需要,对于右驾驶员而言,其尺寸应当与左驾驶员相对称。具体要求如下:

① 从垂直基准面左 40°、水平基准面前上方 35°,线性递减到右 20°、上 15°;

② 垂直基准面左 30°到右 10°之间的水平基准面前下方 17°,线性递减到右 20°、下 10°;

③ 垂直基准面左 40°到 80°之间的水平基准面前上方 35°,线性递减到左 12°、上 15°;

④ 从垂直基准面左 3°、水平基准面前下方 17°,线性递增到左 70°、下 27°;

⑤ 垂直基准面左 70°到 95°之间的水平基准面前下方 27°,线性递减到左 120°、下 15°。

3. 设计风挡

在对风挡的设计中,设计人员首先通过在视界图上绘制涵盖最小视界要求的风挡玻璃外形视界曲线的方法进行风挡构型设计,如图 4 - 14 所示。这样通过设计眼位点和风挡视界曲线即可确定机头外形曲面上的风挡三维外形曲线,进而完成风挡玻璃的三维几何造型,如图 4 - 15 所示。

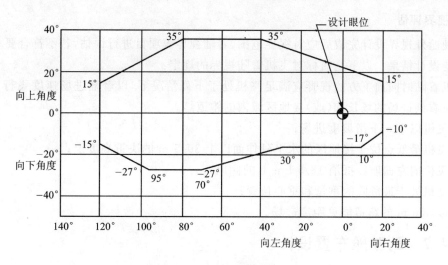

图 4 - 13　驾驶舱视界角度范围

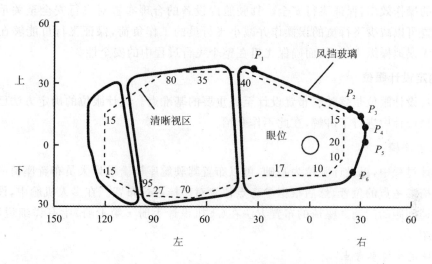

图 4 - 14　风挡构型设计与标准视界图

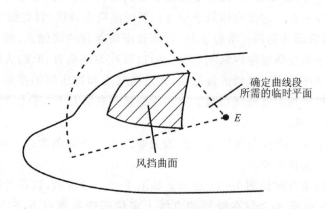

图 4 - 15　二维视界图风挡外形的三维造型

4. 视界评估

驾驶舱外视界设计完成后应对视界范围、着陆视界等项目进行评估,若不符合要求则需修改之前的设计结果。以下是航标对飞机着陆视界的规定:

飞机着陆时向前下方的视野应满足飞机处于下列情况下,以着陆进场速度飞行 3 s 内能使驾驶员看到进场的场长和(或)接地区域内的跑道灯。

① 飞机以 2.5°下滑坡度进场;

② 飞机最低点位于接地区的水平延伸面以上 30.5 m 的决策高度上;

③ 飞机向左偏航以抵消 18.5 km/h 的侧风;

④ 飞机处于最危险的重量和重心位置;

⑤ 以 366 m 的跑道能见距离进场。

4.4.2 驾驶舱布置设计

驾驶舱中,合理的座椅布置可以保证飞行员对驾驶舱内设备有良好的可达性与可视性,提高飞行员的操作效率,保证飞行安全。驾驶舱内设备的合理布置对飞行安全至关重要。合理的设备布置可以减少飞行员的误操作并减小飞行员的工作负荷,保证飞行员能够在最小的负荷下准确无误地操纵飞机,从而确保飞机在整个飞行过程中的安全性。

1. 确定设计眼位

驾驶员设计眼位是驾驶舱布置设计至关重要的基准点。设计眼位的确定方法已经在之前驾驶舱风挡设计中进行了讲解,在此不作介绍。

2. 布置座椅

在设计过程中,以设计眼位为基础,可以布置驾驶舱座椅。设计人员布置座椅的步骤为首先确定座椅参考点的位置,然后根据参考点位置对座椅进行布置。在多人机舱中,设计人员还需考虑座椅间距的问题。座椅的布置方法在《飞机设计手册·第七册》中有详细说明,在此只做简要介绍。

(1) 确定座椅参考点

座椅中立位置参考(即座椅参考点)是座椅布置的参考,同时也是设计眼位之外的另一个重要的驾驶舱设计参考点。它是座椅处于中立位置时座椅靠背线(背切线)与坐面(底切线)的交点。其中,驾驶员臀部和胸部正常着装时,背部和座椅靠背的接触点,通过这些点和被压缩的座椅靠背相切的平面在典型舱内纵剖面图上的投影称为座椅背切线;大腿和骨节点在正常着装时的内面体位和座椅座垫接触的接触点,通过这些点和被压缩的座垫相切的平面在典型舱内纵剖面图上的投影称为座椅底切线。上述压缩量应取第五十百分位数的驾驶员之体重在 1G 飞行条件下的压缩量。

图 4-16 示出了设计眼位与座椅参考点的关系。当背切线角度改变时,设计眼位至中立座椅参考点的纵向距离也改变。

座椅参考点的确定方法如图 4-17 所示。如图 4-17(a)所示,以设计眼位 C 为原点绘制直线,直线与垂直方向成 8.75°;在绘制的直线上定位座椅参考点 S,S 与 C 的垂直距离由图 4-17(b)与表 4-1 所定,其最大值为 80 cm。确定了座椅参考点后即可由图 4-17(b)与表 4-1 对座椅进行布置。

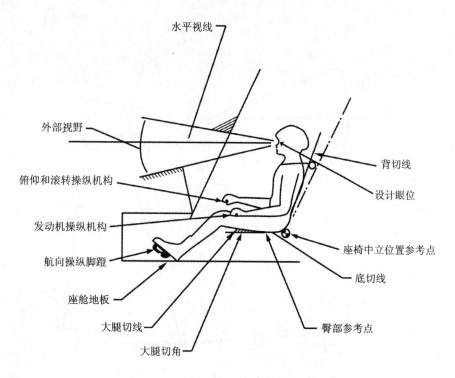

水平视线

外部视野

俯仰和滚转操纵机构

发动机操纵机构

航向操纵脚蹬

座舱地板

大腿切线

大腿切角

背切线

设计眼位

座椅中立位置参考点

底切线

臀部参考点

图 4 - 16　驾驶舱基本功能部位示意图

表 4 - 1　民用飞机驾驶舱座椅与控制器尺寸

符　　号	驾驶盘	驾驶杆
a	67(±4)	63(±4)
ξ	7°(±2°)	7°(±2°)
$p=A$ 点向前移动的距离	18(±2)	16(±2)
$q=A$ 点向后移动的距离	22(±2)	20(±2)
α	64°(±3°)	70°(±3°)
β_1	22°	22°
β_2	10°	10°
c	77(±2)	77(±2)
γ	21°(±1°)	21°(±1°)
φ	102°(±2°)	102°(±2°)
V_v	7(±2)	7(±2)

（2）多个座椅的布置

　　在现代民用飞机中,机组通常由两人组成,在大型客机中,甚至有三人甚至四人机组,因此,应考虑多个座椅的布置。

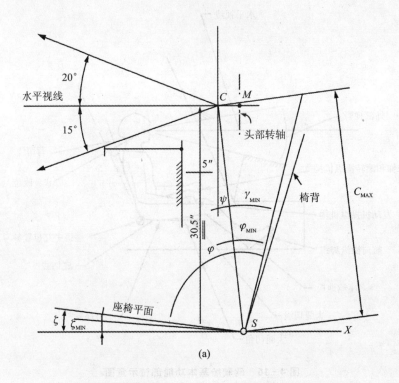

(a)

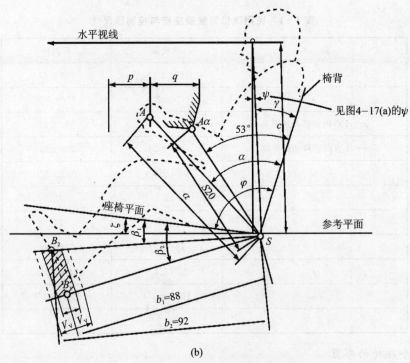

(b)

图 4-17 座椅参考点的确定

图 4-18 中为驾驶舱中多个座椅布置的一般情况,在进行驾驶舱座椅布置时可参考图中的形式进行布局。主驾驶与副驾驶座椅中心线之间的距离可参考表 4-2 确定。

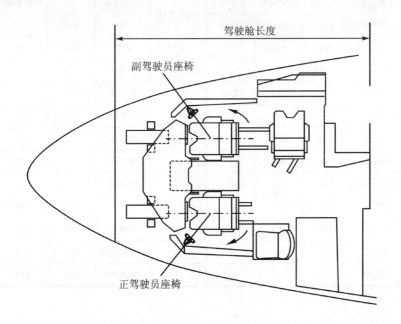

图 4-18　驾驶舱布局

表 4-2　座椅间距表

	旅客机			轻型飞机
	长程	中程	短程	
座椅中心线间距/mm	107	107	102	76

3. 布置人体模型

布置了座椅后,接下来的工作是将驾驶员人体模型置于座椅上,以便进行之后的驾驶舱设备布置。现在的驾驶舱设计通常使用 CATIA 等软件进行辅助设计,在采用计算机辅助设计时,可根据国家标准规定的人体尺寸(见表 4-3)及其他人体统计数据,生成驾驶员人体数学模型并布置在驾驶舱中。

4. 布置驾驶舱设备

驾驶舱设备的布置准则源于对驾驶员可达性与可视性的研究,因此,对驾驶舱设备的布置将以上一步布置的人体模型为基础开展设计工作。驾驶舱设备的布置方法可见于航标、适航标准及《飞机设计手册》的相关章节,在此只做简要介绍。

(1) 布置显示器

驾驶舱内的显示器应该能够使驾驶员快速、准确地了解整个飞机的大概情况。在驾驶舱中,显示器布置在各个仪表板上。因此,布置显示器的主要工作是对仪表板的布置。对仪表板的布置工作主要考虑仪表板位置与仪表板布局两方面内容。

表 4-3　人体标准尺寸

尺寸序号	尺寸名称 /mm	尺寸数据			尺寸序号	尺寸名称 /mm	尺寸数据		
		5%	50%	95%			5%	50%	95%
0	坐高	876	919	962	11	眼高	763	806	848
1	身长	1 613	1 693	1 772	12	枕背距	3	26	49
2	顶颈距	256	263	270	13	眼枕距	169	182	195
3	颈肩距	90	93	96	14	胸背距	189	213	237
4	肩肘距	263	287	310	15	腹背距	179	217	256
5	肘腕距	242	259	277	16	膝背距	532	567	602
6	腕指尖距	154	168	182	17	踝跟距	53	61	68
7	髋膝距	379	397	415	18	足长	230	246	261
8	膝踝距	360	380	399	19	肩峰高	571	609	646
9	踝高	58	68	78	20	背突指尖距	766	818	870
10	颈髋距	560	585	610	21	腘窝距	384	412	439

注:取自《飞机设计手册》。

1) 仪表板位置

应在二维情况下考虑仪表板位置。之前所述的仪表板布置要求有:人体坐姿的正常视线在水平向下 15°～35°,仪表板参考点应设计在正常视线内;为获得良好的视角,飞机设计眼位到仪表板参考点的距离 d 推荐值为 635～720 mm;设计眼位到仪表板参考点连线与仪表板平面夹角 α_2(取与下半平面夹角)要大于 45°,最好能取 90°。

以设计眼位为原点,建立坐标系如图 4-19 所示。

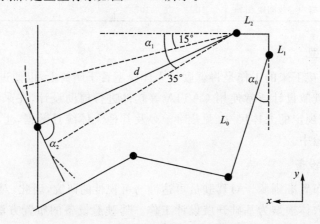

图 4-19　仪表板参考点设计模型

当 $\alpha_2 = 90°$ 时,仪表板参考点应设计在图 4-19 所示的与仪表板平面相切的圆弧上,则仪表板参考点的坐标 (x, y) 为

$$x = d\cos \alpha_1$$
$$y = -d\sin \alpha_1$$

其中，d 取 $635\sim720\,\text{mm}$，α_1 取 $15°\sim35°$。

2）仪表板布局

单座飞机仪表板布局一般采取单个显示器、两个显示器、三个显示器和四个显示器的布局形式。而对于并列双座飞机的仪表板，推荐安装 6 个显示器，其布局如图 4 - 20 所示。

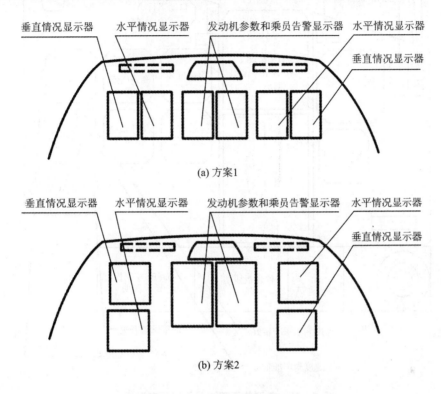

(a) 方案1

(b) 方案2

图 4 - 20　并排双座驾驶舱仪表板布局

双座驾驶舱内的仪表板主要分主仪表板与驾驶员中心仪表板两部分，两者功能不同，上面布置的显示器不同，布置准则也不同。

在主仪表板上遵循驾驶员观察仪表频率的高低、仪表显示内容重要性的原则对显示器进行布置。通常，显示飞行计划和导航信息的显示器置于主仪表板靠中央一侧，显示垂直状态和罗盘的显示器置于主仪表板靠外一侧。图 4 - 21 所示为典型的正驾驶员仪表板布置图。

驾驶员中央仪表板应包括对飞机安全飞行至关重要的显示器，它们可包括动力装置、形态、飞行控制、系统监视/状态和告警系统显示器。在该区域中央部位应安装动机参数/乘员告警显示器、系统显示器，下部应安装应急备用显示器。典型的驾驶员中央仪表板布置图如图 4 - 22 所示。

（2）布置驾驶舱内主要区域的控制器

驾驶舱控制器布置的位置约束是人体可达性，因此在进行控制器布置时需要参考之前布置的人体模型。

驾驶舱内的小型控制器主要集中在顶部板、中央操纵台及遮光罩等区域，因此，在对小型控制器进行布置时，通常分区域进行。

① 顶部板的布置：布置在两驾驶员之间的顶部，可用于安装不常用的控制器和显示器，板

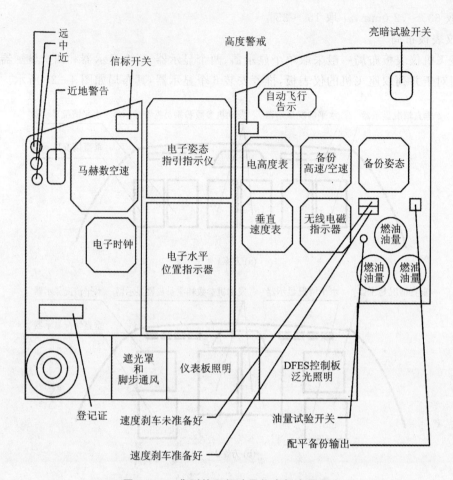

图 4 - 21　典型的正驾驶员仪表板布置图

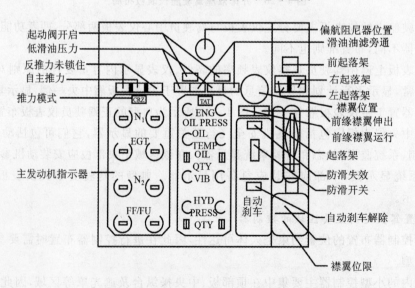

图 4 - 22　典型的驾驶员中央仪表板布置图

上所有控制器和显示器对两个驾驶员而言应都能清晰可见和容易接近。顶部板的布置如图 4-23 与图 4-24 所示。

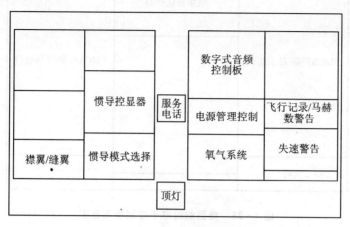

图 4-23 典型的前顶部控制板布置图

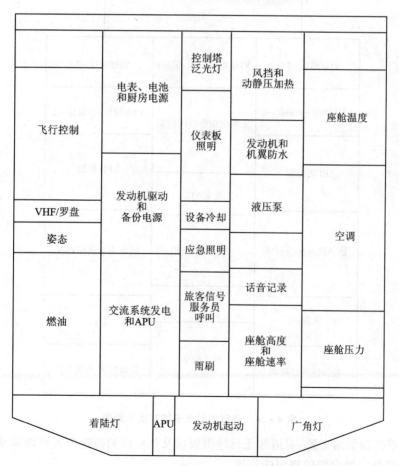

图 4-24 典型的后顶部控制板布置图

② 操纵台的布置：操纵台的布置主要考虑的因素为驾驶员手臂的可达性、驾驶员的可视性、舒适性和美观性。典型的中央操纵台布置如图 4-25 与图 4-26 所示。

气象雷达控制
FMCS控制/显示组件
FMCS控制/显示组件
选呼

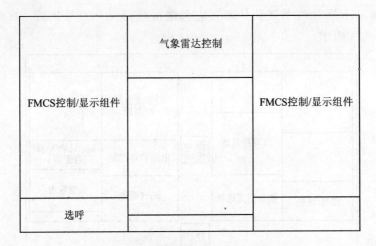

图 4-25　典型的前电子控制板布置图

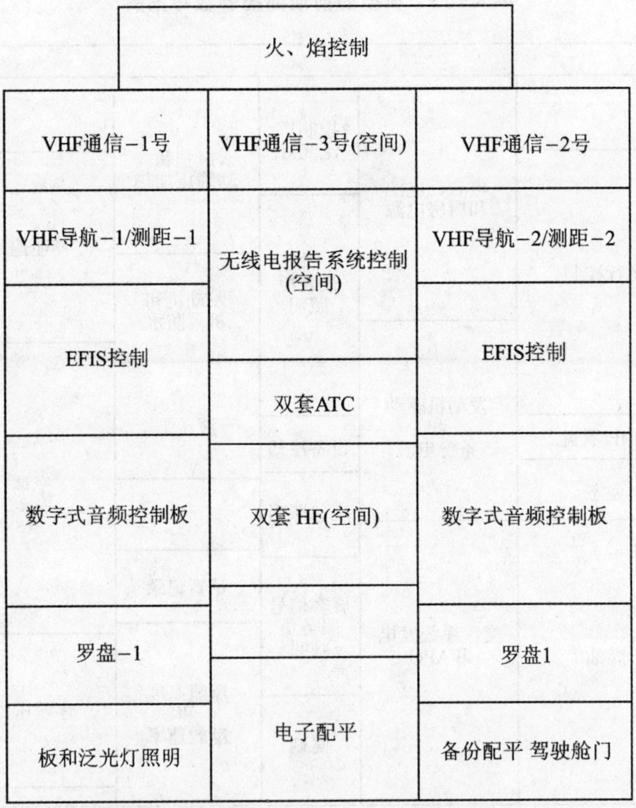

火、焰控制
VHF通信-1号
VHF通信-3号(空间)
VHF通信-2号
VHF导航-1/测距-1
无线电报告系统控制
(空间)
VHF导航-2/测距-2
EFIS控制
EFIS控制
双套ATC
数字式音频控制板
双套 HF(空间)
数字式音频控制板
罗盘-1
罗盘1
电子配平
板和泛光灯照明
备份配平 驾驶舱门

图 4-26　典型的后电子控制板布置图

③ 遮光罩控制板的布置:对诸如飞行导引板以及显示控制板这类关键而又常用的控制部件来说,遮光罩是安置它们的理想的位置。

(3) 布置驾驶杆

布置驾驶杆时应以座椅为参考,确定控制杆与座椅的位置关系。驾驶杆应设计在人手的舒适操作范围内。因为驾驶员坐在座椅上时髋点与座椅参考点相对位置保持不变,为简化计算,取驾驶员髋点为参考点。

为便于分析,可进行坐标系的投影,将问题转化成二维情况下求解。对于飞机控制杆的设计,需要进行驾驶员手的舒适域分析。可将各杆投影在垂直面进行分析。驾驶员要得到舒适的驾驶姿势的肩关节角度条件为:在正视图上,肩关节的旋转角度 α_x 为 $0°$;在俯视图上,肩关节向身体内侧的旋转角度 α_y 为 $0°\sim50°$;在侧视图上,肩关节向躯干上侧的旋转角度 α_z 为 $15°\sim35°$;肘关节弯曲角度 α_1 为 $60°\sim100°$(针对驾驶杆设计时的舒适范围);靠背角 α_0 取 $17°$。

如图 4-27 所示,将上肢连杆在中心垂直面上投影,设髋点为坐标原点,则可通过几何关系得到手参考点的坐标值。

$$L_2' = L_2 \cos \alpha_y$$
$$L_3' = L_3 \cos \alpha_y$$
$$x = L_2' \sin(\alpha_z + \alpha_0) + L_3' \sin(180° - \alpha_1 - \alpha_z - \alpha_0) - L_0 \sin\alpha_0$$
$$y = L_0 \cos \alpha_0 - L_2' \cos(\alpha_z + \alpha_0) - L_3' \cos(180° - \alpha_1 - \alpha_z - \alpha_0)$$

根据表 4-4 所列尺寸,并取 α_y、α_2、α_1 为舒适的角度值时,就可以由上式计算出驾驶员手参考点的舒适域。

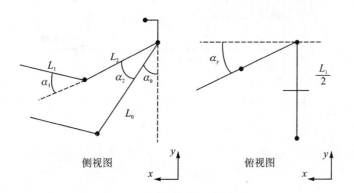

图 4-27　上肢连杆投影图

表 4-4　上肢线性尺寸

代　码	解　释	P_5	P_{50}	P_{90}
L_0	肩髋距	470	492	514
L_2	肘肩距	263	287	310
L_3	肘手指尖距	412	443	475

实际计算可知:

① 对于第 5 百分位尺寸,要使手落在舒适域内,手参考点离髋点水平距离为 300 mm 左右,垂直距离为 160 mm 左右。

② 对于第 50 百分位尺寸,要使手落在舒适域内,手参考点离髋点水平距离为 320 mm 左右,垂直距离为 180 mm 左右。

③ 对于第 95 百分位尺寸,要使手落在舒适域内,手参考点离髋点水平距离为 350 mm 左右,垂直距离为 200 mm 左右。

④ 3 种人体百分位尺寸得到的手舒适域没有公共部分,所以需要座椅的调节量设计。调节量主要考虑水平方向,至少为前后 50 mm 的调节范围;在垂直上的调节量很小,大概只有

20 mm。

⑤ 按第 50 百分位尺寸设计驾驶杆时,加入座椅的调节量,能使第 5 百分位和第 90 百分位尺寸的驾驶员的手落在舒适域内。

(4) 布置脚蹬

航向操纵脚蹬的最前调节位置应根据座椅调至最下位置时第 95 百分位数驾驶员的腿长来确定,此时航向操纵脚蹬应处于蹬在最前位置,若采用脚刹车还应处于满刹车位置;航向操纵脚蹬的最后调节位置应根据座椅调至最上位置时第 5 百分位数驾驶员的腿长来确定,此时航向操纵脚蹬处于蹬在最前位置,若采用脚刹车还应处于满刹车位置。脚蹬的布置如图 4-28 所示。

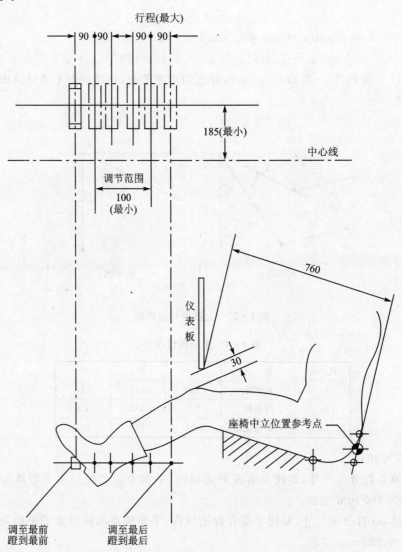

图 4-28 操纵脚蹬的布置

5. 可达性与可视性评估

驾驶舱布置设计结束后需进行可达性与可视性评估,目前主要通过计算机虚拟评估技术对各个设备的可视性以及可达性进行评估。若评估结果不符合要求,需要对设计进行修改。

4.4.3　驾驶舱功能集成

驾驶舱各系统设计完成后需要对它们进行功能集成,以使各个系统能够更好地完成其预定的功能。驾驶舱功能集成包括数据输入系统、标签、环境控制等系统的功能集成。

1. 数据输入系统的功能集成

数据输入系统的功能集成包括选择数据接口设备和功能、确定系统反应时间、设计数据输入系统信息格式及数据输入误差管理四部分内容。

(1) 选择数据接口设备和功能

数据接口是指通过不同的方式,使用不同类型的硬件和软件(可能包含声音),实现人和机器交流的设备。对于数据输入设备和功能性接口方式的选择,需要进行分析来完成。这些分析需要与目标用户进行前期的交互式测试。分析还需要包含对于误差的评估以及误差对于系统安全性和工作负荷的影响。

数据输入中的人因设计需求主要包括:

① 针对那些类似的、逻辑相关的操作,为用户提供标准化的程序。

② 每一个用户输入必须发生持续的可感知的反应作为反馈。

③ 用户需要时刻掌握系统的状态,无论是自动的或者是被要求的。

④ 数据输入功能需要保证输入处理的稳定性,使用户的输入动作和记忆最小化,保证数据输入和数据显示之间的兼容性,让用户灵活地掌握数据输入。

⑤ 在没有或者很小的矫正动作(误差宽容度)下就可以实现目标结果。应该可以及时实现对数据输入故障的恢复。故障信息应该是准确地、容易理解的。

⑥ 要使用清晰的、有逻辑的数据输入策略。

⑦ 数据输入信息必须简洁,方便用户记忆。

⑧ 在不造成人员表现降低,不增加工作负荷的前提下,最小化系统延迟。

⑨ 使用简单、自然、正常秩序下的对话。

⑩ 提供一个清晰的出口,可以只通过一步操作就离开不想要的状态。

(2) 确定系统反应时间

系统对于用户操作的反应时间应该与其类型、任务的约束事件、具体的数据处理要求相适应。对于菜单选择、功能键和通过图像交互的输入的反应时间应该短一些。其他的反应事件应该和用户对该操作的复杂度保持一致,即简单的操作会获得更快的回应。对于反应时间的评估应该放到用户的迭代测试中去。系统反应延迟超出了人的预期,就需要提供有效的反馈。

在进行系统反应时间的设计中,以下信息可以提供参考:

① 100 ms 是驾驶员可以感受到的最小系统延迟;

② 1 s 的延迟通常不会影响驾驶员的思考,但能被感受到;

③ 10 s 的延迟是驾驶员可以集中注意力于信息的极限;

④ 100 ms 是飞机基本参数(如姿态、海拔等)变化可接受的最大延迟;

⑤ 出现延迟时反馈是必要的。

(3) 设计数据输入系统信息格式

信息格式要容易操作,并避免错误。增加信息的易用性,使用容易阅读的格式,这样用户不需要调换、计算、修改或者把它转换为其他的单位、技术、语言。

对输出信息的设计需要考虑以下几点：

① 采用自然顺序（按年代顺序排列或者连续排列）；

② 按照重要性分组；

③ 按照功能分组；

④ 按照频率分组；

⑤ 充分分离信息；

⑥ 限制需要占用驾驶员短时记忆的信息出现的频率。

（4）数据输入误差管理

通过数据输入容错系统的设计可以确保机组成员任务表现效率的最大化。可以通过融合以人、硬件、软件为基础的设计特性来进行此系统的设计。这其中，人因相关的设计主要体现在：

① 控制器应该确定具体位置，或者充分的分离，这样接触和振动引发的效应才不会导致数据输入控制或者控制位置选择的错误；

② 控制器的位置选择应该避免平行视差引发的输入错误；

③ 显示器的位置应避免在阅读输出信息时因平行视差而引发错误，这将会导致进一步的数据输入错误；

④ 警告信息/警报的设计必须让它们可以很快地被注意到（听觉、视觉、感觉），而且必须能被驾驶员快速解读，以确定是否/何时输入或出现了错误的数据；

⑤ 硬件连锁装置或防护装置应在必要时使用，以避免或防止在关键操作或选择处出现错误；

⑥ 可以使用人体感受辅助为多种环境状况提供说明，例如，遭遇湍流时，适度地振动手臂或手等；

⑦ 按键时应有对数据输入的反馈，如触觉反馈（机械点击、止动装置）、听觉反馈（点击声音、蜂鸣声）、视觉反馈（闪光、数据变化）或者位置变化，如"on"与"off"状态；

⑧ 输入变化（位置、旋转、扰度）的反应灵敏度应该是直观的、可控制的；

⑨ 使用高亮或提示来突出菜单选择；

⑩ 菜单和对话框的视觉大小需要与目标使用群体相适应；

⑪ 只要输入的数据是有效的，允许格式上的变化；

⑫ 确保数据输入和数据选择操作上使用的逻辑是清晰的，不论是在显示还是选择上；

⑬ 显示信息逻辑分层和等级要尽可能的少；

⑭ 当输入了无效数据时，可以根据上下文获得必要的信息。

2. 驾驶舱工作负荷

对驾驶舱工作负荷的设计通常围绕着分析→设计→评估这一流程进行。在设计之初，设计人员首先对驾驶员的飞行任务进行分析，研究可能产生飞行负荷的因素；之后，在设计中，设计按照一定的设计准则，通过对驾驶舱的合理设计，将驾驶员可能的负荷水平控制在一定范围内；设计完成后，会通过负荷验证驾驶员飞行中的工作负荷，以确定设计是否满足这一要求。

通常，驾驶舱工作负荷包括飞机操纵负荷和驾驶舱系统负荷两个方面。

（1）飞机操纵负荷

飞机操纵负荷指典型飞行条件下飞行员驾驶飞机的难度。飞机操作负荷历来是飞机设计和飞行员方面关注的重点，它主要围绕机组人员实现一定操纵功能相关的飞机的基本稳定性、控制和性能和机载系统界面展开研究。要满足所制定的有关起飞、巡航、着陆、发动机停车等方面的规章。

在设计中考虑飞机操纵负荷时，设计人员遵守的设计准则是使最少的飞行员足够完成各个飞行状态下对飞机的控制，包括正常状态、异常状态、紧急状态。在进行设计时，设计人员通常对以下因素进行考虑：

① 合理预期天气状况。

② 分配准则，包括了 MMEL（基本最低限度应有设备表）和 KOEL（操作设备清单）。

③ 故障状态。

同时，遵守可控性、稳定性、可调节性的原则，飞行控制应该是和谐的、可预测的。

在驾驶舱设计过程中，设计人员会对飞机操纵负荷进行评估，包括在设计过程中使用模拟，从而获得理想的改变和飞行器的优化，保证整体质量的前提下减少工作量。

传统的操纵品质评估系统可被用来评估特定任务的可接受性。整个机组人员系统的评价通常是以最小的机组人员在预期条件下、预期的合理操作环境下评估飞机。这种类型的测试包括主观评价、排序评价和与现有的设计进行对比，以及必要的高保真模拟。它们应尽可能快地在设计和测试过程中完成。若负荷测定试验在飞行器验证项目中进行的比较晚可能会耽误验证好的其他部分的修改。

（2）驾驶舱系统负荷

驾驶舱系统负荷指在典型飞行条件下，飞行员使用机载系统的难度。人与系统交互负荷的设计应使飞行员能够成功地完成驾驶、导航、交流以及管理各系统的任务，这将有助于飞机和飞行员在理想条件或非正常条件下安全高效地完成任务。机载系统对飞行员造成的负荷应满足的条件是：在极不可能发生的灾难性事故情况下，机载系统的负荷不应该阻碍飞机的恢复。机载系统工作负荷的评估是为了确定以上所述的各任务能否正常完成，分为每个单系统、综合的系统及会用到的不同系统的组合三个方面。

在设计过程中，设计人员通常采用以人为中心的设计工具，实现驾驶舱系统交互工作负荷最小化。系统功能和任务需求的早期定义是非常有效的，它有助于确定系统负荷要求。对驾驶舱系统的设计应实现每一个功能的重要性分析，包括：

① 使用的频率、重要性和顺序。

② 正常和异常状态下，控制和显示的可用性。

③ 控制接口的类型。

④ 可用的显示媒介。

⑤ 空间的分布和功能描述需要与实际的飞机系统组织保持一致。

同样的，系统设计结束后应对驾驶舱系统产生的负荷进行评估。评估采用主观的调查方法，结合很多主观量表，如 NASA TLX 量表、CH 量表等。根据研究的主题选取一个最优的评级方案。主试人员需要建立一个合理的可供选择的评估方法，进行和完成评估过程。经验表明，选择多个被试来模拟飞行员正常操作流程能够展现出错误源头并获得可接受的评估结果。一些书面意见与主观评价相结合的评估方法可提供最佳的测试结果。除主观评估以外，设计人员也会使用生理测量与任务测量方法对驾驶舱工作负荷进行测量。

设计任务场景时,可以让评估在部分或全任务飞行训练设备下进行。然而,某些部分的评估将需要飞机的实际飞行场景。这种评估场景,特别是在飞机里,需要使评估维持在合理的时间长度(1～2 h)。对于不同的预期任务,被试评估者在场景中的时间也是不一样的。

在人机交互界面的开发过程中大部分的系统工作量评估可以作为一个迭代设计过程的一部分进行。在这种迭代设计过程中,适当的记录可以减少设计的测试与评价量。在整个设计过程中的迭代设计部分可以产生一个更有效率的、有效果的最终产品。如果有一个跨职能的小组在该过程中进行设计反馈,这种效果更为明显。这个小组应有飞行员监管。

3. 驾驶舱工作负荷评估

在驾驶舱设计结束后需要对驾驶舱工作负荷进行评估,以确定最终的设计是否符合需求。该部分将节选 NASA 的报告 Assessment of Crew Workload Neasurement Methods, Techniques and Procedures 中的工作负荷评估实验作为驾驶舱工作负荷评估的例子。

(1)实验目的

本实验的目的为测试 B727 飞机的驾驶舱工作负荷的大小是否符合 FAR25.1523 最小机组的规定。

(2)实验方法

实验采用部分任务模拟的方法,利用模拟器模拟一次转场飞行,并进行部分飞行任务的模拟。部分任务模拟是在加利福尼亚州(California)莫菲特场(Moffett Field)的美国航空航天局艾姆斯研究中心(NASA - Ames Research Center)进行的,为了保证测试结果的真实度,测试环境尽可能与操纵环境一致。

(3)实验被试

18 名航空运输飞行员(Airline Transport Pilots)参与了实验,作为实验中的被试。被试都是 44 到 58 岁的男性。被试都是 F.A.R.(联邦适航条例)Part 121 认证的 B727 机长或者已经服役 5 年的 B727 机长。

(4)实验设计

设计中包含的因素有:

① FAR 25.1523 中定义的不同等级的工作负荷;

② 测试分为两部分,以提升评估可靠性;

③ 将飞行任务分为多个阶段,以表现任务需求、操作状态。

1)自变量

① 测试/重测

测试/重测是决定工作负荷测量手段可靠性的一种方法。飞行员分别进行两个独立的测试。两次测试的时间间隔至少为 10 天,最多为 42 天。

② 工作负荷等级:高/低

有两种等级的工作负荷:高、低。低等级指正常的飞行,天气晴朗,有微风。高等级工作负荷飞行包括了非仪表飞行,同时风力较大,还会出现故障问题。在爬升阶段,第三发动机会失灵,三分钟后,"B"液压系统失灵。

③ 飞行阶段

仿真测试中要检查 7 个飞行阶段:

(a) 起飞；

(b) 爬升；

(c) 爬升最高点；

(d) 巡航；

(e) 下降顶点；

(f) 进近；

(g) 着陆。

每一次飞行都包含了 7 个度量窗口,来评估 7 个不同的飞行阶段。窗口用来对于飞行阶段的一部分进行短暂的检查。窗口和飞行阶段是同义的。当提到试验设计或者测量时段时,使用窗口;讨论结果时,使用飞行阶段。表 4 - 5 所列为测量窗口打开与关闭时间分布。

表 4 - 5 测量窗口打开与关闭时间分布

飞行阶段	打开时间	关闭时间
起飞	E. P. R>1.5	放 5°襟翼
爬升	升襟翼	1 min 以后
爬升顶点	10 000 英尺高度	2 min 以后
巡航	达到 10 000 英尺 3 min 以后	2.5 min 以后
下降顶点	节流阀空挡	5 500 英尺
进近	定位信标激活	出场点
着陆	中间点	1.5 min 之后

2) 因变量

① 主观评分

采用主观工作负荷评估量表对工作负荷进行主观评分。量表为 SAWT、NASA - TLX 量表。一半的被试使用 SWAT 量表,另一半使用 NASA - TLX 量表。

在飞行中无法使用主观评价技术。为了评估主观工作负荷,在降落之后,会给飞行员一个笔记板,上面有四个部分:(a) 起飞到最高爬升点;(b) 巡航;(c) 最高下降点到进近到着陆;(d) 整个飞行阶段。飞行员将结合录像对各阶段进行主观评价。

仿真飞行会被录像记录。

被试为进行主观评价,将回顾全程。为了在录像中区别测量窗口,测量窗口期间会有LED 灯亮(飞行员测试过程中 LED 灯不出现在飞行员的视野范围内)。为了进行主观评价,在 LED 灯亮的地方,飞行员要回顾工作负荷。当测量窗口关闭时,LED 灯也同时熄灭。此时实验者关闭录像,被试开始对负荷进行主观评价。飞行员在进行负荷评估的时候,不能考虑前面的评价。

② 生理测量

试验收集了水平、垂直眼动数据,眨眼率,心率,心率变化率等数据。

③ 绩效数据

利用测量窗口还收集了仿真中的数据。收集的操纵盘、操纵杆、脚踏板、节流阀位置数据以计算控制输入活动。同时,在进近和着陆窗口中还收集了下滑角和定位器偏差、与跑道中心的侧面偏差等数据。

（5）实验设备

实验采用 MVSRF 公司提供的 B727 六自由度运动仿真模拟器以确保实验的保真度。

（6）试验程序

1）航　线

每个阶段有两个航线：Sacramento - to - San Francisco（SMF - SFO）和 San Francisco - to - Stockton（SFO - SCK）航线。这两个航班巡航高度为 11 000 英尺，用 ILS 进近和着陆。

2）消除影响

飞行员飞行了两个场景，在两个场景中工作量不同，分别为低或高。飞行员被随机分配到两种组合：① SFO - SCK（高负荷）和 SMF - SFO（低负荷），或② SFO - SCK（低负荷）和 SMF - SFO（高负荷）。一半的受试者飞高工作负荷的情况，另一半的受试者飞低负荷条件。在接下来的一天，飞行员飞行了与前一天相反的场景。

3）每日安排

受试飞行员上午 9 时到达 MVSRF。实验者通过纸笔和录像带记录他们一天的活动。受试者接受差异训练以熟悉 B - 727 驾驶舱。差异训练涉及驾驶舱的配置讨论。差异训练提供了仪表板布局和模拟器中布置的彩色照片。完成差异训练后，听取了航线设置。

之后飞行员和实验者吃午饭。

午餐后，试飞员佩戴生理设备并进入模拟器驾驶室。然后试飞员飞离旧金山国际机场，并且花费时间进行持杆飞行。实验人员鼓励试飞员进行大坡度转弯，发动机的油门回拉，以熟悉模拟器的操纵品质与舒适度。飞行员使用 ILS 进近飞行，降落在 SFO 的 28 跑道。飞行员再次持杆飞行另一个 ILS 进近并着陆在 SFO 的 28 跑道。

然后，飞行员又进行了两次飞行。在飞行中录制录像带以辅助试飞员进行 SWAT 或 NASA - TLX 评价。

（7）数据处理

采用统计学的方法对测得的主观数据、生理数据及绩效数据进行测量。

以下将以主观数据的统计过程为例讲解数据处理过程，其余数据处理过程与其相似。将收集到的主观得分进行求平均值处理，结果如表 4-6 所列（数据为虚构）。

表 4-6　主观评分

飞行阶段	起　飞	爬　升	巡　航	下　降	进　近	着　陆
低负荷	2.74	2.48	1.77	2.59	3.11	3.56
高负荷	7.20	6.00	4.79	5.05	6.58	7.72

绘制工作负荷值折线图，结果如图 4-29 所示。

结果表明，在起飞到巡航阶段，工作负荷在下降；巡航到着陆阶段，工作负荷在上升；巡航阶段工作负荷最小；着陆阶段工作负荷最大；高负荷飞行场景的工作负荷比低负荷飞行场景工作负荷显著提高。

数据处理结束后还需对数据信度和效度进行分析，以确保实验数据的正确性和有效性。

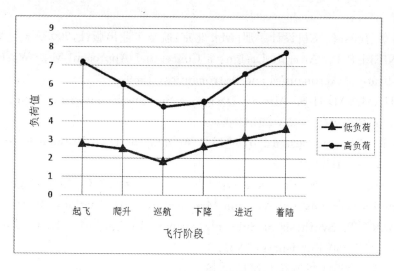

图 4 - 29　负荷折线图

思考题

4 - 1　飞机驾驶舱设计的流程与其关注的内容是什么？

4 - 2　如何进行驾驶舱构型设计？

4 - 3　驾驶舱设计中涉及的人因有哪些，分别体现在驾驶舱设计的哪些方面？

4 - 4　驾驶舱人因设计的原则是什么？

4 - 5　如何设计驾驶舱风挡，风挡设计的依据是什么？

4 - 6　驾驶舱的设备应该如何布置？布置的准则是什么？

4 - 7　如何对驾驶舱设备进行评估？

4 - 8　标签设计是驾驶舱功能集成的内容，参考 4.3 节与相关文献描述如何进行标签设计。

扩展阅读

［1］马绪章，程不时.飞机设计手册［M］.北京：航空工业出版社，2005.

［2］DANIEL P R. Aircraft Design：a Conceptual Approach［M］. Washington D C：American Institute of Aeronautics and Astronautics，1989.

［3］MOHAMMAD H S. Aircraft Design：a Systems Engineering Approach［M］. New Hampshire：John Wiley & Sons，2013.

［4］Recommended Practices and Guidelines for Part 23 Cockpit/Flight Deck Design［M］. Washington D C：General Aviation Manufacturers Association，2000.

［5］薛红军，张晓燕.民机驾驶舱人机工效设计与评估［M］.西安：西北工业大学出版社，2014.

参考文献

[1] 马绪章,程不时.飞机设计手册[M].北京:航空工业出版社,2005.

[2] DANIELl P R. Aircraft Design:a Conceptual Approach[M]. Washington D C: American Institute of Aeronautics and Astronautics,1989.

[3] MOHAMMAD H S. Aircraft Design:a Systems Engineering Approach[M]. New Hampshire:John Wiley & Sons,2013.

[4] JAN R. Airplane Design Part 3[M]. Washington D C:Roskam Aviation and Engineering Corporation,1986.

[5] Recommended Practices and Guidelines for Part 23 Cockpit/Flight Deck Design [M]. Washington D C:General Aviation Manufacturers Association,2000.

[6] EGBERT T. Synthesis of Subsonic Airplane Design [M]. Delft:Delft University Press,Martinus Nijhoff Publishers,1982.

[7] HB 6154—88,飞机座舱几何尺寸[S].

[8] HB 7046—94,民用飞机驾驶舱座椅设计要求[S].

[9] HB 7289—96,民用运输机驾驶舱仪表、显示器及有关控制器的要求[S].

[10] HB 7496—97,民用飞机驾驶舱视野要求[S].

[11] 顾诵芬.民用飞机总体设计[M].上海:上海交通大学出版社,2010.

[12] 顾诵芬,解思适.飞机总体设计[M].北京:北京航空航天大学出版社,2001.

[13] 薛红军,张晓燕.民机驾驶舱人机工效设计与评估[M].西安:西北工业大学出版社,2014.

[14] 中国民用航空总局人为因素课题组.民用航空人的因素培训手册[M].北京:中国民航出版社,2003.

[15] 寿荣中,何慧姗.飞行器环境控制[M].北京:北京航空航天大学出版社,2004.

[16] 蒋祖华.人因工程[M].北京:科学出版社,2011.

[17] 鞠峰.飞机驾驶舱人机工程设计研究[D].西安:西北工业大学,2007.

[18] 李银霞,袁修干.飞机驾驶舱人机几何适配性评价指标研究[J].中国安全科学学报,2005,5(12):25-28.

[19] 崔卫民,薛红军,宋笔锋.飞机驾驶舱设计中的人因工程问题[J].南华大学学报,2002,16(1):63-66.

[20] 艾玲英.人机工效在飞机驾驶舱设备布置中应用研究[J].飞机设计,2012,32(1):78-80.

[21] 罗晓利,张薇.人因工程学在飞机驾驶舱空间布局设计中的应用[J].中国民航飞行学院学报,2012,23(3):31-38.

[22] 李岩,谈炜荣,王春生.驾驶舱视界的适航性设计与验证方法研究[J].航空标准化与质量,2011,5:6-10.

第5章　客舱人因设计

民用运输机最重要的功能就是运人载物。民机的客舱是乘客和空乘人员活动的空间,是机上旅客体验最直接的场所,它为乘客和空乘人员提供一个舒适、安全的客舱环境,并提供相应的客舱服务。客舱主要包含:座椅、服务设施(厨房、卫生间、衣帽间、广播、顶部行李箱等)、舱内环境控制系统、内部装饰、应急逃生和娱乐设施。客舱设计指的是对客舱的这些设备和配件的设计和布置。在进行客舱设计时需要考虑乘客进行的一系列活动,以及其对应的生理、心理需求,充分考虑人的因素,才能保证客舱中乘客的安全性与舒适性要求。

这一章将介绍飞机客舱设计的主要内容和设计流程、客舱设计中的人因设计,并详细介绍座椅设计和应急救生系统设计中的人因问题,最后展示一个应急救生系统评估的示例。

5.1　飞机客舱

客舱是载客运输机用于载运旅客的舱室。与驾驶舱内系统划分不同,客舱的人机交互要求较低,没有明确地划分为系统。飞机客舱包括座椅、服务设施、客舱环境、应急出口、舱门和窗户、娱乐设施、标牌与标记、客舱的内饰等部件。图 5-1(a)所示是波音公司的 B777 的客舱平面图,图中左边 1～7 排座位为公务舱座位,8～41 排为经济舱座位,部分服务设施(如衣帽间、厨房、盥洗室)和娱乐设施(电影屏幕、影视设备中心)等,在图中已经标出。图 5-1(b)所示为波音 787 客机的客舱图片,图中展示了客舱中的座椅、行李架、灯光、舷窗等。

下面将对客舱设计中的主要内容进行简单介绍,同时也介绍了这些组件、设备设计时要考虑的内容。

1. 座　椅

座椅是支撑和连接空运旅客与飞机结构的基本环节,并且在所有正常、机动飞行和应急迫降时最大限度保证旅客的安全。此外,座椅还要在旅途过程中尽可能地为乘客提供舒适的体验。

旅客座椅设计时需要考虑的设计内容包括:主结构件,如椅盆和支撑构件;次结构件,如椅背、软垫等;调节装置,主要指椅背倾角调节装置;扶手;装饰罩,如椅背、椅面罩套、枕巾和椅盆周围装饰性塑料罩壳、扶手塑料罩壳;烟灰盒;腿靠(仅用于头等舱和商业级座椅);食品餐桌;附件袋,如书报袋、救生衣存放袋;旅客服务和娱乐设施;标记牌;座椅安全约束装置。这些部件的设计指导可参见《飞机设计手册——民用飞机内部设施》。此外座椅的设计还需要考虑座椅安装、座椅各部件强度、材料防火性等要求。

2. 服务设施

舱内服务设施是为机上旅客和空乘人员在飞行途中提供生活服务的设备和设施,主要包含:卫生间、厨房、衣帽间、广播、顶部行李箱等。

卫生间、厨房典型数量为每一厨房服务 10～60 名乘客,每一卫生间服务 15～40 名乘客。卫生间、厨房、衣帽间没有固定的设置位置,通常在客舱两头,也可根据乘客人数和需要配置。

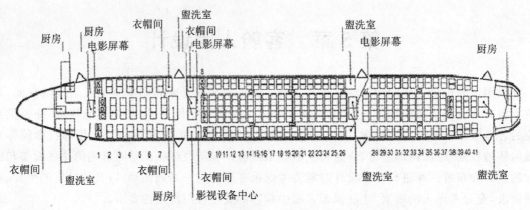

(a) B777客舱平面图

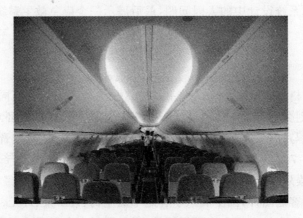

(b) 梦幻客机B787的客舱

图 5 - 1　客舱示意图

客舱广播系统通常是提供驾驶员以及乘务员与乘客沟通平台,在 CCAR - 25.1423 中有相关规定。顶部行李箱要求行李取放便利,坚固可靠,外形美观,一般为封闭式。其设计主要考虑因素为:容积、行李取放方法、与地板距离以及与整舱的协调性等。典型的客舱服务设施布置如图 5 - 2 所示。

3. 客舱环境

飞机客舱环境系统包括座舱供气、空气分配、压力控制、温度控制、湿度控制等环境控制系统。同时舱内光照、噪声、振动、辐射也属于客舱环境的重要组成部分。客舱内的空气质量、热环境、噪声、振动、照明、微波辐射、座舱压力、工作区背景等因素对乘客的舒适性产生单独或综合作用。舱室综合环境质量直接影响到旅客和机组人员的安全性和舒适性。只有客舱内有舒适的温度环境、合理的压力绝对值、清新的空气,才能为乘客创造正常的生活环境。

4. 应急出口、舱门和窗户

应急出口、舱门是人员进入和离开飞机的通道。通常,乘客从舱门进出;当飞机遇到紧急情况时,应急出口打开,人员从应急出口撤离。应急出口、舱门和窗户必须按照适航标准规定(如 CCAR - 25/23.807 等)进行设置,这是飞机通过合格审定所必需的。

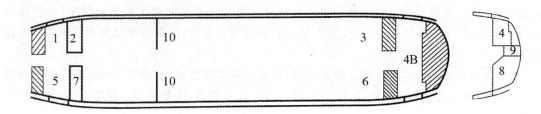

基本的厨房

基本的盥洗室

1—厨房或盥洗室;2—折叠式座椅(乘务员座椅)、厨房或衣帽间;

3—折叠式座椅(乘务员座椅)、厨房、衣帽间或盥洗室;4B—横向布置的厨房;

4—厨房、衣帽间或盥洗室;5—盥洗室;

6—盥洗室、座椅、厨房、衣帽间或折叠式座椅(乘务员座椅);

7—折叠式座椅(乘务员座椅)/储藏室、座椅、衣帽间或辅助厨房;

8—盥洗室;9—储藏室或衣帽间;

10—分舱隔板(客舱是混合级布置)或储藏室(客舱是全经济级布置)

图 5-2　典型客舱服务设施布置

5.娱乐设施

客舱娱乐系统是乘客打发无聊飞行时间的主要手段,其设计好坏直接影响乘客体验。客舱娱乐或服务设施就是为了解决乘客在机上不同需求而设定的,包含:视频影音、网络、电话服务、游戏、新闻广播等。目前,舱内娱乐设施没有统一标准,制造商主要是根据航空公司要求提供不同配置。比较获得乘客认可的娱乐系统涉及以下方面:大屏幕、屏幕角度可调、多种娱乐内容选择、音质效果好、具有主动静音技术、提供网络、电话服务等。

6.标牌与标记

客舱内部标牌指标有文字、数据、图案的告示牌,可分为指示性标牌和说明性标牌。指示性标牌主要用于为乘员提供指示或警示事项;说明性标牌用于说明设备的性能和设备使用情况。客舱内部标记一般指标在成品、设备或装饰构件上的有色标志、符号、记号等。标牌与标记的设计和布置主要考虑的因素有:标牌和标记的颜色、标牌和标记的字体、标牌和标记的图案以及其布置位置要求。

客舱内的标牌和标记种类很多,不同的航空公司乃至不同的机型均有差异。有代表性的客舱标牌和标记有:"应急出口"标牌和标记、"请勿吸烟"标牌与标记、应急设备存放标牌、旅客座位号标牌、盥洗室标牌、"厕所有人"标牌,以及其他如废物投放标记、手纸存放标记、马桶座圈纸存放标记等。

7.客舱内饰

客舱内饰设计的目的是为乘客营造一个宽敞、轻松、舒适、安全的感觉。目前客舱内饰并没有明确的定义和范围,这也是一个难以界定的范围,其包含客舱内几乎所有看得见摸得着的物品,但又非特指某一具体物品或部件的设计。民用飞机内部设施相关手册关于座舱装饰的范围这样描述:"民用飞机座舱装饰的范围主要包括构成舱内空间的天花板、侧壁板(包括观察窗及窗帘机构)、隔板、分舱板、内部门、地毯等;属于贮存设备的行李箱、储藏室和衣服间的造型、色彩和材质，厨房及盥洗室外壁面的色彩和材质以及座椅及其罩套的色彩图案；各种舱内的口盖、格栅、把手等装饰附件；盥洗室内部空间的装饰方案设计；参与座舱照明系统的方案设计等。"

本书认为客舱内饰是一个综合性概念，指客舱内乘客所能见到、感受到的一切部件的外部要素，非特指客舱内某一具体物品的设计，包含部件外部构型、线条、色彩、材质、灯光和客舱整体布局。

5.2　客舱设计的主要流程

在设计篇的开始，就已经向大家介绍了飞机机身设计的主要流程，可以看出飞机客舱设计是机身设计的重要组成部分。客舱设计受到其他因素的影响，是一个综合设计的结果。但是当机身总体设计确定了客舱段的初步尺寸和有效载荷（乘客人数）后，客舱的设计就进入了一个相对独立的设计阶段。

需要注意的是，客舱布局中的部件和设备大都是由部件供应商提供，这就是所谓的货架件，如旅客座椅、厨房、厕所、娱乐系统等，客舱总体设计主要工作是考虑这些系统在舱内的布置、对各系统要求和适航评估。对于货架件的设计，在本章第4、5节通过座椅和应急逃生照明、设备的设计作为一个例子进行介绍；对于布置和适航评估的设计，在本章第5节通过应急出口和撤离通道设计进行介绍。

在本节，客舱的设计流程可以概括为构型设计和详细设计两个步骤。在构型设计阶段，设计师会设定客舱的边界、截面外形；在构型设计完成之后，设计人员的主要工作是做好各个工作小组间的沟通，完成客舱中各个组件、设备的设计，并将各个组件、设备整合在一起，共同完成客舱的详细设计工作。本节内容将从客舱的构型设计、详细设计这两部分来介绍客舱设计内容。

5.2.1　构型设计

客舱设计的第一步是进行客舱的构型设计。在构型设计开始之前，首先应该确定飞机的任务需求。这些任务需求都是依据当前或者未来的市场需求所确定的，比如：航线距离、乘客和货物容量、机场基础设施要求、规章要求等因素。这些因素一旦确定，构型设计师就要依据它们来进行下一步工作。

1. 构型设计阶段需要综合考虑的因素

（1）市场需求

市场需求即旅客希望对支付费用所获得相应的产品和服务的期望。不同市场的消费者群体不同，不同的消费者群体的价值观和支付能力也不同，在进行设计的时候，应首先进行消费市场需求调查，依据需求分析进行下一步的分析和设计。

（2）航线距离

航线距离的长短也是航空公司所要考虑的设计因素。航线距离不同，飞行时间不同，旅客对客舱的要求和需求也会发生相应的变化。比如，航线长短会影响到旅客对座椅间距和空间的要求，这主要取决于旅客乘坐时长与座椅空间及舒适性要求的关系。

（3）航空公司营销战略定位

市场营销战略是进行客舱布局设计时首先需要考虑的问题。航空旅客市场可以细分为多种,但航空公司所要提供的产品不可能同时满足所有群体的要求。客舱布局不是越宽敞、越豪华就好,只要是能满足航空公司目标市场的需求就是好产品。

构型设计阶段是一个比较宏观、概念性的工作,它主要由工程和市场部门来完成。它的主要目的是完成一个可行的、经济性好、可以在市场中有良好竞争力的飞机构型。此阶段的工作将指导整个客舱以后的详细设计。在详细设计开始之前,应该建立一个跨功能职能流程来保证在设计过程中完成这些需求的评估。虽然这个阶段很宏观,但是工程部门和市场部门已经要对各种不同的因素进行权衡、优化工作。

2. 横截面设计和地面规划

在这个阶段中,主要确定整个客舱中各设备的大概布局、客舱中各个设备的大概位置,这个阶段主要包括横截面设计和地面规划两方面内容。

(1) 横截面设计

横截面设计阶段主要确定的是客舱内部的边界、地板的高度、顶部行李架所占的空间。图 5－3 所示为横截面设计的方案,从图中可以看到阴影部分表示了地板的高度以及内部空间的边界;图中还用实线勾勒出了另一个横截面的设计方案。

(2) 地面规划

如果横截面设计是从侧视图方向确定了客舱的基本高度、半径等的大概位置,那么地面规划则是从顶视图的方向对整个客舱进行大概的布局。

这个阶段需要进行的工作包括:客舱组件之间的关系确定,客舱中座椅、洗手间、厨房、衣橱、乘务员座椅、娱乐设施、门、紧急出口、疏散出口位置的确定等。最后,需要依据飞机的任务需求、规章、飞机使用的实际情况等要求对各种不同的方案进行评估。

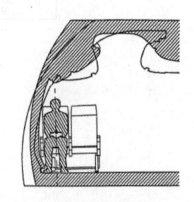

图 5－3　横截面设计示意

这时需要注意,客舱设计更多地会受到市场需求的影响,所以横截面设计和地面布局设计并不是严格地将每一个部件定位在固定的位置,更合适的说法是它们在飞机首次生产制造时,为航空公司提供了部件可以安放的位置。

5.2.2　详细设计

客舱构型是在详细设计之前让设计师对整个客舱有一个概念性的认识,前面已经确定了客舱的组成部件、基本布局等信息,那么接下来要进行客舱的详细设计,完成客舱中各个组件、设备的设计,确定最终的设计方案。客舱设计流程如图 5－4 所示。

乘客数量是客舱设计开始时唯一已知的参数,当乘客人数定好后,结合 CCAR－25.807 中对紧急出口个数与乘客人数的对应设计关系,确定紧急出口个数、厨房厕所个数和座椅初步布局。参考适航条例,设计紧急出口的位置及厨房和厕所位置。确定好紧急厨房和厕所的位置后,就可以在剩余空间里进行乘客座椅的详细布局。一般先确定公务舱的人数(为总乘客人数的 15％左右),通过查阅设计准则就能得到公务舱的空间尺寸,从而可以划分好公务舱与经济舱的空间区域布局,然后进行座椅的详细布局。完成客舱布局后应在虚拟样机中进行乘客视野和应急出口均匀性的评估。在设计时,应该要保证满足适航条例 CCAR－25 部的要求,

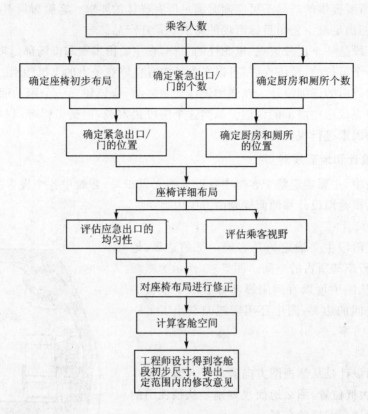

图 5-4　客舱设计流程图

同时还应该参考适航条例 CCAR-121 部的相关规定。如果设计不满足规定,就应该做出相应的设计修改,然后再次评估,直至设计结果满足规定要求。修正完成之后,进行客舱空间大小的计算,将计算得到的值与机身工程师设计的客舱机身尺寸进行对比分析,如果尺寸大于设计尺寸,在一定范围内可指导机身尺寸的修改。

　　在详细设计阶段主要完成的工作是将各个组件、设备整合在一起,而这些组件常常是受不同的工程小组控制的。所以,各个工程小组之间的沟通和协作非常重要,共同完成设计工作。常用的方式有建立产品整合小组、采用数字或实物样机等。

5.3　客舱人因设计

　　飞机客舱面对的群体主要是乘客,在设计客舱时要给予人因足够的重视,才能保证客舱能够给乘客们提供一个安全、舒适的环境。这些因素包括人的尺寸特性、感知特性、运动特性等。通过对这些因素的分析考虑,确定客舱人因设计要求,并根据这些人因要求设计客舱,并使用相应的评估方法进行评估,从而确保能将所考虑的人的因素实现到设计中去,保证客舱的安全性和舒适性。

　　本节首先介绍了客舱设计中需要考虑的人的因素,然后描述了客舱的人因设计要求,最后介绍了客舱人因设计的评估技术,供大家学习客舱的人因设计和评估。

5.3.1　客舱人因设计内容

和驾驶舱设计不同,在进行客舱设计时,客舱的主要使用者——乘客不需要进行过多的操作,对负荷的要求很低,但是对舒适性的要求要高很多,所以涉及的人的因素也会有所不同,下面将简单介绍一下应该从人的哪些方面展开客舱设计。

1. 人体尺寸

人体尺寸是在客舱设计的过程中要考虑的首要因素。因为客舱中的乘客不需要进行大量的活动,最常用的活动只有站、坐,所以在设计时常使用人体的身高、臂长、立姿活动空间及范围、坐姿的活动空间及范围这几类数据。比如在大型旅客机设计的时候,客舱内的高度必须保证旅客站立时不能碰到客舱的顶部,这时就需要用到人体的身高数据;过道的宽度必须保证人可以自由通过,这时就需要用到人的水平尺寸数据,如图 5 - 5 所示;在进行座椅排距设计时,要考虑腿部空间,这就要考虑人体的坐姿活动空间数据,如图 5 - 6 所示。

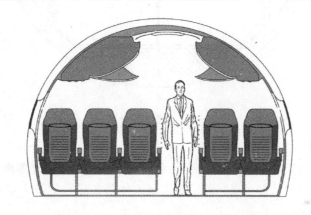

图 5 - 5　客舱高度及过道宽度示意图

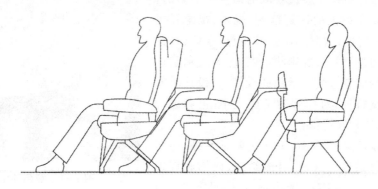

图 5 - 6　座椅排距设计

以下为一个使用人体尺寸设计客舱顶部行李架的示例,如图 5 - 7 所示。左侧展示了头等舱的横截面设计,右侧展示了经济舱的横截面设计。图中分别选取了第 5 百分位和第 95 百分位的男性和女性的人体模型,将其放入客舱空间中,可以看到行李架的设计可以满足第 5 百分位的女性同时可以满足第 95 百分位的男性的使用需求,也就是说该客舱行李架的设计满足了至少 90 % 人群的使用要求。

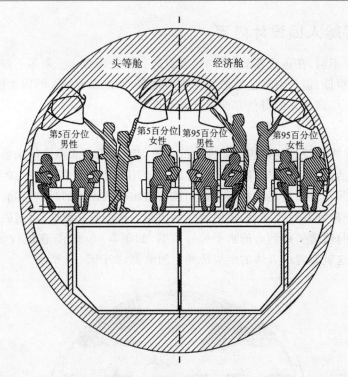

图 5 - 7　行李架设计示例

2. 人的感觉特性

在进行客舱设计的时候，人的视觉、听觉、触觉等感觉特性是需要考虑的因素，这些因素对提升用户的客户体验具有重要意义。除了要满足人体的各感官的基本要求之外，还需要尽可能地满足人的心理感受。

在客舱内旅客由视觉通道获取的信息是最多的，在设计时必须要考虑人的视野范围、视角、视距等要素。比如在设计客舱内部标牌时，其颜色、字体、布置位置都受到人的视觉要求的影响。图 5 - 8 所示是达索猎鹰 2000S 的应急逃生指示牌的设计，在设计时就考虑了人的视觉特性，对标牌的字体大小、色彩进行评估，确认可以让乘客辨识。

图 5 - 8　应急逃生指示

舒适性的设计除了考虑生理上的舒适性外，还要考虑心理上的舒适性。这时，客舱结构、内饰和灯光就显得很重要了，比如 B787 的内饰设计（见图 5 - 9）通过灯光和行李架的布置让整个客舱空间看起来更开放和宽敞，乘客对客舱的舒适性感受也就相应提升了。

3. 人的运动特性

由于在客舱中乘客不需要进行大量的运动和劳作，所以对运动特性的要求比较低。主要用到的运动特性包括人体力的特性，力的大小、出力范围和出力方向等。

如图 5 - 10 所示，在进行顶部行李架设计时，需要考虑舱内人员的施力范围和方向，才能保证行李架可以正常关闭和打开。现在的下翻式行李架使用了机械结构辅助,使人可以使用较小的力就可以关闭行李箱。

图 5-9　B787 客舱内饰设计

图 5-10　行李架示意图

5.3.2　客舱人因设计要求

客舱人因设计和驾驶舱的重点有所不同,因为它的对象是乘客,故而对效率、绩效没有要求,其主要目的是为给乘客和乘务人员提供一个安全而舒适的客舱空间,所以客舱设计中人因的设计要求主要是安全性设计及舒适性设计。

客舱安全性设计是为了在飞机发生事故时减少死亡和伤害,并在整个飞行中为乘客和机组提供一个安全环境而进行的设计。客舱舒适性设计指从客舱环境、客舱布局、客舱照明等方面进行设计考虑,以提高乘客和乘务人员在飞行过程中的舒适性。

1. 客舱设计的安全性

(1) 客舱安全性内容

① 全部机内设施在飞机飞行使用期间,应保证做到不会发生妨碍飞机安全飞行和着陆的任何单独的直接故障或诱发故障。

② 一切机内设施的设计,应努力做到消除或减少其在使用和维护过程中可能引起的不安全的人为偏差。

③ 一切机内设施的设计,应努力做到使自然环境的影响程度降低到最低限度,并且一旦发生这种影响,将不会导致飞机的不安全飞行。

④ 一切机内设施(和系统)的接口设计,应确保当出现故障时,不会引起主要系统的故障与失效。

⑤ 对一些可能引起不安全因素的机内设施或系统,应设置可靠的安全装置及险情报警装置。这些险情报警装置应具备通过目视或仪器检查,即可判断该装置是否失效的功能,并且这些险情报警装置或指示装置本身的失效,不应引发对人员或飞机的不安全影响。

(2) 客舱安全性的设计要求

① 分舱板安装处必须提供 0.76 m 宽的无障碍通道。

② 除门把手(包括客舱内部门)外,一般把手和锁在不使用时应尽可能不突出结构表面。

③ 在可能碰到坐着或走动人员躯体或头部的范围内必须避免可导致乘员受伤的硬质凸出物和尖角。

④ 在所有应急通道和应急出口必须按 CCAR-23、CCAR-25 要求设置应急撤离标牌、

标志。在应急门、应急窗的操作部位设置警告标志。

⑤ 必须在所有坐在座位上的旅客都能见到的地方设置"系好安全带"、"请勿抽烟"和"厕所有人"的信号标记。

⑥ 所有装饰材料必须符合 CCAR - 23 及其附录 F、CCAR - 25 及其附录 F 和 HB 5470—91 所规定的的阻燃、烟雾及毒性指标要求。

⑦ 地毯必须有防静电措施。地毯产生静电的安全电压指标为不大于 2 500 V（环境温度 21 ℃，相对湿度 20％）。

⑧ 对于增压座舱，其侧壁应有足够的通气面积，在机身上部或下部迅速减压时不导致气流阻滞。

⑨ 用于厨房、登机门区域及盥洗室的地板覆盖物应能防水、防滑，并应易于清洗。

2. 客舱设计的舒适性

（1）客舱舒适性内容

飞机客舱作为典型的特殊微环境，与一般室内环境相比，具有明显不同之处，如飞机客舱内空间狭小，人员密集，不能任意走动；飞机客舱在高空有增压需求；在飞行中乘员受到多种环境因素的综合影响，包括低湿度、低气压、气体污染物（臭氧、一氧化碳、二氧化碳和各种微生物等）；环境控制系统不工作，污染物能够迅速地聚集，温度也会迅速升高。所以，飞机座舱舒适性影响因素包括：空气质量（臭氧、一氧化碳、各种有机物及生物病毒）、热环境（温度、低湿、风速）、座舱压力（低气压）、噪声、振动、灯光照明、空间布局、微波辐射等，它们的综合作用形成了座舱的舒适感。

① 对旅客而言，应最大限度地做到所提供的旅途生活设施能使旅客在全航程中感到舒适、愉快，对续航时间长的旅客机，应做到所提供的旅途生活设施能减轻旅客的疲劳。

② 对于舱内所设置的各种服务设施的数量和服务空间尺寸，应等于并力求大于规定的使用标准。

③ 对那些直接供旅客使用的可调节设施，应尽可能使其选择范围多，调节范围大，调节方便，动作简单，且不影响或少影响邻近旅客的正常旅行。

④ 有关的舱内设施应能进行由于舒适性要求而引起的各种临时性的改装，且这种改装是简单、方便和可靠的。

（2）客舱设计的舒适性要求

① 客舱造型应尽可能减少装饰件的覆盖空间，或利用视错觉造成空间的扩大感。

② 客舱内部的色彩和图案应柔和、协调，并尽可能增加乘员的舒适和稳定，减少乘员的压抑、拥挤和疲劳。

③ 固定装饰件的紧固件头部，在乘员视觉可见的范围内应尽可能进行装饰遮盖。

④ 应充分考虑装饰件的成形工艺特性，当需要使用模具成形时，应明确零件的装饰表面。

⑤ 使用表面反光强的装饰材料时应考虑避免使乘员产生眩晕感。

⑥ 客舱内所有标志和标牌应醒目。说明标牌应设在被说明设备的附近，而提示标牌应设在乘员容易见到的部位。

⑦ 客舱内部装饰应考虑降噪措施，以减少飞机噪声对乘员的影响。

⑧ 地毯应能吸收客舱地板的辐射噪声。

⑨ 用于客舱内部装饰的材料应是坚固、耐磨、耐潮湿、耐污染、耐老化和不易褪色的。

5.3.3　客舱人因设计评估

设计客舱的评估可总体上分为两大类：实物测评与虚拟仿真。实物测评可以是相关参数的测量与测试（如光环境参数测量、温度、湿度测量、空间尺寸测量等），也可以是人在环的体验与主观评价（如主观舒适性评价）。而仿真，则基于计算机技术，运用一定的软件工具开展评估工作，其优势是：成本低、速度快，可重复性好。

目前，用于实物测评的对象包括：设计方案（图纸）、测试台、模型、样机、模拟器、真机等。

设计图纸上能清晰地看出尺寸参数及相互位置关系，如客舱座椅布置图能用于评估过道宽度是否符合适航关于最小逃生通道的要求。设计图结合人体尺寸模型还能评估视觉阻碍、视角、视界等。测试台主要是为了验证某一设计概念的合理性而设计制造的测试平台。英国建筑物理研究所 BRE 建立了用于研究座舱空气质量、噪声、振动以及人机工程学间的相互影响的实验台。其主体为 A300 B4 前机身，能容纳 40 位乘客，可模拟多种环境。模型、模拟器以及样机均是为了在更真实的环境里评估设计概念而设计。模型、样机通常可用于人体可达、视界、身体间隙的分析与评估，条件允许的还可以用于光照的评估。可开展评估的类型取决于其保真度、几何精度；模拟器是一种呈现几何造型和系统性能的评估工具，是一种提供初步工效综合评估的实验平台。其是除了真机外设备最完整、精度最高的工具。通常模拟器建造完成即可进行主观评价工作。同样根据模拟器的保真度，可用于进行外视界、可达性、身体间隙、眩光、反射特性、乘员舒适性和设备操作性的评估；真机是最能呈现真实的人为因素的评估工具，也是监管机构最为认可的测试载体。因此，诸如应急撤离演示这样的关键性测试几乎都需要在真机（包括原型机）上进行。

在运用上述不同测评载体进行测试与评估工作时，往往需要结合使用主观评价技术。因为主观评价是反映人心理状态和主观感受最为真实的方法。目前，主观评价方法有李克特量表、Cooper - Harper 量表、NASA 量表、SWAT 量表以及这些量表的改型。

相对于以专家打分法、主观评价等为主的评价方法，近些年随着计算机仿真技术的发展，采用计算机虚拟仿真的方法进行人机工效方面的研究也越来越多，典型的应用软件有 SAFE-WORK、JACK、RAMSIS 等。SAFE - WORK 现已经融入 CATIA 的人机工程模块中；JACK 也已合并到 UG 中；RAMSIS 具有独立版本和与 CATIA 的集成版。

5.4　座椅设计与布置

本章最后两节将通过座椅的设计与布置以及应急救生系统这两个与人因密切相关的客舱设计项目对客舱人因设计和评估进行详细地介绍。座椅设计和布置对飞机客舱的安全性和舒适性有很大的影响，如 2009 年由多家航空公司发起并参与了一项飞机乘客调查研究，该研究收集了 10 032 名飞机乘客的意见，得到"腿部空间和座椅均是客舱舒适性的重要因素"这一结论。前者关乎座椅布置，后者则为座椅设计本身。

旅客进入客舱后，主要的活动都在座椅上进行，因此对座椅必然有一定的要求。座椅首先必须是安全坚固的，其次要让旅客坐着舒服。飞机在加速时，旅客会被惯性向后压，座椅会承受向后的压力；而在飞机因故紧急减速时，座椅又会受到向前的作用力。如果座椅的性能不好，就可能导致旅客身体受到伤害，因此座椅在强度上必须能够耐受巨大的冲击力作用。

在客舱里,座椅的间距又是如何安排的呢?从安全上考虑,一旦飞机出现紧急情况,乘客必须迅速撤离飞机。从舒适性上考虑,座椅的前后间距对人的舒适性有很大影响。

这一部分将从座椅舒适性设计、安全性设计和座椅布置三个方面,讲述座椅人因设计问题。

5.4.1 座椅安全性设计

在客舱内,安全性是要考虑的第一要素。对于座椅而言,安全性也是设计时所要达到的基本要求。当飞机应急迫降时,使旅客尽可能免受伤害(尤其是由于飞机迫降使座椅组件损坏时而引起的对旅客的各种伤害)。因此,座椅必须具有足够的强度。如任何座椅组件均应按77.2 kg的重量为基准的最大惯性力设计;供单个乘员使用的各种座椅的主结构件,应按CCAR - 25.785 和 HB 7047—94 规定的极限载荷设计。这些载荷应考虑分别作用于主结构件上,见表5-1的载荷参数。而座椅次结构件的强度需参考《民用飞机旅客座椅设计要求》HB 7047—94 中的数据和其他规范中的数据,见表5-2、表5-3和表5-4。此外还需要考虑座椅及其组件的疲劳强度要求。更详细的数据和要求可见上述提及的文献和其他相关文献标准。

表5-1 载荷数据

载荷方向	过载值/G	极限载荷/N	备 注
向上	2	1 512.7	① 表中极限载荷未计及座椅结构自重,计算时应加上
向前	9	6 807.3	② 表中数据引自 NAS—809 座椅主结构件载荷值,此数据适用于运输机机组人员和旅客座椅组件设计
侧向	3	2 269.1	③ 对驾驶员座椅载荷,除了表中数值外,还应加上在椅背从其底部向上
向下	6	4 538.2	203.2 mm 处,向后,由于操纵驾驶杆引起2 002.14 N 的反作用力

表5-2 HB 7047—94《民用飞机旅客座椅设计要求》中座椅强度数据

次结构件名称	载荷方向	载荷值/N	载荷分布或作用点	几何尺寸/mm	备 注
过道侧扶手	向下	1 334.76	距扶手前端	76.2	
	侧向	889.84	距扶手前端	76.2	
其他位置扶手	向下	1 112.3	距扶手前端	76.2	本表数据引自 HB 7047—94
	侧向	667.38	距扶手前端	76.2	
餐桌	向下	667.38	均布	—	
椅背	向后	889.34	椅背顶端	—	
服务员踏脚板	向下	1 334.76	均布	—	

表 5-3　江汉公司座椅次结构件强度数据

次结构件名称	最大使用载荷/N	极限载荷/N	载荷方向	载荷分布	最大使用载荷作用下的允许扰度/mm	备　注
椅背	667	1 000	向后	椅背重心	(椅背顶部)191	表中数据引自中国航空工业总公司所属江汉公司提供的座椅次结构件载荷设计数据
过道侧扶手	1 111	1 667	向下	均布	(扶手端部)26	
	889	1 334	侧向	均布	(扶手端部)38	
其他位置扶手	800	1 200	向下	均布	(扶手端部)38	
	445	667	侧向	均布	(扶手端部)43	
小餐桌	423	634	向下	均布	60	
	222	333	侧向	均布	30	
行李挡杆	889	1 334	向前	均布	16	

表 5-4　SAE-ARP-750A 中座椅次结构强度数据

次结构件名称	使用载荷标准/N	载荷方向	载荷分布	备　注
扶手	1 779.68	向下	均布	表中数据引自 SAE-ARP-750A 有关座椅次结构件载荷设计值
	889.84	侧向	均布	
小餐桌	667.38	向下	均布	
服务员脚踏板	1 779.68	向下	集中	
椅背	889.84	向后	椅背顶部	

所有座椅装饰还要满足防火性要求,需要满足 CCAR-25.853 的阻燃要求。

5.4.2　座椅舒适性设计

座椅舒适性设计指的是座椅设计中让乘坐者感觉舒适的一切相关要素的设计,而这些设计要素包含很多内容和要求。如何考量这些主要要素和贯彻这些要求是本小节的主要目的。座椅舒适性水平取决于以下十个因素:

① 靠背是否后倾便于阅读;
② 座椅能否适于坐姿的改变;
③ 是否适于不同体型;
④ 座椅是否具有理想的体压分布;
⑤ 椅面无剪力;
⑥ 能够在座位上舒服地进行各种不同活动;
⑦ 第一眼就让人产生舒适的感觉;
⑧ 让乘客双脚离开客舱地面的可能;
⑨ 让人感觉靠背符合人体曲线;
⑩ 是否方便调节。

1. 座椅舒适性尺寸与角度

在进行座椅设计时,需要让无论是身材娇小的女士还是个子挺拔的男士都应感受到座椅的舒适性。这就要求使用到人体尺寸,目的是为了让座椅满足95％的人的需求。不同地区和国家的人体尺寸是不同的,北欧和美国人身材魁梧,比如荷兰人臀宽的第95百分位值为440 mm,而亚洲人的身材娇小,臀宽第95百分位值仅为334 mm(GB 10000—88《中国成年人人体尺寸》)。在座椅宽度设计时,要在这个宽度的基础上留出余量,否则臀部卡在扶手之间,就难以改变座椅,无法在较长时间内舒适地坐着。

波音公司的座椅舒适性原则是飞机设计中经常会使用到的设计原则,图5－11展示了这一原则的8个参数,其选择范围见表5－5。表中 A、B、C、D 代表不同尺寸等级。

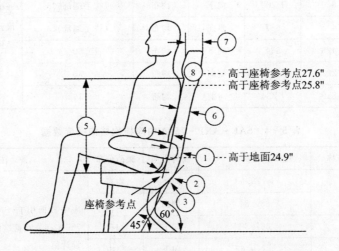

图5－11　波音公司给出的舒适性座椅的关键物理参数

表5－5　依据波音公司的指导原则,座椅舒适等级所需的椅背厚度或空间

	等级/cm			
	A	B	C	D
腿部空间				
① 膝盖处的座椅厚度(距地面63.24 cm)	<2.54	2.54～5.08	5.08～7.62	>7.62
② 60°胫部距座椅参考点厚度	<2.032	2.03～4.31	4.31～6.35	>6.35
③ 45°胫部距座椅参考点厚度	<1.27′	1.27～3.04	3.05～4.83	>4.83
肩背空间				
④ 腰椎深度	<1.27′	1.27～2.03	2.03～2.79	>2.79
⑤ 肩阻高度(距座椅参考点65.53 cm处)	>65.53	62.99～65.53	58.42～62.99	<58.42
工作、吃饭及视觉空间				
⑥ 椅背上部厚度	<3.81	3.81～5.08	5.08～8.89	>8.89
⑦ 头枕厚度	<3.81	3.81～7.11	7.11～10.16	>10.16
⑧ 椅背间距(距座椅参考点70.10 cm处)	<10.16	7.62～10.16	5.08～7.62	<5.08

客舱座椅根据座舱的等级不同通常分为豪华级、普通级和经济级,其基本尺寸见图5－12和表5－6。

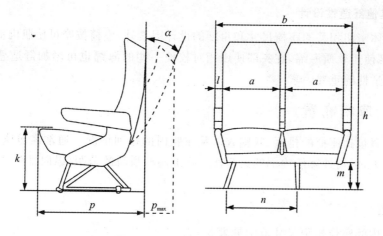

图 5 - 12　客舱座椅布置参数

表 5 - 6　不同类型客舱座椅参数

座椅等级		豪华型	普通型	经济型
a/mm		500	435	420
b/mm	每段 2 座	1 200	1 020	990
	每段 3 座		1 520	1 450
l/mm		70	55	50
h/mm		1 070	1 070	990
k/mm		430	450	450
m/mm		200	220	220
n/mm		810	810	810
p/mm，p_{max}/mm		710，1 020	690，950	660，900
α/(')，α_{max}/(')		15，45	15，38	15，38

2. 理想体压分布

2003 年发布在 Ergonomics 上的一项研究指出:在所有衡量舒适与否的方法中,体压分布与不适感关系最紧密,合理的体压分布可减少不适感。然而,目前并没有可靠的数据显示什么样的体压分布是健康舒适的。Conine 等人指出最大压力应不大于 60 mmHg,因为大部分通过血管运输的血液在超过这个压力值时会使其流动受阻。图 5-13 展示了飞机座椅的理想体压分布。此外合理的腿前支撑可降低椎间盘的压力,增加舒适性体验。

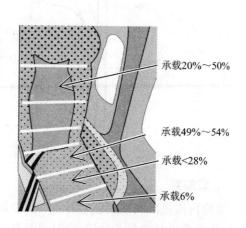

承载20%～50%

承载49%～54%

承载<28%

承载6%

图 5 - 13　座椅理想体压分布

3. 座椅其他舒适性设计

除了与人体密切相关的座椅尺寸和角度的设计因素外,座椅按摩可使肌肉活动减少,舒适性增加;在颈部使用软质海绵,在头部使用相对较硬一些的海绵也可增加舒适感;此外腰部支撑也是提高舒适性的重要因素。

5.4.3 座椅布置

座椅的布置包括座椅的排距、联座数以及在舱内的排列情况。通常客舱座椅安装在嵌入地板内的滑轨上,以增加客舱内部的灵活性。标准座椅滑轨的节距(纵向排距)以 25.4 mm 的增量进行调节。

1. 排　距

通常客机内的座位排距尺寸范围见表 5-7。

表 5-7　座椅排距尺寸

座椅等级	头等舱	旅行舱	经济舱
排距/cm	96.52～101.60	86.36～91.44	76.2～81.28

2. 过　道

根据 CCAR25.815 规定,最小过道宽度需要满足图 5-14 和表 5-8 的要求。

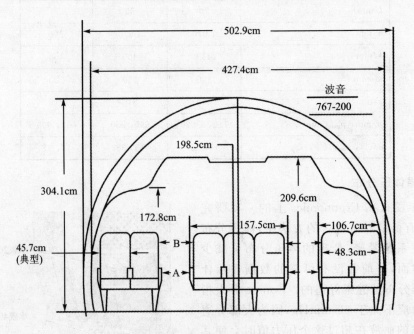

图 5-14　最小过道宽度要求

3. 联座数

客舱内座椅的联座数正常有:单座、双联座、三联座和四联座。但是根据 CCAR-25.817 规定,如果舱内只有单条过道,则过道两侧座椅的联座数量不得大于 3。

表 5 - 8　最小过道宽度要求

客座数/座	旅客通道最小宽度/mm	
	A 离地板小于 635	B 离地板等于或大于 635
≤10	300	380
10～19	300	510
≥20	380	510

4. 座椅在舱内的布置情况

通常座椅在舱内的布置情况取决于过道数、客舱段长度和宽度以及座椅自身的尺寸和间距。图 5 - 15 与图 5 - 16 是目前座椅在舱内的常用排列情况。

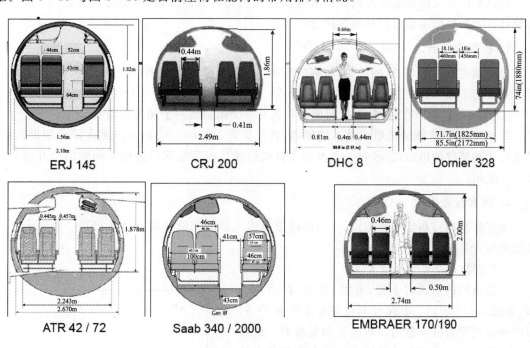

图 5 - 15　座舱排布情况

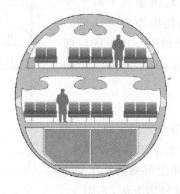

图 5 - 16　A380 客舱剖面图

5.5 应急救生系统

民用飞机应急救生系统是指飞机在应急情况下,用于乘员从飞机上应急撤离,以及乘员安全救生的系统,主要涉及应急出口及撤离通道、应急照明和应急撤离设备三部分。同时应急救生的有效性是基于飞机迫降成功这个前提的。HB 7188《民用运输类飞机应急撤离设施设计要求》可作为民用飞机应急救生系统设计依据。同时 CCAR - 25 部中有一节专门对应急设施进行了说明,其具体条款为 25.801—25.819。

5.5.1 应急出口及撤离通道设计

应急出口是飞机发生意外后机组和乘员快速逃离客舱的关键,可谓是生命之门,按使用对象可分为为机组应急出口和乘客应急出口。

1. 机组应急出口

对于载客量大于 20 座的飞机,旅客应急出口应靠近飞行机组所在区域,为机组提供方便。载客量大于 20 座的飞机需满足以下两条要求:

① 在飞行机组所在区域,飞机两侧必须各有一个出口或一个顶部带盖舱口。

② 每个出口应能使机组成员迅速撤离,且至少为 480 mm×510 mm 的无障碍矩形出口。其他尺寸和形状的出口,需经过一名典型飞行机组成员向适航部门进行实用性演示并获得允许方可采用。

2. 旅客应急出口

旅客应急出口布置在客舱内,为向外疏散舱内人员的客舱临时或永久开口。其具有不同类型和布置要求。

(1)应急出口类型和位置

应急出口的形式有Ⅰ型、Ⅱ型、Ⅲ型、Ⅳ型和 A型,如图 5-17 所示。其尺寸和位置要求见表 5-9。另外还有两类特殊应急出口机腹型和尾椎型。机腹型应急出口为由客舱经过承压壳和机身下部蒙皮的出口。在飞机处于地面姿态,且起落架放下时至少具有与Ⅰ型出口同样的撤离率;尾椎型应急出口为由客舱经过承压壳体之后可打开的机身尾椎的后部出口。打开尾椎型出口的措施应简单,只需一个操作动作。

(2)应急出口的数量

旅客应急出口的数量取决于客座量和应急出口的类型。应急出口的数量和布置应便于旅客迅速撤离。对于客座量大于 44 座的飞机,要求全部乘员能在 90 s内从飞机撤离到地面。应急出口分为五级,见图 5-17,其数量取决于旅客数量,其数量要求见表 5-10。

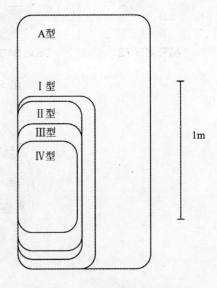

图 5-17 各类应急出口及位置

表 5 - 9　应急出口类型

应急出口类型	最低高度/mm	最小宽度/mm	最大跨上举例(内/外)/mm
A 型,地板面	1 830	1 067	0
Ⅰ 型,地板面	1 220	610	0
Ⅱ 型,地板面	1 120	510	0
Ⅱ 型,机翼上	1 120	510	250/430
Ⅲ 型,机翼上	910	510	510/690
Ⅳ 型,机翼上	660	480	740/910

表 5 - 10　应急出口数量要求

客座数(不包括机组座位)	机身每侧的应急出口数			
	Ⅰ 型	Ⅱ 型	Ⅲ 型	Ⅳ 型
1~9 座	—	—	—	1
10~19 座	—	—	1	
20~39 座	—	1	1	
40~79 座	1	—	1	
80~109 座	1	—	2	
110~139 座	2	—	1	
140~179 座	2	—	2	
增加应急出口(机身每侧)	允许增加的客座数			
A 型	110			
Ⅰ 型	45			
Ⅱ 型	40			
Ⅲ 型	35			

当客座量大于 179 座而不超过 299 座时,应急出口按表 5 - 10 规定的"增加应急出口"要求设置。客座量超过 299 座时,机身侧面的每个应急出口必须是 A 型或Ⅰ型。每对 A 型门允许 110 个客座用,每对Ⅰ型门允许 45 个客座用;不能把出口放在机翼上面时(如是上单翼飞机),两个Ⅳ型出口可用一个Ⅲ型出口替代;当应急出口数量难以满足要求时,应仔细研究 CCAR - 25 部中所列的豁免情况。

CCAR - 25 部中关于应急出口通道的规定条款为 CCAR - 25.807 和 813。

(3) 应急出口通道

1) A 型门必须有无障碍通道,宽度至少为 910 mm。

2) Ⅰ、Ⅱ型应急出口门,必需有无障碍通道,宽度至少为 510 mm。

3) Ⅲ或Ⅳ型应急出口,必须有通路且满足:

① 对于客座数等于或大于 20 座的飞机,在距出口不小于机上最窄旅客座椅宽度的一段距离内,座椅、卧铺或其他凸出物(包括处于任何姿态的椅背)均不得阻挡该出口的投影开口或

妨碍出口的开启。

② 对机翼上的Ⅲ型应急出口通道,必须有如图 5-18 所示的最小通道,否则应加大排距,或拆除两侧靠窗座位。Ⅲ型应急出口门前四种座椅排列布局见图 5-19。

③ 对客座量等于或小于 19 座的飞机,如果有补偿措施能保持出口的有效性,则登机区域内可有小的障碍。

4) 有时也可把Ⅰ型门,即旅客登机门,作应急出口使用,但它必须位于有前后两个方向让旅客有通过之处。

5) 应急出口通道的宽度决定了在应急出口旁的排距,从而影响客舱的总长度。

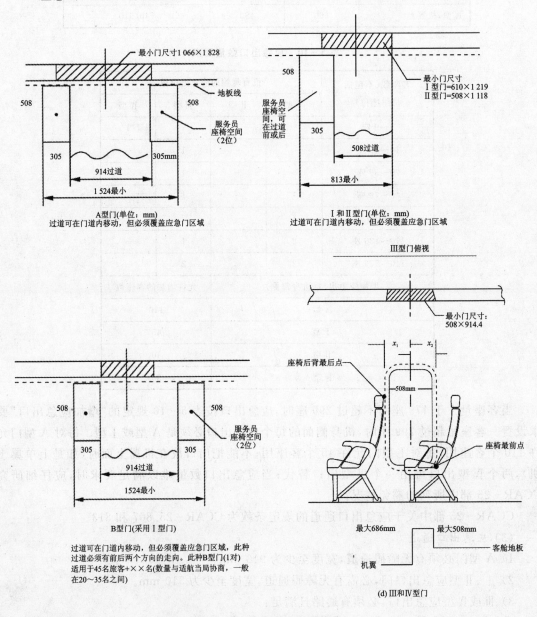

图 5-18 应急出口通道要求

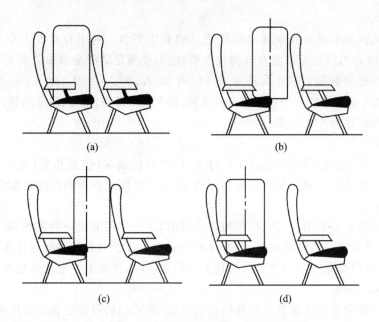

(a) (b)

(c) (d)

图 5 - 19　Ⅲ型应急门前四种座椅排列布局

5.5.2　应急照明

应急照明是独立于主照明系统的照明系统,并且应急照明系统的电源与主照明系统的电源是分开独立的,应急照明系统和主照明两系统中提供座舱一般照明的光源可共用。应急照明系统应用于以下场合:

① 内部应急照明,即在飞机滑行、起飞、着陆过程中,为乘员操作使用救生设备,并避免在向出口处撤离时受阻。在乘员舱内提供的内部应急照明,应包括客舱、出口区、通向每个乘客应急出口的通道地板等处的照明。

② 出口位置及符合标志(包括地板附近应急撤离通道标记)的照明。

③ 外部应急照明,即为撤离设施上的区域提供的照明。

应急照明系统的设计应遵循 CCAR - 25.812 应急照明中的规定。

5.5.3　应急撤离设备

应急撤离设备指的是飞机迫降于地面或水面后用于帮助乘员迅速地从应急出口和/或经由机翼上撤离到地面或水面的设备,包括救生滑梯、救生船、救生衣、逃生索以及救生联络设备等。

1. 应急撤离设备简介

(1) 救生滑梯

救生滑梯是乘客在紧急情况下快速离机的关键设备,由逃生滑梯、可拆卸围板、连系杆、空气瓶和旅行袋组成。为了给救生滑梯充气,空气瓶冲有高压气体。旅行袋把滑梯固定在其存放位置,打开后可以释放并展开滑梯。救生滑梯主要有三种典型安放形式:放在登机门、服务门内表面上,放在相应门槛的客舱地面上,放在应急舱门的上方行李架上。

（2）救生船

救生船是飞机在水面迫降乘客逃离机舱后的救生平台。对于在水面上空飞行时间超过1 h的飞机需在应急出口处配备能充气的救生船,船需要满足装载全部乘员的要求。其在设计时按照 NAS800 规定的每名乘客重量为 75 kg,有 10 人、20 人、30 人、38 人、42 人和 48 人型多种规格。每个救生船上需备有经批准的营救设别、救生联络设备、拖绳、固定绳等。HB 7088—94中关于救生船的条款为 4.2.3.2。

（3）救生衣

对于在水面上空航行时间不超过 1 h 的飞机,给每位旅客(包括儿童)配备一件能充气的救生背心即可。通常救生背心安置在旅客座椅上,也可以用经批准的漂浮装置代替。

（4）逃生索

逃生索一般有系留紧固件、带、挂钩组成。目前,实际使用的是一种宽约 40 mm、厚 5 mm的扁带,其上涂有橡胶一类的防腐层,具有足够的强度。带子的长度根据各种客机机翼长度不同而异,主要是按照机翼长度和该带在机翼上方的连接点,再加上一定的预松度而定。

（5）救生联络设备

救生联络设备主要用于求救信号及信息的发送,需实现信号发送和定位功能。

（6）其他应急设备

其他设备包括应急斧、急救药箱、防烟护镜等。

这些应急设备在飞机上的位置要求尽量靠近使用者,并在应急状态下能方便地使用。

2. 应急撤离设备一般要求和安放准则

（1）应急撤离设备一般要求

① 应急撤离设备的安放应使其在应急情况下迅速地被使用。

② 应急撤离设备能提供的成员最大撤离率应不小于每个出口具有的最大撤离率。

③ 应急撤离设备应能够被未经训练的撤离人员使用,无论对受过训练的人员还是对未经过训练的人员,滑梯释放手柄和人工充气手柄的位置,设计上应使之不易被混淆,其操作方法应明显标在简明的说明标示上。

④ 若撤离设备是充气式,则应安装减压阀。

⑤ 应急撤离设备的手动准备和解除准备的设施应在或靠近每一舱门处。

应急撤离设备的其他设计准则可参见《生命保障和环控系统设计》以及其他相关资料。

（2）应急撤离设备的安放准则

在设计应急设备的存放设施时需满足以下几点要求:

① 布置得使应急设备可以直接取用,而且其位置明显易见。

② 能保护其免受无意中的损坏。

③ 对于具体的各种救生设备,其存放需按照各自设计准则,具体参看《生命保障和环控系统设计》中的对应内容。

此外,应急撤离设备的其他详细规定和要求可参看 HB 7088—94《民用运输类飞机应急撤离设施设计要求》。

5.5.4 应急撤离评估与试验

根据中国民航条例 CCAR - 25 部的要求,需通过实际演示或分析和试验相结合的方法来

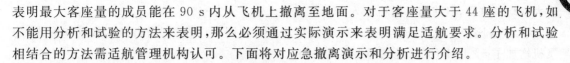

表明最大客座量的成员能在 90 s 内从飞机上撤离至地面。对于客座量大于 44 座的飞机,如不能用分析和试验的方法来表明,那么必须通过实际演示来表明满足适航要求。分析和试验相结合的方法需适航管理机构认可。下面将对应急撤离演示和分析进行介绍。

1. 应急撤离实际演示

在进行实际应急演示之前,申请者应准备一个试验计划,计划包括演示的时间和地点、试验装置的布局、飞机机组培训大纲等细节。该计划最好尽早提交适航当局,以便及时对大纲进行评审并安排有关人员参加。

(1) 参与演示的旅客组成

参与演示的旅客需保证至少 30% 必须是女性;至少 5% 必须是 60 岁以上的人,其中有按比例的女性;至少 5%,但不超过 10%,必须是 12 岁以下的儿童,在此年龄范围内按比例分配;必须由旅客携带一个与真人大小一样的玩偶,以模拟 2 岁或不到 2 岁的婴孩。

(2) 演示的主要要求

① 必须在黑夜或白天模拟黑夜的条件下进行。

② 飞机必须处于起落架放下正常状态。

③ 只可用飞机上非应急照明系统照明。

④ 必须配备飞机计划运行中所需的全部应急设备。

⑤ 每个外部舱门或出口,以及每个内部舱门或帘布都必须处于起飞时的状态。

⑥ 空勤人员必须坐在起飞时通常规定的座位上,直至接到演示开始的信号为止,且空勤人员必须是按规定的空勤组成员。

⑦ 乘员必须系紧座椅安全带和肩带。

⑧ 演示开始前,必须将总平均量一半左右的随身携带的行李、毛毯、枕头和其他类似物品分放在过道和应急出口通道的若干地点,以造成较小的障碍条件。

⑨ 不得事先向任何空勤人员或旅客指示演示中要使用的待定出口。

⑩ 演示前不得对参与者进行训练、排练或描述演示情况,且参加演示者也不应在演示前的 6 个月内参加过类似的演示。

⑪ 在试验开始之前,机组人员和乘员都不应听到或收到任何关于演示将要开始的示意,飞机上的人员得到的第一指示应是试验开始的信号。

⑫ 如果在要使用的出口布置了安全垫和其他装置,乘客应通过通道或其他方法进入飞机以防他们看到飞机的外部。

⑬ 应告诉预期参加演示的目的和预计的参加时间,也应向他们描述演示开始前后的任何逻辑过程,但不能透露任何试验的细节参数。

(3) 必须进行实际演示的情况

在下列情况下,必须进行实际演示,而不能用分析来代替。

① 没有足够的试验数据进行分析。

② 出口数量和形式与以前批准的不一致(即一种新的开口布局),且所要求的载客能力等于或接近所允许的极限。"接近"指的是在最大允许值的 5% 范围内,并不超过原先演示布置的 5%。

③ 分析表明预期使用某个应急出口的乘客数量比此出口以前演示的多。

④ 机组人员的职责比以前演示时更复杂、更费力,即机组编制改变或服务人员的座位有

较大变动。这样,以前演示时机组人员的作用便无效了。

⑤ 旅客座椅布置比以前演示过的有变化并具有相同出口布局(指出口的数量和形式)的飞机增加了 5% 以上(无须是同样型号的飞机)。

2. 分析方法

使用分析的方法可以减少实际演示所造成的人员受伤数量,并排除那些不能提供更多有价值的演示。但使用分析必须以实验为依据并保证其分析的结果可靠。下面是一些指导性原则:

① 用分析代替实际演示来证明飞机撤离能力的前提是要有充分的试验数据。分析应是实际演示结果的保守预测,所以分析中的假设也应是偏保守的。

② 要确定撤离分析所用的数据能否充分评估待评的因素。

③ 为了防止将分析扩展到全新的飞机应急出口布置和载客能力,应与具有相同出口形式和数量飞机的实际演示进行比较分析。对载客能力减少、应急出口布置更改了的飞机应进行分析。所分析的飞机应与以前批准的类似飞机进行比较,并应考虑载客能力、旅客布置、通道、机组人员的位置、机组人员的职责、出口位置及出口分布变化等因素,应确定他们之间的任何差别对撤离能力的影响。

对每个出口应评估机组人员到达应急撤离指定位置的时间、完全打开出口的时间、滑梯展开时间、撤离率、客舱内的座椅分布及机组人员旅客的能力。

3. 应急撤离虚拟评估

在工业界和研究中,避免全机测试风险的做法主要有两类:建造应急撤离模拟器和进行计算机仿真。就前一方面而言,在英国民用航空管理机构(CAA)的资助下,Cranfield 大学在早期的 B737 客舱模拟器基础上研制了世界上最大的客舱模拟器。模拟器具有模块化,可以通过安排不同的客舱布置、楼梯和出口来研究如何提高撤离速度,并且可以在其中施放烟雾以模拟灾害环境。

而在计算机仿真研究方面,早在 20 世纪 90 年代初,加拿大航空研究公司就专门开发了针对 B727 飞机的撤离模拟软件 ARCEVAC。在欧盟的超大型运输机应急需求调查撤离研究计划中,由 CAA 资助、Greenwich 大学开发了 airEXODUS 软件,用于应急撤离仿真、机组训练等目的。这一软件是目前应急撤离仿真领域功能最为强大和完备的工具,具有对多种机型、不同灾害环境和大量人员模型进行仿真的能力。

4. 应急评估示例(空客 A380 应急撤离试验)

2005 年 4 月,空客 A380 成功进行首飞。为了取得适航认证,征集了 1 100 名志愿者进行飞机的全尺寸应急撤离试验。这是该型号飞机能否获得 EASA 和 FAA 颁发的型号合格证的关键性试验之一。

(1)试验简介

这一部分对应了工效测评计划中的基本信息,包括其背景、系统描述、评估参与者、环境条件。该撤离试验(见图 5 - 20)所要评估的系统为 A380,试验在德国汉堡的芬肯韦德工厂的厂房进行,使用的内饰按 853 名乘客专门布置的第四架 A380 试飞飞机。参试人员从空客的雇员和当地的体育俱乐部中征召。计划使用 16 个出口中的 8 个,共有 853 名乘客,18 名乘务员和 2 名驾驶员,要在规定的 90 s 内从飞机上安全撤离。乘务员数量按每个出口一名乘务员的要求限定。

图 5－20　A380 应急撤离试验现场

由于 A380 是双层客机,上层高度太高,允许其预先充气放出上层滑梯。应急撤离试验由 EASA 和 FAA 的 16 名适航管理人员核查与全程监督,并在飞机内部和外部总共放置了 40 台红外摄像机进行记录。空客仅在试验前 48 小时才获知哪些出口可以使用。

（2）撤离试验测评目标

根据 FAR－25 部的要求,需通过实际演示或分析和试验相结合来表明最大客座量的成员能在 90 s 内从飞机上撤离至地面。

（3）撤离试验过程

穿着编号白色罩衫的参试人员从特殊通道进入客舱。飞机所有的窗户遮光帘全部拉下,参试人员不能看到外部情况。开始如正常飞行一样,汉莎航空公司的乘务人员向乘客问好,并做飞行前安全简介。

参试人员在飞机上待了将近一个小时后,舱内灯光暗下来,像起飞前那样。在没有任何警告的情况下,客舱突然变得一片漆黑。片刻寂静后,听见乘务人员喊声和指令,撤离试验正式开始。乘客开始离开座位,有的与过道对面座位的人相碰撞,顺着通道朝着在座位前、后的安全门疏散,遇到打不开的门时,乘客在乘务员的指引下朝其他安全门疏散。

（4）撤离试验结果

EASA 和 FAA 的 16 名适航管理人员对整个撤离试验进行核查、监督和记录,并于撤离试验两天后,EASA 公布该 853 名乘客、18 名机组人员、2 名驾驶员撤离时间用了 78 s,并证实该紧急撤离试验获得通过。

思考题

5－1　客舱设计包含哪些主要内容?

5－2　座椅布置的内容是什么? 有什么相关的要求?

5－3　客舱设计的基本流程是什么?

5-4 列举三个常用的人机工效评估方法。

5-5 客舱应急出口有哪些类型?

5-6 客舱设计舒适性要求?

5-7 客舱设计安全性要求?

扩展阅读

[1] 飞机设计手册总编委会.飞机设计手册第11册民用飞机内部设施[M].北京:航空工业出版社.1998.

[2] PETER V,KLAUS B. Aircraft Interior Comfort and Design[M]. London:CRC Press,2011.

参考文献

[1] 蒋绍新,韩慧明.民用飞机客舱构型选装方案研讨[J].长沙航空职业技术学院学报,2010,10(1):56-59,78.

[2] 飞机设计手册第11册民用飞机内部设施[M].北京:航空工业出版社.1998.

[3] DANIEL J,GARLAND J A,WISE V, et al. Handbook of Aviation Human Factors[M]. London:CRC Press, 2011.

[4] PETER V,KLAUS B. Aircraft Interior Comfort and Design[M]. London:CRC Press,2011.

[5] LOOZE M P,KUIJJTEVERS L F M, VAN D J. Sitting Comfort and Discomfort and the Relationships with Objective Measures[J]. Ergonomics,2003,46:985-997.

[6] CONIEN T C,HERSHLER C. Pressure Ulcer Prophylaxis in Elderly Patients Using Polyurethance Foam or Jay Wheelchair Cushions[J]. International Journal of Rehabilitation Research,1994,17:123-137.

[7] 飞机设计手册——生命保障和环控系统设计[M].北京:航空工业出版社,1998.

[8] 汪萍.空客A380应急撤离试验[J].民用飞机设计与研究,2006(3):10-13.

[9] CCAR-25,中国民用航空规章第25部:运输类飞机适航标准[S].1985.

第6章 维修性人因设计

飞机的维修性是指飞机是否易于维修的性能。对飞机维修性的研究伴随着飞机的问世而出现。随着飞机技术的快速发展,人们渐渐意识到了飞机维修性的重要性。首先,提高飞机维修性是保证飞机正常与安全运行的基本手段。其次,飞机维修性是提高飞机经济性的重要因素。对民用航空而言,特别是现在激烈的市场竞争环境下,良好的维修性是赢得用户信赖、提升品牌地位和竞争力的重要手段。同时,飞机的维修活动中需要维修人员参与,所以需要考虑维修人员的能力极限以及维修性设计对维修人员的工作产生的影响,这就要求在飞机维修性设计时必须考虑人因,从而提高飞机维修性。

本章将先介绍飞机维修和维修性设计的相关内容,然后详细描述民用飞机的维修性设计与人因相关的问题,并与军机维修性进行对比,最后将介绍几个维修性设计中人因相关的例子。

6.1 基本概念

飞机维修是指为了预防飞机及其组成系统的功能退化、故障及其后果,或者在发生故障、遭到破坏后恢复到其规定的状态所开展的活动。图6-1所示是维修人员在进行飞机引擎的维修工作。飞机维修性是指为了提高飞机维修方便性能,在设计中应考虑维修相关因素而开展的工作,而飞机的维修性要求是指在具体的维修性设计过程中,权衡飞机设计过程中的多种因素,从而提出的针对维修性的要求。

图6-1 维修人员维修飞机

本节通过飞机维修、飞机维修性、飞机维修性要求三部分介绍了飞机的维修和维修性内容。

6.1.1 飞机维修和维修性

维修（Maintenance）是产品发生故障后维修人员为保持、恢复或改善到规定状态所进行的全部活动。这是一个非常广泛的维修概念。维修贯穿于装备服役的全过程，包括使用和储存过程。一般而言，维修的直接目的是保持装备处于规定状态，即预防故障及其后果，而当其状态受到破坏（发生故障或遭到损坏）后，使其恢复到规定状态。

飞机维修就是指对飞机及机上的技术装备进行的维护和修理工作。飞机维修是保持提高飞机的可行性、确保飞机的安全的重要手段，是飞机使用的前提和必要条件，也是航空业的重要组成部分。飞机维修的直接目的是持续保持其处在规定的技术状态下工作，预防飞机及其组成系统的功能退化和故障及其后果；当其状态受到破坏（即发生故障或者遭到损坏）后，使其恢复到规定状态。飞机维修的根本目标则是以最低的维修成本，尽可能地保持、回复甚至延长其可靠性寿命，保证飞行安全，最大限度地提高其利用率。

维修性（Maintainability）是产品在规定的条件下和规定的时间内，按规定的程序和方法进行维修时，保持或恢复其规定状态的能力，即其易于维修的能力。

最初提出维修性概念时，仅把它作为可靠性的部分内容加以考虑，直到 20 世纪 60 年代中期，维修性才被公认为一个独立的学科。目前，通常将维修性认为是设计人员需要关注的设计特性，是产品质量的一种固有属性。换句话说，产品的维修性是产品设计赋予的，使产品本身维修简便、快速和经济的一种固有特性。产品设计决定了维修性的好坏。在产品系统设计过程中考虑进行维修性设计具有十分重要的意义。相关资料表明，在大型设备系统的维修费用占产品寿命周期费用的 2/3,1/3 的人力资源为其服务；在产品或系统研制过程中，每投入 1 美元在维修性设计中，在后期可为产品与系统的寿命周期费用减少 50~100 美元。

相应的，飞机维修性是飞机及其上的技术装备易于维修的能力，是由设计赋予飞机的维修保障简便、迅速、经济的维修保障品质。军用飞机上，维修性决定了飞机的出勤率，保持了战斗的主动性；民用飞机上，维修性直接影响航空公司的效益。

飞机维修与飞机维修性之间有着密不可分的联系。飞机维修性的提高能提升飞机维修效率，缩短飞机维修时间，降低飞机维修费用；如果飞机维修性差，飞机运营期间要进行的维修活动不仅会造成经济上的损失，会导致飞机使用效率降低，还会极大地影响飞机的安全性能，甚至要付出生命的惨痛代价。也就是说飞机维修性良好是飞机维修活动实施的基础。

人是进行维修的主体，因此维修性中必然存在受人的因素的影响。相同的系统，由于使用了不同的维修概念和不同的后勤保障方式，还由于从事维修工作的人员技术水平的差异，会表现出不同的结果。在维修性设计过程中，考虑人的因素就显得十分重要。

6.1.2 飞机维修性要求

1. 飞机维修性要求的概念

飞机的维修性要求是为了便于进行维修而对飞机设计、维修和保障所提出的要求，它是对使用、维修、成本、设计、效率等多种因素的权衡。飞机维修要求来源于对飞机的使用要求，通过转化为详细具体的维修性要求在飞机的设计过程中加以落实。飞行的维修性要求不仅包括产品整机的维修性要求，还包括系统、分系统和部件等各个层次的维修性要求。

在制定维修性要求时，应该对需求和可能性进行权衡分析，使提出的要求既能够符合客观的使用需求，又能与和当前的技术水平、研制经费等相协调。军用飞机的要求主要反映战备的完好性、任务的成功性、维修人力和使用保障费用等方面，由使用方（即军方）提出，然后与承制方协商后确定。民用飞机的要求主要反映安全、正点、经济、舒适等因素，由研制方通过市场需求调研，并考虑竞争因素及潜在用户的需求自行确定。

维修性要求包括定性要求和定量要求两个方面，定性要求在型号研制初期就应根据型号研制特点制定，形成相应的维修性设计准则；定量要求应明确选用的参数和确定指标，如飞机每小时的维修工时（MMH/OH）、平均维修间隔时间（MTBM）等。

定性要求是采用文字语言描述的设计要求，包括：

① 良好的可达性；

② 提高标准化和互换性程度；

③ 有完善的防差错措施及识别标记；

④ 维修的安全性；

⑤ 贵重件可修复性要求；

⑥ 减少维修性内容，降低维修技能的要求；

⑦ 对维修人员的限制和要求。

定量要求是采用量化参数描述的数值化设计要求，多为一系列的参数，包括四类：

① 和维修时间相关的参数，如平均修复时间（Mean Time to Repair，MTTR）、平均维护时间（Mean Time to Service，MTTS）、最大修复时间 T_{maxct}（Maximum Time to Repair）；

② 与维修工时有关的参数，如维修工时率（Maintenance Man-Hour per Operate Hour，MI）；

③ 与维修费用有关的参数，如每工作小时直接维修费用（Direct Maintenance Cost per Operate Hour，DMC/OH）；

④ 与任务有关的参数，如重构时间（Reconfiguration Time，TR）。

一般情况下，定性和定量要求的确定需要考虑使用需求、现役同类型飞机的维修水平、预期采用的技术，并参考相关的国家标准。

① 使用需求：确定维修性数据，尤其是维修持续时间这些指标的主要依据是使用需求。维修性不仅要满足维修人员的要求，还需要满足实际使用的需要。对于军用飞机来讲，需要满足作战使用的需要，比如维修停机时间会影响作战，削弱作战能力。因此，对于军用飞机来讲，应以不影响作战或影响最小的原则来论证和确定允许的维修停机时间。

② 确定指标应该参考国内外现役同类型飞机的维修水平。详细了解现役同类型飞机维修性已经达到的实际水平，这是对新研制飞机维修性指标确定的基准。一般来说，要求新研制的飞机维修性指标应优于同类现役飞机的水平。

③ 预期采用的技术可能使产品达到的维修性水平是确定工效参数的另一个重要依据。采用现役飞机成熟的技术可以保证新研飞机达到现役水平，而如果针对现役同类型飞机的维修性缺陷进行了改进就可以达到比现役装备更高的维修性水平。

④ 我国国军标 GJBZ 57—1994《维修性分配与预计手册》中有关于基本维修操作时间的规定，在定量参数要求确定时也会参考相关的标准。国外也曾有使用预定时间标准法来估算维修工时的方法，也可作为参数要求的参考。

2. 飞机维修性要求的分配

针对飞机维修性的定量、定性要求，通常需要对应的方法进行设计，即定量设计和定性设计。

（1）定量设计

飞机维修性设计中，定量设计是对飞机维修性进行建模后，再对维修性进行预计和分配。

维修性模型是维修性预计、分配的基础，是为预计估算和分配产品的维修性所建立的框图和数学模型。模型的复杂程度应该与产品的复杂程度相适应。建立维修性模型的一般步骤如下：

① 确定建模目的、时机与用途；

② 根据已掌握的信息和建模目的确定建模参数；

③ 收集和整理相关的信息、资料及维修约束条件；

④ 对维修任务进行分析选择并建立适用的模型；

⑤ 确认模型是否能够代表设计系统的基本性能。

同时，在建立维修性数学模型时，还应该考虑下列因素：

① 影响飞机维修性的设计特征，如故障检测与隔离方式、故障频率、重量、布局、安装方式等；

② 与维修性模型相应的维修级别及保障条件；

③ 与维修性相关的维修性项目（如规定的可更换单元）清单；

④ 相似机型的产品数据积累和维修工作经验。

维修性预计即是应用适当的方法，对具体产品设计方案或构型的维修性参数进行估算，以评价设计是否满足维修要求，它可以作为设计手段，为设计决策提供依据。通过预计，还可以找到设计中的薄弱环节，并提出改进措施，为维修性分析、保障性分析提供信息。在飞机设计的不同阶段以及不同系统中可以使用不同的预计方法，并根据研制工作的深化而不断细化。

目前维修性预计方法有很多，包括概率模拟预计法、功能层次预计法等，针对飞机的维修性预计多采用维修性设计基准线分析方法和功能层次预计法。

下面介绍飞机维修性预计基本步骤：

① 分析建立的维修性模型；

② 确定修复性/预防性维修任务及时间间隔；

③ 对维修任务时间进行分析；

④ 估计维修性参数值，完成维修性预计工作。

在确定了飞机的维修性指标以后，应在设计初始阶段完成初步的分配工作。也就是说将维修性指标分配到系统的各功能部分，并在详细设计过程中对分配并进行反复修正。分配的广度和深度取决于产品的复杂程度和设计过程，并受到其他性能（如可靠性）的影响。

维修性分配是一个重复迭代的过程，其具体步骤如下：

① 将系统分解到深度的功能层次，可以利用流程图和功能框图进行分解。

② 利用产品设计和环境所得到的最佳信息，分配每个确定单元的维修性特性指标。分配应以所涉及的单元相对复杂性为基础。

③ 对每个单元的维修性特性指标分配进行可行性研究，研究结果与以往经验及分配的改进和修正部分相比较，并进行修正和改进。

（2）定性设计

飞机的维修性定性设计是通过对维修性设计准则进行验证而实现的。这些维修性设计准

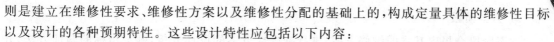

则是建立在维修性要求、维修性方案以及维修性分配的基础上的,构成定量具体的维修性目标以及设计的各种预期特性。这些设计特性应包括以下内容:

    ① 标准化;

    ② 互换性;

    ③ 模块化;

    ④ 修理与报废;

    ⑤ 冗余;

    ⑥ 可达性;

    ⑦ 可测试性;

    ⑧ 附属设备。

根据飞机的维修性设计体系制定出相应的飞机维修性设计准则,通过比对设计准则完成维修性的定性设计。维修性设计准则包括维修性通用准则、可达性设计、维修性的标准化和互换性要求、识别标记、防差错设计等。

6.2 飞机的维修性设计基本流程

在飞机的研制初期确定了维修性要求,并对各项指标进行分配后,需要按照飞机维修性设计的流程将要求贯彻到设计当中。

在飞机设计的各个阶段都需要考虑维修性设计,它自始至终贯穿于整个设计、生产过程中,属于飞机设计中一项全寿命周期的活动。本节将主要介绍飞机维修性设计是如何参与到飞机设计、生产和使用的各个阶段中来,如何开展一系列设计工作。

飞机维修性的设计在飞机的设计、生产和使用流程中都要涉及,概括为项目前期的论证阶段、方案阶段、研制阶段、生产制造阶段和使用阶段。主要形式是依据制定的维修性要求来验证飞机是否符合要求,如果没有满足,则对设计进行修正。过程反复迭代,直到设计达到维修性要求。

1. 论证阶段

此阶段主要对飞机的市场需求、用户、约束条件或者使用需求进行分析和评估,在这个阶段会初步提出维修性的定性和定量要求,并初步确定目标。由于军机和民机在使用场景和使用目的上有较大区别,这里分别对它们需要进行的维修性设计工作进行介绍。

在军机设计流程中论证阶段主要进行的战术技术指标的论证。此阶段需要对使用需求、相似的军用飞机整机维修状况进行分析;初步确定新研制军用飞机寿命剖面、任务剖面等方面的约束条件;提出初步维修性要求;选择维修性使用参数,提出成熟期的目标值和门限值;并进行评审。

民机设计中则包括项目前期论证阶段和技术经济可行性论证阶段。项目前期论证阶段,会进行市场调研、分析、预测,进行用户需求分析,调研并分析现有同类型飞机的维修性水平,初步确定约束条件,提出维修性定性、定量要求。这些要求一般是对民用飞机的型别、民航适航条例的要求、市场竞争、营运情况、经费、进度等因素进行综合权衡之后确定的。在技术经济可行性论证阶段,要选择维修性参数,并初步确定整机成熟期的目标值,拟定维修保障初步要求,论证维修性的经济可行性。

2. 方案阶段

方案阶段会提出基本的维修方案,进行维修性方案的设计分析,确定指标的验证方法,并进行指标分配。

对于民用飞机,在总体方案论证阶段需要提出维修方案,依据初步确定的整机成熟期目标值进行维修性总体方案论证、设计与分析;并确定最终的指标以及指标的验证时机和验证方案;还需要依据征集的维修性指标分配结果确定转承制产品的维修性指标。

3. 研制阶段

民用飞机在型号研制阶段进行的维修性主要为验证工作,主要包括:在取得型号合格证之前,应按照规定的验证方法,对该阶段指标进行验证,以保证指标符合初步要求;对某些规定不恰当的指标可与潜在用户协商,进行必要的修订,但必须履行有关的申报、审批手续;机载设备设计定型时,按合同规定的验证方法对本阶段指标进行验证。

在这个阶段,将会进行人因评估,针对一半的飞机设备将会使用虚拟仿真在数字模型中对维修性进行评估、指导并修改设计。对于一些重要的部件(如发动机)或者难以在数字模型中进行评估的部件,应该制作实物模型进行可达性、可视性等评估。

4. 生产阶段

在飞机开始批量生产之前,需要再次对各个维修性指标进行验证。

军用飞机在生产定型或者投入生产之前,按照合同规定的验证方法,对本阶段的指标进行考核。

在民用飞机取得生产许可证并投入批量生产之前,应按规定的验证方法再次验证本阶段指标,并列入生产型文件,以作为后续生产时应遵循的指标;机载设备生产定型时,应按合同规定的验证方法,对本阶段指标进行验证。

5. 使用阶段

飞机设计、生产完成之后,维修性设计的工作并没有结束,在使用和后期维修的过程中往往存在许多问题,这就要求对使用中飞机的维修性状况进行跟踪,并反馈其存在的问题以修正日后的设计。

无论是军机还是民机,都需要继续跟踪飞机维修性指标的增长情况,向承制方反馈信息;当飞机达到成熟期时,验证其是否达到规定要求,并做出结论。

图 6-2 综述了飞机设计各个阶段中维修性的工作内容。维修性的工作阶段可以划分为五个阶段,在每个阶段都有具体的工作项目,承制方对飞机设计的工作项目的选择以达到订购方要求为目标,并选择经济而有效的工作项目;工作项目要求应与其他专业工程协调一致,以避免工作项目的重复。表 6-1 所列是《装备维修性工作通用要求》(GJB 368B—2009)中对于飞机在研制和生产各阶段及现役飞机的改进中应该进行的工作项目提出的一般指导,该标准属于军方对装备研制方的强制要求,除个别保障性要求外,基本适用于新研民机的研制工作。根据表 6-1 可以初步确定维修性设计工作各阶段中一般应该包含的维修性工作项目。注意表格所列的内容只是一般性指南,并不是适合所有情况,飞机承制方应该参照该表制定具体的维修性设计工作项目,目的是完成订购方对飞机提出的维修性要求。

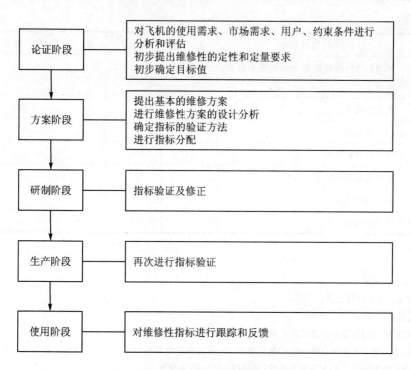

图 6-2 飞机设计各个阶段中维修性的工作内容

表 6-1 维修性工作项目实施表

工作项目编号	工作项目名称	论 证	方 案	研 制	生产使用	装备改进
101	确定维修性要求	√	√	×	×	√(1)
102	确定维修性工作项目要求	√	√	×	×	√
201	制订维修性计划	√	√(3)	√	√(1)(3)	√(1)
202	制订维修性工作计划	△	√(3)	√	√	√
203	对转承制方和供应方的监督与控制	×	△	√	√	△
204	维修性工作评审	△	√(3)	√	√	△
205	建立数据收集、分析和纠正措施系统	×	△	√	√	△
206	维修性增长管理	√	√	○	√	
301	建立维修性模型	△	△(4)	√	○	×
302	维修性分配	△	√(2)	√(2)	○	△(4)
303	维修性预计	×	△(2)	√(2)	○	△(2)
304	故障模式及影响分析——维修性信息	×	△(2)(3)(4)	√(1)(2)	○(1)(2)	△(2)
305	维修性分析	△	√(3)	√(1)	○(1)	△
306	抢修性分析	×		√	○	
307	维修性设计准则	×	△(3)	√	○	△

工作项目编号	工作项目名称	论证	方案	研制	生产使用	装备改进
308	详细的维修保障计划和保障性分析准备输入	×	△(2)(3)	√(2)	○(2)	△
401	维修性核查	×	√(2)	√(2)	○(2)	△(2)
402	维修性验证	×	△	√	√(2)	△(2)
403	维修性分析评价	×	×	△	√	√
501	使用期间维修性信息收集	×	×	×	√	√
502	使用期间维修性评价	×	×	×	√	√
503	使用期间维修性改进	×	×	×	√	√

符号说明：

√——一般适用；

△——根据需要选用；

○——一般仅适用于设计变更；

×——不适用；

(1)——要求对其费用效益做详细说明后确定；

(2)——本标准不是该工作项目第一位的执行文件,在确定或取消某些要求时,必须考虑其他标准或(工作说明)的要求,例如在叙述维修性验证细节和方法时,必须以 GB 2072 为依据；

(3)——工作项目的部分要点适用于该阶段；

(4)——取决于要订购的系统或单元的复杂程度、装配及其总的维修策略。

目前,飞机维修性设计过程已经不是简单的顺序型结构,而是应用了"V"型设计验证方法,具有反馈的循环过程。按照维修性设计流程,首先应根据面向客户的使用要求所设计的维修要求出发,综合考虑维修性工程和维修保障工程的内容,对其进行系统优化处理。其执行过程大致如图 6-3 所示。从整机层面自上而下确定系统、子系统、部件的维修性指标的目标值。对部件进行维修性设计,实现维修性要求。此时在基本流程的基础上,添加验证过程,从部件

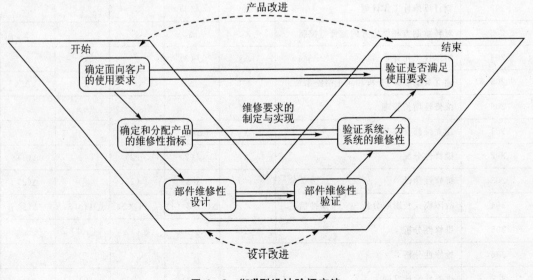

图 6-3 "V"型设计验证方法

级进行设计指标验证,后依次向上反馈,总体来看就是自下而上验证部件、子系统、系统的设计指标值。验证设计方案是否满足使用要求,依据验证结果对飞机进行改进。整个设计环节是由小的反馈过程组成的大反馈过程,从始至终贯穿飞机设计改进和产品改进的过程中。

　　V 字验证方法的执行,以每小时维修工时(MMH/OH)为例来看,在针对维修性要求的规定中,针对各项维修操作的单项时间提出预计目标。这些维修操作包括:准备、诊断、更换、调整、保养、检测以及失效项目的修复等。进入进行定量分配环节,画出各系统的图解框图,并标注环节中的故障率估计值,对于每小时维修工时就需要确定系统环节出故障时,修复系统所需的平均维修工时、系统预定维修所需的估算平均维修工时、系统在外场环境下的故障率和单元预定维修工作评书,从而确定综合的分配方程进行指标的分配。针对每小时维修工时的验证,可通过分析和评审,设计研究、试验和三维图像仿真,试验或实际操作三种方法进行验证,三种方法针对指标的验证都是具体到单项操作的验证。整个过程通过 V 字的循环实现指标的达成。上述各环节中的因素都是与维修活动的执行者密切相关的。

6.3　飞机维修性人因设计

　　人是进行维修的主体,维修性设计所涉及的各项因素多数离不开人的参与和使用,所以在维修性设计过程中,应该将对于人因的考虑置于非常重要地位。需要考虑的因素包括维修人员的尺寸特性、感知特性、力学特性等,并确定人因维修性设计准则。在维修性设计中,根据人因维修性设计准则进行设计,并使用相关的人因维修性分析方法进行分析,这样能将设计人员对人的因素的考虑实现到设计中去,提高系统的人因维修性。

　　本节通过四部分来介绍飞机维修性设计中的人因维修性:首先介绍维修性设计中需要考虑的人因内容,然后对维修性设计中需要考虑的人因准则进行描述,介绍飞机维修性设计中常使用到的人因分析方法,最后介绍了空客和波音的人因维修性设计内容。

6.3.1　维修性人因设计内容

　　维修人员是飞机维修保障的主要参与者,维修人员在进行飞机维修工作时需要进行很多操作,这就要求维修性设计时需要对人的可种因素进行考虑,否则就会导致维修过程中会出现一些操作困难、不符合人机工程要求的设计点。

　　在维修某些部件时,维修人员经常会发现很难触及所要维修的位置,或者能够触及但却很难进行维修操作。如图 6-4 中的维修人员必须跪在机舱内地板上才能够触及需要维修的部件,整个维修过程都必须要保持这种姿势进行,这就是在设计在没有考虑人的因素所导致的问题。如果在设计之初,就可以将此部件设置于人站立就可以触及的位置,或者将此部件设计成可拆卸的,就可以大大缩短后期的维修时间,增加产品的维修性能。

图 6-4　维修中的可达问题

　　在维修过程中,由于没有提前设置照明灯光,而待维修的部件又无法拆卸,导致维修人员经常难以看到或者看清待维修的对象,必须配备辅助的工具才能进行维修工作,这就束缚了维修人员的双手,影响操作的效率。

常见的问题还包括:

① 有些维修过程要求维修人员进行非常精细的操作;

② 部件的布局过于紧密;

③ 有些部件即使装反了依然可以安装进去等;

④ 没有正常使用维修工具的空间;

⑤ 安装拆卸步骤过于繁琐。

为了解决这些问题,设计师就必须从维修人员出发,站在维修人员的角度上,将人的因素融入设计中去。本节将从人体尺寸、人体感知特性、人的心理特性、人体运动特性和人的负荷特性五个方面介绍维修性设计中需要考虑的人的因素。

1. 人体几何尺寸

人体几何尺寸是维修性设计必须考虑的因素之一,因为在设计各种设备的时候,需要考虑不同身高、体形维修人员使用各种设备时候的状况。美国国防部也将人体尺寸作为维修性人因设计必须考虑的内容之一。在维修时,有很多部件都是不能拆卸的,维修人员只能在一定的区域内进行维修操作,也就必须要保证维修人员在该区域内可以触及需要维修的部件,这时,人的身高、臂长等人体尺寸在设计时就必须加以考虑,以便于人的操作。在应用这些尺寸的时候,还需要考虑进行相关任务的频率和难度;执行任务时,维修人员的工作姿态;待执行任务的一些其他要求以及执行任务时所穿的服装、携带的工具等的尺寸。

在设计的时候,必须保证使用时至少满足90%的使用者可以适应、操作、维修设备。一般情况下,设计时的极限值应该采用人体尺寸的第5百分位到第95百分位。因为维修人员中既有男性又有女性,所以在设计中,一般采用的极限值是第5百分位的女性尺寸和第95百分位的男性尺寸。图6-5展示了男女维修模型的示意图,图(a)为第5百分位女性用口径9.5 mm、把长为190 mm的棘轮扳手使用立姿将发动机装在飞机上;图(b)为第95百分位男性用口径12.7 mm、把长为381 mm的棘轮使用跪姿将发动机装在飞机上。

(a) 第5百分位女性用口径9.5 mm、把长190 mm的棘轮扳手,立姿将发动机装在飞机上   (b) 第95百分位男性用口径12.7 mm、把长381 mm的棘轮扳手,跪姿将发动机装在工作支架上

图6-5 男女维修模型示意图

2. 人体感知特性

将人的感知系统分成五个大方面:视觉、听觉、味觉、嗅觉和触觉。在执行维修操作时,人

的感觉器官起到非常重要的作用,尤其是视觉、听觉和触觉,所以在设计时必须将这部分因素考虑进去。

　　人有 80% 的信息是通过视觉系统来获取的。那么对于设计人员来说,维修人员的视觉能力是设计时必须考虑的重要内容。当人的眼睛位置固定时,人所能看到的视野范围是一定的。在进行维修操作时,常常会出现维修者无法看到被维修对象的情况,这时,维修人员只能借助自己手的感觉或者镜子来"查看"被维修的对象。这就要求在设计之初尽量考虑维修时维修者的位置、视角和视野范围等因素。在进行维修性设计时,都会提出可视性的要求,就是指在设计时需要考虑人的视觉要素,保证待维修的设备必须是清晰可视的。如图 6-6 所示,一名维修人员正在检视机器是否存

图 6-6　维修人员检视

在故障,就要求在设计时要保证被观测的对象是清晰可视的,如果维修人员根本看不到需要检视的目标,或者需要辅助其他的工具才能看清楚对象,则将会大大影响飞机的维修性,影响维修的效率。

3. 人的心理特性

　　人的心理因素包括人的适应能力、技术能力、经验等,这些心理因素会在维修操作的过程中影响维修人员的操作。同时,不同的维修人员的心理因素会有差异。所以,设计人员在进行设计时需要对这些因素加以考虑,以避免设计出超出维修人员心理承受能力的产品。

　　不同的维修人员的技术熟练程度参差不齐。那么在设计时,需要依据维修人员的技术水平、文化水平、经验来进行设计,保证维修人员可以通过简单的培训就可以进行维修工作。在进行维修性设计时,应该考虑外场维修人员的操作水平,维修工作一般应保证具有中等以上航空技术相关专业的人员经过培训后就可以完成。

　　在执行任务的时候,经常会出现差错,而差错有很大一部分是由于人的失误产生的。越是复杂的系统在维修时越容易出现误差,所以在设计时为了减少维修时可能出现的误差,需要尽可能地简化设计。从另一个角度来讲,设计时要从维修人员的角度出发,设想他们会如何进行操作,设计应该顺应他们所设想的内容。

4. 人体运动特性

　　人体的运动特性包括人的力量范围、出力速度、出力方向、出力范围等。因为维修人员需要进行大量的工作,所以对这方面的要求必须加以考虑。

　　在维修的过程中,维修人员通常会进行持、握、提、旋转、推、拉等一系列操作。在进行设计时,必须考虑在使用时人体的能力极限,尽量少用力,减少疲劳的产生。在执行维修操作时,一旦超出了人的力量极限,维修人员无法高效地完成作业,可能引发不安全的操作,甚至无法完成维修工作。同时,如果设计时低估了人的力量极限,就导致了不必要的设计和多余的花费。一般情况下,采用第 5 百分位人群的力量极限进行设计。如图 6-7 所示,一名维修人员仰头举着工具进行维修工作,以这种姿势进行维修时,如果维修过程中出现拆卸活动,而拆卸的部件质量太大,超出维修人员的力量极限就极有可能导致安全事故,所以在前期的设计中必须考虑人的力量极限。

5. 人的负荷特性

工作负荷是用来反映人在工作中承受压力的大小,它包括操作者在瞬时的工作负荷和持续性的工作负荷。当工作负荷超出了人体的工作能力范围,工作效率和绩效会大大降低,甚至引发相应的损伤事故。

图 6-7　维修人员举手操作

在维修进行中,维修人员一般进行的都是单调的、一致性的工作,这种工作极易引发人的疲劳,所以设计时应该考虑人的负荷极限,尽量缩短某一部件的维修时间,以保证维修人员的正常工作负荷水平。工效学研究表明,在航空维修工作中作业姿势是否正确对维修人员的工作效率以及安全和健康十分重要。站姿和坐姿是最常用的工作姿势,在各种作业姿势中,如果长时间地采用跪、卧、趴、蹲等姿势极易导致疲劳,进而引发差错,所以在设计时尽量避免难以操作、引发疲劳的姿势,或者避免长时间使用某一种姿势。同时,在不同的操作姿势下,人的视野、视觉、运动、活动范围、施力状态等都会发生变化,这些都是设计中应分析的对象。图 6-8 所示是一名维修人员以跪姿进行操作,维修人员以这种不舒服的姿势进行操作将会导致工作负荷大于正常的立姿或坐姿,所以在设计时应尽量避免后期维修中维修人员以这种姿势进行操作。

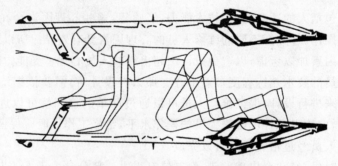

图 6-8　维修人员以跪姿进行操作

6.3.2　维修性人因设计准则

在飞机维修中,人是维修工作的主体,维修性设计工作所遵守的内容其实都与人有着千丝万缕的联系,例如,维修性设计中的可达性设计,要同时考虑维修人员的生理尺寸数据和维修件的设计特点。维修设计工作人员除了要关注人的因素外,也需要把这些因素与飞机维修性设计准则的其他内容联系起来,以便更好地满足飞机维修性的要求。根据上述 5 种人的特性要求制定出维修性设计中需要遵守的设计准则,包括:可达性、安全性、防错性、简捷性、标准化和舒适性。这些内容是保证飞机维修的基本保障,本质上都是围绕人开展的。

1. 可达性

可达性是指维修时接近维修部位的难易程度。对维修部位要求够得着、容易达到维修部位,同时,在检查、修理或者更换的过程中有足够的操作空间,这就表示可达性良好。如果某结构难以够着,没有足够的空间使用维修工具或者需要很大的努力才能进行检查和维修,这就是可达性差的结构。可达性差往往意味着要花费更多的人力和时间。在实现了机内测试和自动检测以后,维修时间很大程度上受到可达性的影响,因此,良好的可达性是维修性的首要要求。

可达性可以从三个方面来理解：视觉可达、结构可达、有足够的操作空间。

在维修过程中，对于待维修装备的观测是非常重要的一个环节。所以，维修空间的设计必须保证作业者能够清楚看见被维修的对象，可以清楚地阅读相关视觉显示器的内容等。这就要求作业者的眼睛相对于观察要求来说处在一个比较适当的位置。在维修中，飞机的开敞率常常用来表达故障机件的可见性。开敞率指的是飞机表面可以打开的舱盖和口盖净开口面积占飞机表面积的百分比。高开敞率的飞机便于后期维修，比如拆装、检查等操作，还可以大大节约维修人员的操作时间。

结构可达指的是维修人员身体的某一部位或者借助工具可以接触到待维修的部位。比如，航空发动压气机的孔探口应满足孔探仪能深入到被探测部位。

足够的操作空间指的是维修人员需要有足够的空间进行维修操作，不论是使用肢体还是需要辅助维修工具。比如，敞开率一般会作为可达性好坏的具体衡量指标。

为了满足可达性设计要求，需要考虑以下设计准则：

① 故障率高、维修空间需求大的部件尽量安排在系统的外部或容易接近的部位；

② 产品的检查点、测试点、检查窗、润滑点、添加口及燃油、液压、启动等系统的维修，都应布局在便于接近的位置上；

③ 需要维修和拆装的部件，其周围要有足够的空间，以便进行测试或拆装。如螺栓螺母的安排应留出扳手的余隙；

④ 维修通道口或舱口的设计应使维修操作尽可能简单方便；

⑤ 维修时，一般应能看见内部的操作，其通道除了能容纳维修人员的手、臂之外，还应留给维修人员必要的维修空间以及适当的间隙以供观察；

⑥ 接头、开关应尽可能置于可达性较好的位置上；

⑦ 尽量做到检查或拆卸易故障附件时，不必拆卸其他设备或部件；

⑧ 产品各部分（特别是易损件和常用件）的拆装要简便，拆装时零部件进出的路线最好是直线或平缓的曲线，不要使拆下的产品拐着弯或颠倒后再移出；

⑨ 在不降低产品性能的条件下，可采用无遮盖的观察孔，经常使用的观察孔应采用透明窗或者快速开启的盖板；

⑩ 如果同一个工作空间有多个显示器，则主要的显示器应获得较高的优先权，即被布置在工作空间的最佳位置上；

⑪ 保证飞机的开敞率；

⑫ 除了留有相应的操作空间以外，还有留出一定的间隙，以保障维修人员可以观测到被维修对象；

⑬ 在允许的条件下，可采用无遮盖的观察孔，需遮盖的观察孔应采用透明窗或快速开启的盖板；

⑭ 保证工作空间的亮度在人眼可接受范围之内，保证维修人员可以看见、看清空间内的装备。

2. 安全性

维修人员在飞机上进行维修操作时，往往处于各种潜在的危险之中。在各种危险中，有许多是由于在设计中考虑不周而产生的，而这些危险往往会导致巨大的危害。

如果维修人员必须分散精力去注意环境在潜在的危险，采取必要的安全防护，那么就无法集中精力去做好维修工作,也就必然会导致维修效率降低,维修工时延长。同时,维修人员的生命安全也处于受到威胁的状态。对于这一部分潜在的不安全要素就需要设计人员在设计时尽量规避。下面列出了一些在进行安全性设计时的参考准则:

① 损坏后容易发生严重后果的系统、设备不布置在易被损坏的部位;

② 避免维修人员在接近高温、高压、电击、毒性物质、微波、放射性物质以及其他有害物质的环境中进行维修工作;

③ 噪声应控制在规定范围内,如果难以避免,对相关的维修人员应加以保护措施;

④ 采取积极措施,减少振动,避免维修人员在超过标准规定的振动条件下工作,避免振动给维修人员造成的不良影响;

⑤ 对于盛装高压气体、弹簧、带有高电压等储有很大能量且维修时需要拆卸的装置,应设有备用释放能量的结构和安全可靠的拆装设备、工具,保证拆装安全;

⑥ 在有可能发生危险的地方,应该在便于观察的位置设置醒目的标志、文字警告;

⑦ 工作舱口的开口和口盖构件的棱边应倒角和倒圆弧,以避免维修人员操作时被划伤。

3. 防错性

产品在维修的过程中常常会出现人为失误,如漏装、错装或其他操作差错,轻则延误时间,影响使用,重则危及安全。这正是因为产品设计时忽略了人的感受,没有进行防差错的考量。因此,必须要从源头上采取措施消除发生差错的可能性。

维修中的防差错作用很大。如果系统设计时,没有防差错措施,对那些外形相似、大小相近的零部件,维修时常发生装错、装反或漏装等差错,在采购、储存、保管、请领、发放中也常常搞错,那么轻者重购、重领、返工而拖延维修及管理时间,重者会发生严重事故,甚至人员伤亡及设备损坏。在后期的维修中,容易发生的维修缺陷有:组件安装不正确、错装部件、电线布线不符合规定、将物件或工具遗失在发动机中、润滑不够、整流罩和检查口盖未紧固等现象。针对这些经常发生的现象,设计人员必须在设计中采取措施,确保不出差错。防错性举例如图 6-9 和图 6-10 所示。

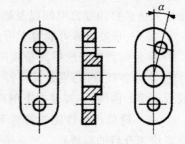

图 6-9　防错性设计举例 1——螺栓采用不均匀分布

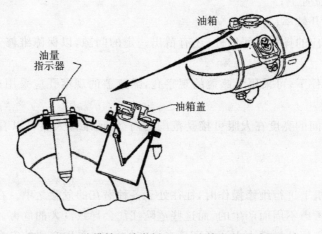

图 6-10　防错性设计举例 2——油箱上下不对称设计

防错性设计的准则如下：

① 对于安装的部件来讲，在结构上只允许装对了才能装得上，错装或是反装，就装不上，即"错位装不上"；

② 在设计时，应充分考虑并采取措施，防止在连接、安装时发生差错，做到即使发生操作差错也能立即发现；

③ 采取识别标记，就是在维修的零部件、备品、专用工具、测试器材等上面做出识别记号，以便于区别辨认，防止混乱，避免因差错而发生事故，同时也可以提高工效；

④ 产品上与其他有关设备连接的接头、插头和检测点均应标明名称或用途及必要的数据等；

⑤ 需要进行保养的部位应设置永久性标记，必要时应设置标牌，例如，注油嘴、注油孔应用与底色不同的红色或灰色标记；

⑥ 对可能发生操作差错的装置应有操作顺序号码等标记。

4. 简捷性

随着飞机性能的逐渐完善，其复杂程度也越来越高。然而，复杂程度的提高必然会导致维修难度的增加，对维修人员的技术要求也不断提高，维修的时间也不断加长。所以，各部件的设计应该在满足功能要求和使用要求的前提下，尽可能的简单。

简捷性要求部件设计应尽量简单，使用起来简单，维修起来也简单。从维修性的角度考虑，如果维修起来很困难，或者必须使用特殊的工具，或者需要较高技能的人员才能进行作业，那么产品就不便于维修，这就是一个维修性很差的设计。美国陆军曾针对新设计的装备提出了相应的规定，设备在维修时不能要求维修人员具备超过以下标准的能力：高于九年级的阅读水平、完成数学运算、转换数据形式等。比起美国，我国仍处于发展中阶段，维修人员的技能水平相对较低，这就要求在设计的过程中也应该参考我国的基本国情，遵照简捷性设计原则进行装备的设计，防止装备后期维修中难以解决的问题。

简捷性设计的基本原则如下：

① 装备的功能多样化是导致结构与操作复杂化的根源，因此，应在满足使用需求的前提下，去掉不必要的功能，特别应该对一些操作的自动与手动进行综合权衡，避免因由于效益不大的自动化导致的结构与维修复杂化。

② 把产品中相同或相似的功能结合在一起执行，比如，把执行相似功能的硬件适当地集中在一起，方便使用的同时，也可以使维修人员一次性维修几个类似组件，减少工作量。

③ 进行产品设计时，要求结构件拆装方便。

④ 尽量减少维修中所使用工具的种类和数量。

⑤ 要求维修人员经过简单技术培训即可以上岗工作。

⑥ 避免装备过于复杂而引发多人交叉作业。

5. 标准化

标准化是近代产品的设计特点。从简化维修的角度，要求尽量采用国际标准、国家标准或专业标准的硬件和软件，减少零部件的种类、型号和式样。实现标准化有利于进行设计与制造，并使维修更为便利，特别是便于快速抢修中进行换件和拆拼修理。互换性是指同种产品之间可以实现彼此替换，这可以大大简化维修人员的作业量，同时节约备品费用，提高产品的维修性。可以通过模块化设计来实现部件互换通用、快速更换修理。产品中具有相对独立功能的结构整体称为模块。一旦某一模块出现故障，可以单独更换有故障的模块，大大缩短维修时间。

实现产品的标准化、互换性和模块化可以使系统的维修更加简便，可以显著减少维修备件的品种、数量，降低对维修人员技术水平的要求，大大缩短维修工时。所以，这是系统系维修性工效学分析的重要要求。图 6-11 所示为航空发动机的模块化设计

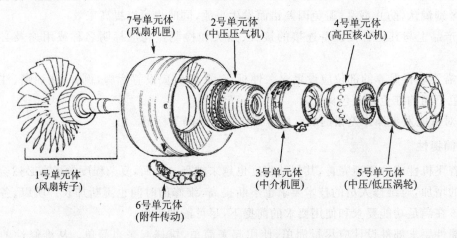

图 6-11　航空发动机的模块化设计

以下列举了一些有关标准化的设计准则：

① 设计产品时优先选用标准化的设备、工具、元器件和零部件，并尽量减少其品种和规格；

② 设计产品时，必须使故障率高、容易损坏、关键性的零部件具有良好的互换性和必要的通用性；

③ 在不同的产品中最大限度地采用通用的零部件，并尽量减少其品种；

④ 产品上功能相同且对称安装的部件、组件、零件，应尽量设计成可以呼唤通用的；

⑤ 在进行零部件的设计修改时，不要任意更改安装的结构要素，以免破坏互换性而造成整个产品或系统不能匹配；

⑥ 产品应按照功能设计成若干个能够完全互换的模块，特别是需要在战地或者现场更换的部件更应重视模块化，以提高维修的效率。

6. 舒适性

随着对以人为中心的设计原则的应用，在设计中越来越多地考虑到舒适型原则。在维修过程中，保证维修人员拥有舒适的作业环境、作业状态，对维修工作的完成效率和质量都会有很大的帮助。如果维修者在恶劣的环境下工作，比如照明过亮或过暗，振动、噪声强烈，都会导致其产生疲劳，影响维修工作。所以在设计时需要考虑以下设计准则，以保障维修人员在作业时保持较高的舒适性：

① 设计产品时，应按照使用和维修时人员所处的位置与实用工具的状态，并根据人体的度量值，提供适当的操作空间，使维修人员在比较合理的姿态下进行操作，尽量避免跪、卧、蹲、趴等容易疲劳或致伤的姿势；

② 噪声不应超过规定标准;

③ 应对维修部位提供适度的自然或人工照明,保证维修人员的作业环境;

④ 设计时,应考虑维修操作中举起、推拉、提起以及转动时人的体力限度;

⑤ 设计时应考虑维修任务的难度和时长,以保证维修任务不超出维修人员的负荷,保证其持续工作的能力、维修质量和效率。

6.3.3　飞机维修性人因分析方法

在确定了维修性的要求和准则之后,需要对采用人因分析方法对飞机是否达到了维修性人因设计要求进行验证。本节主要介绍以下三种维修性设计中常用的人因工效分析方法。

1. 人体模型

由于人体各部分的尺寸因人而异,并且人体的工作姿势随着航空器不同的作业对象和工作情况的不同而不断变化,因而要从理论上解决人机相关位置的问题是比较困难的。但是,如果利用人体结构和尺寸数据,开发出人体模型,通过分析人体模型和“机”之间的关系,便可以比较直观地分析出在维修过程中的一些问题,为合理布置人机系统提供参考,保障了维修性要求。

2. 计算机辅助技术

计算机辅助技术也越来越多地应用到维修性设计中(见图 6-12)。例如,在波音 B777 的新型的发动机的研制过程中,研制阶段引入了三维的人体模型、发动机模型以及飞机整机模型,并使用 CATIA 对发动机外部管路、附件的进行安排。另外,通过计算机模拟,还可以预测在不同工作位置和姿势下维修人员力量的大小,这不仅有助于提高设计的完整性,也会有利于维修设备和维修工作台的设计。

图 6-12　计算机辅助设计的应用

3. 人机工程实验

人机工程实验也是一种常见的人因分析方法。例如,在人机工程实验室中进行扳钮实验,测定航空器构件的扳钮的精度和力量需求,从而保证至少 90% 的作业人员能够在各种作业姿势下达到最小的扭矩极限,由此可以了解不同位置、大小和类型的紧固件对维修人员的体力要求,并确定达到要求扳扭的精度和重复性所需的培训水平。

随着技术的发展,飞机维修性的分析技术方法也越来越多,正是这些技术方法的应用,简化和方便了航空器维修人员的工作,以及从设计中降低和消除发生维修错误的可能性,提升了航空器的维修性。

6.3.4　国外飞机维修性人因设计介绍

空中客车(Airbus)和波音(Boeing)是民用飞机领域的巨擘,先后研制出 A320、A380(见图 6-13(a))、B737、B787(见图 6-13(b))等一系列民用飞机。在进行飞机设计研发时,一个特别重要的问题就是降低民用飞机的运营成本,而维修性的提高是降低维修成本的一个重要措施。因此,空客和波音公司在飞机的设计研发中非常重视维修性设计,力图在飞机的设计阶段就充分考虑到日后的维修难度和成本。

(a)

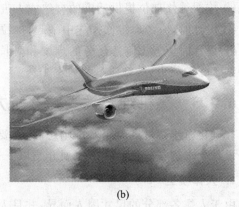
(b)

图 6 - 13 "空中巨无霸"A380 和"梦想客机"B787

1. 空客公司

空客公司主要从设计制度、进行大量模拟试验和开发创新性自我检控系统方面来提高维修性。

（1）设计制度

空客 A380 是空客公司第一个自项目开始就有维修工程师参与的项目。为实现人因维修性要求,空客采取其著名的"V"型设计验证过程来设计飞机。"V"型设计验证过程是这样的:首先从整机层面自上而下的提出设计要求,逐步落实到系统层面、子系统层面,直至零部件层面;设计方案出来后,再自下而上从零部件层面到子系统、系统层面再到整机层面一级级地进行验证,以检查最终的设计方案是否能满足最初的设计要求。空客把对飞机可维修性的研究贯穿到整个"V"型设计过程中,如图 6 - 14 所示。

① 制定维修性人因设计目标:在A380 项目开始之初,空客公司会要求其客户服务部门中负责指导飞机用户使用和维修飞机的维修专家参与到最初的设计团队中。这些维修专家都是未来要进行 A380 维修的工作人员,他们在设计阶段会向设计人员提出飞机维修中涉及的人因问题。设计人员会结合维修专家的意见,制定出维修、维护的要求和目标,并依次分配到下面的各个设计层面,这种工作模式大大提升了飞机的维修性。

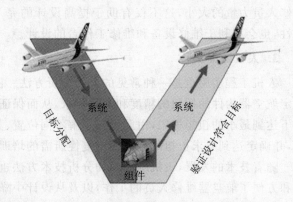

图 6 - 14 空客的"V"型设计制度

② 组件设计:"力图用最新的技术,优化飞机的可靠性和可维修性;同时又要做到在维修时用到最少的新技能和新程序步骤",这是空客公司 A380 可维修性的设计思想。在使用过程中,最先进的飞机将和其他飞机一起做维修维护检查,所以维修的差异性越小,维修人员的工作负担也就越小,维修人员对新型飞机的适应性也就越好。

③ 验证维修性要求是否实现：采取虚拟现实技术或者样机进行维修性试验,来验证维修性是否满足了人因要求。

（2）进行大量模拟试验

空客公司通过大量的维修性模拟试验来保证设计实现了人因维修性要求,包括试验台试验,也包括数字虚拟试验(见图 6-15)。

空客公司建立了一个新的计算机模型供设计人员模拟各种维修工作,以确保维修工作的简便易行,并对设备的可达性或拆装程序也进行了模拟优化。例如,在技术人员提起重物或搬运设备时,任何背部、手臂或腿部的不正常用力都会被仪器显示出来,设计人员将分析问题原因并采取修正措施。另外,通过数字全尺寸模型,也可以对 A380 进行快捷的维修性检查。

通过模拟试验,A380 的维修间隔明显延长,具体为:A 检 750 h,使用几年后将延长到 1 000 h;C 检最初将每 2 年 1 次,中期将每 6 年 1 次;大检 12 年 1 次。

图 6-15 采用虚拟现实方法优化维修性

（3）开发创新性自我检控系统

在飞机运营阶段,空客公司开发了不同类型的检控系统,不但提高了飞机维修性,方便维修工人维修检查,并且收集到的维修数据对机型改进、新机设计等方面也提供了很大帮助。空客 A380 通过机载维护系统(OMS)和机载信息系统(OIS)等对飞机进行全面监控。通过这些系统能够收集飞机各系统的故障信息并汇总到驾驶舱,并与客舱的监控装置相连,为飞行操控、机组乘员和维修应用软件提供支持。同时这些系统也可以与地面设施链接,实现信息的汇总。空客公司通过交互式航空应用软件 Airman2000 提供维修计划。Airman2000 收集了 A380 的大量飞行统计数据,能够提供给所有 A380 用户。在训练飞行员、机组乘员和机械员方面,空客公司已研制出一种新式的"维修飞行技术设备(MFTD)",它主要提供基于计算机的训练(CBT),利用飞机的机载维修计算机模拟试验。

2. 波音公司

在民用航空领域,波音公司一直是世界上最大的民用飞机制造商。早在 20 世纪 60 年代,波音公司就意识到了人因在飞机设计中的重要性,并把人因专家引入飞机设计人员中。人因专家最初专注于飞机驾驶舱的显控面板设计,随着研究的不断完善,他们所关注的领域也越来越广。维修性的人因设计就是波音公司在人因设计中的一个重要内容。波音公司从首席维修技工参与设计、虚拟现实维修性设计方法、错误信息小组几个方面将人的因素纳入到维修性设计中。

（1）首席维修技工参与

空客公司在设计阶段听取维修专家的意见,而波音公司则引入了首席维修技工这种工作模式。首席维修技工参与波音飞机的设计工作,把后期维修工作人员的意见和建议融入设计中。汇总飞机生产工人、可靠性和可维护性的工程师以及人为因素专家的经验等多方面的信息,首席维修技工负责所有维修性能的实现。这一举措使波音公司认识到了维修人员加入设计对飞机运转安全和高效产生的重大影响。主要的技工参与的波音公司项目及后续计划有B717、B737-600/-700/-800/-900、B757-300和B767-400加大航程型。

(2)虚拟现实的维修性设计方法

从B777计划开始,波音公司停止了建设完整的飞机样机。在过去,完整的样机能够帮助确定维修人员是否可以完成飞机部件拆除和重新安装等工作;而现在,波音公司使用了CATIA软件来完成这一工作。在B737-600/-700/-800/-900的设计中,波音公司使用数字人体模型进行维修性分析,保证了维修技工在更新飞行面板时的可达性,如图6-16所示。

图6-16 维修人员更新飞行面板后设备的模拟

除了对可视性和可达性的分析,人因专家还对不同环境下维修人员的绩效进行了分析。例如,维修人员需要打开阀门,但是对于维修人员来说相应操作姿势较难实现,这时就需要对所需的力进行分析,并保证不超过维修人员的能力极限。又如,如果一个维护工作必须在夜间进行,而又必须要使用脚支架,这时就需要对维修人员的安全性加以考虑。

(3)错误信息小组

波音公司基于对维修性中人因的考虑,成立了专门的错误信息小组(Fault Information Team,FIT)。在B737-600/-700/-800/-900的研发过程中,该小组负责处理维修性设计中各种信息,其中包括嵌入测试设备和各种维修性文件。其目的就是为了提高飞机的维修性,保证维修工人能够尽可能高效而准确地完成维修任务。并且FIT涉及了维修性、人因工程设计、操作人员等多方面,这对提高飞机人因维修性有很大好处。例如,FIT规定了维修显示界面信息统一标准,给出了维修显示屏幕上的维修信息的示例,这样使得对于不同的模块设备所显示出来的维修信息都是类似的。另外,FIT会对所有的与维修人员有关的信息进行评估工作,包括维修标识、手册、训练、尺寸、位置、控制和指示器布局。FIT的这些工作,有效地降低了维修人员的作业负荷,提升了飞机的维修性。

6.4 计算机辅助维修性人因设计

传统的维修性分析通常需要通过维修作业的演示来完成,即维修人员在实际维修环境中,在物理样机上模拟真实产品的维修过程,从而对维修人员可视性、可达性、安全性、舒适性等方面进行分析和评估。由于依赖于具体的物理样机,常常导致一些维修性工作滞后于产品的设

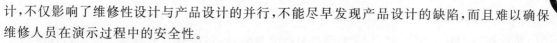

计，不仅影响了维修性设计与产品设计的并行，不能尽早发现产品设计的缺陷，而且难以确保维修人员在演示过程中的安全性。

基于计算机仿真技术，对飞机维修过程中涉及的维修对象、工具、设备、维修工人等建立模型之后，集成到数字的维修环境中，对飞机部件的维修过程在计算机上进行仿真，在仿真平台对维修性进行工效学评估，提前发现维修过程中的不合理操作，然后结合人因设计原理对维修过程进行修改和优化。这种技术可以让设计人员在产品设计的初期阶段就能充分开展维修性设计与验证工作，大大缩短了设计周期，同时降低了设计成本。

6.4.1　计算机辅助维修性人因设计介绍

在计算机辅助维修性人因设计中，需要建立虚拟样机、建立维修人员模型、进行人机交互分析。

1. 虚拟样机

产品数字模型(虚拟样机)是虚拟维修作业的维修对象，是进行维修性虚拟设计与验证的前提和基础。由于虚拟样机是一种可操作的模型，在维修仿真中涉及对虚拟样机的拆卸、装配操作，因此不同于虚拟场景，需要采用基于虚拟操作的方法，以几何实体建立虚拟样机。它不仅能表现实体的几何、物理特性，如面积、形状、中心、质量和质心等，并且附带着描述数字模型各个部件间关联运动和约束关系的信息。

2. 维修人员模型

基于虚拟仿真的驾驶舱维修工效评估还必须建立维修人员的人体模型。人体模型是虚拟维修环境中最重要的一个部分，所有的人因分析研究都需要通过人体模型来完成。现有的商业软件中人体模型的建立包括人体静态尺寸数字化建模、人体动态尺寸数字化建模、人体视觉数字化建模等。建立了一套基于几何、运动、视觉特征的人体仿真模型建模方案。所以在计算机辅助维修性人因设计中，主要按照上述方案对可达性、可视性进行评估。

在建立维修人员模型时，根据 NASA 人因工程规范推荐，当结构设计必须容许维修人员调整其姿势，以操作或维修设备时，应采用第 5 百分位人员的统计数值；当结构设计必须适应充分的活动空间时，应采用第 95 百分位人员的统计数值；如果维修人员必须穿着防寒服或携带其他累赘工具时，则需要更大的活动空间。一般来说，对于关键的人体尺寸设计极限，应该建立在从第 5 百分位到第 95 百分位值的范围内。

3. 人机交互分析

利用仿真软件将建立的维修人员模型放入虚拟仿真环境中，针对不同的维修部分，不同的维修方式，并选取维修人员在维修过程中的主要姿势进行人机交互仿真，并对仿真结果进行分析，得出结论。

6.4.2　设计示例

下面介绍一个利用 CATIA 软件进行维修性工效学评估的仿真实验示例。本例以 B747 飞机驾驶舱为分析对象，介绍在设计阶段如何通过仿真技术来分析飞机维修性。在本例中选取了驾驶舱油门杆维修作业进行仿真，通过仿真对维修中的可视性、可达性进行分析。

---

1. 实验目的

本次仿真实验是以 B747 飞机驾驶舱为研究对象,针对维修人员对驾驶舱油门杆维修作业进行计算机仿真,通过仿真对维修 B747 驾驶舱油门杆所涉及的可视性、可达性进行分析、评估。

2. 实验准备

(1)建立 B747 驾驶舱虚拟样机

利用 CATIA 软件进行虚拟样机建模工作,B747 驾驶舱模型如图 6 - 17 所示。

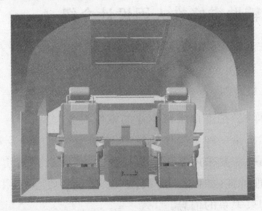

图 6 - 17　B747 驾驶舱数字模型

(2)建立维修人员模型

在 CATIA 人机工程模块中,有中国人的人体模型,可以直接使用。本例选用第 50 百分位的中国维修人员的数字模型,如图 6 - 18 所示。

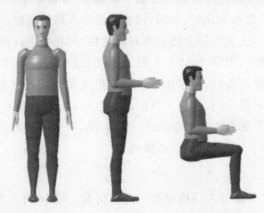

图 6 - 18　中国维修人员数字模型

3. 实验内容

驾驶舱虚拟样机结构文件,将选取的第 50 百分位中国维修人员数字模型导入虚拟样机中,在虚拟仿真环境中利用 CATIA 人机工程模块进行油门杆的维修仿真。

在油门杆的维修过程中,维修人员的主要维修动作为拆卸下油门杆。所以,选取左右手两种拆卸油门杆的维修动作进行仿真模拟。首先模拟了维修人员右手拆卸的情况,如图 6 - 19

所示,之后对维修人员左手拆卸进行了模拟,如图 6-20 所示。在维修过程中,维修人员采用坐姿进行拆卸,可以坐在驾驶员座椅上。

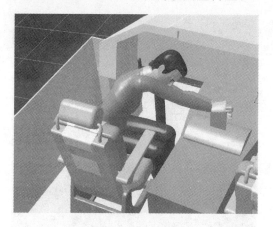

图 6-19　维修人员右手拆卸油门杆姿态

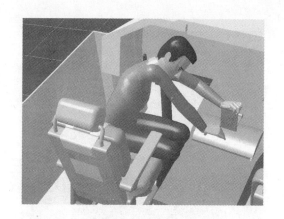

图 6-20　维修人员左手拆卸油门杆姿态

4. 实验结果

(1)右手维修情况

通过建立维修人员的手部可达性包膜对维修人员的可达性进行分析,如图 6-21 所示。通过分析,发现油门杆部件位于维修人员右手的可达包膜范围内,维修人员可以方便地进行拆卸,可达性良好。

从可视性的示意图 6-22 中可以看到,待维修部件(油门杆)位于维修人员的 A 区域,同时维修部件位于视线的焦点处,所以可视性的评价结果为"非常好"。

图 6-21　维修人员右手拆卸的可达包膜

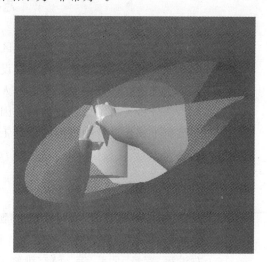

图 6-22　维修人员右手拆卸可视性分析图

通过分析,发现维修人员以图 6-19 中的姿势进行维修时,可以看见待维修部位,可达性也良好,不容易与其他部件发生干涉。

(2)左手维修情况

维修人员左手维修油门杆时,油门杆部件完全位于维修人员的可达包膜内,维修人员可以方便地进行拆卸,因此此时的可达性也是良好,如图 6-20 所示,结果如图 6-23 和图 6-24 所示。

图 6-23　维修人员左手维修时的可达包膜

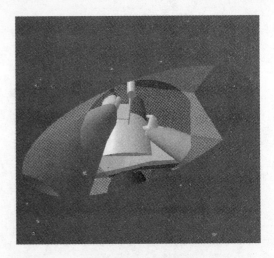

图 6-24　维修人员左手维修的可视分析图

此时的可视性分析如图 6-24 所示,需维修的部件仍位于视域的 A 区域,焦点也在维修部件上,所以此时的可视性为"非常好"。

这样,通过仿真过程中的维修工效分析,对驾驶舱油门杆的维修工效进行了分析评估,最后认为 B747 机型油门杆的维修工效良好。

思考题

6-1　简述飞机维修和飞机维修性的区别与联系。

6-2　简述飞机维修性设计流程及其设计要点?

6-3　飞机维修性设计中需要考虑的人因有哪些?

6-4　举例分析飞机维修性设计的人因设计关系。

6-5　飞机维修性设计中人因的设计工作流程是怎么样的,结合本书并查阅资料,谈谈你的理解与认识。

扩展阅读

[1] 郭定.航空维修工效学[M].北京:国防工业出版社,2007.

[2] GJB 368B—2009,装备维修性工作通用要求 [S].

[3] 左洪福,蔡景,吴昊,等. 航空维修工程学[M].北京:科学出版社,2011.

[4] 龚庆祥.飞机设计手册第 20 分册,可靠性维修性设计[M]. 北京:航空工业出版社,1999.

[5] GB/T 9414.2—2012,设备维修性导则[S].

参考文献

[1] 陈志英,陈光. 航空发动机维修性工程[M]. 北京:北京航空航天大学出版社,2013.

[2] 左洪福,蔡景,吴昊,等. 航空维修工程学[M]. 北京:科学出版社,2011.

[3] 郭定. 航空维修工效学[M]. 北京:国防工业出版社,2007.

[4] CHARLES E E,康瑞. 可靠性与维修性工程概论[M]. 北京:清华大学出版社,2010.

[5] 吕川. 维修性设计分析与验证[M]. 北京:国防工业出版社,2011.

[6] 杨子佳. 民用飞机维修工效评估方法研究[D]. 南京:南京航空航天大学,2010.

[7] GJB 368B—2009,装备维修性工作通用要求 [S].

[8] GB/T 9414.2—2012,设备维修性导则[S].

[9] 龚庆祥. 飞机设计手册第 20 分册,可靠性维修性设计[M]. 北京:航空工业出版社,1999.

[10] HOBBS A. An Overview of Human Factors in Aviation Maintenance[M]. Canberra:Australian Transport Safety Bureau,2008.

[11] MAJOROS A E. Aircraft Design for Maintainability[J]. Journal of Aircraft,1991,28(3):187-192.

[12] 王思静. 民用飞机维修性设计标准的应用和思考[J]. 航空标准化与质量,2014,(3):19-22.

[13] 孙锐. 飞机维修性设计的要求[J]. 科技视界,2013,(13):45-45.

[14] 于景洋. 对国外飞机维修性设计的分析[J]. 航空标准化与质量,1991,(1):35-37.

[15] 甘茂治,吴真真. 维修性设计与验证[M]. 北京:国防工业出版社,1995.

[16] 戚燕杰,吕志刚,宋笔锋. 现代大飞机的维修设计(一)[C]// 大型飞机关键技术高层论坛暨中国航空学会 2007 年年会. 2007:29-35.

[17] 曾天翔. 可靠性及维修性工程手册[M]. 北京:国防工业出版社,1995.

[18] 王伟. 民用飞机维修性工效设计研究[D]. 南京:南京航空航天大学,2008.

[19] 叶群峰. 从 B787 飞机看维修性设计的发展方向[J]. 民用飞机设计与研究,2010(3):51-53.

[20] 郑东良. 航空维修理论[M]. 北京:国防工业出版社,2007.

第三篇　适航篇

在设计篇中,我们学习了飞机设计中涉及的人因,理清了飞机设计与人因的关系,同样的,在适航篇中,我们也将对适航进行学习,并针对适航中涉及的人因进行学习,了解适航中的人因是如何作用于飞机的设计的。

适航性是指民用航空器(包括其部件及子系统)的整体性能和操纵特性在预期的运行环境和使用条件限制下具有安全性和物理完整性的一种品质。这种品质要求航空器在全寿命阶段内应始终保持符合其型号设计和始终处于安全运行状态。在我国的飞机设计过程中,以及飞机设计结束后,都有适航的身影。在飞机的设计阶段,需要考虑飞机的设计是否符合适航要求;在飞机设计结束后,为保证飞机自身的安全性水平,任何民用航空产品只有在适航审定合格后才能够进入民用航空运输领域运营。

适航篇分为两章,分别为第7章适航与人因及第8章适航取证中的人因。第7章将简要讲解何谓适航,并对适航管理及其组织机构、适航法规进行讲解,同时分析其中涉及的人因;第8章将讲解适航取证中涉及的人因,并详细讲解适航人因取证的流程。

第 7 章 适航与人因

适航,是适航性的简称,在航空领域,适航性是指航空器的安全性。为了保障飞行安全,人们采用适航性来保证和检验航空器的安全性。适航性对飞机的设计、研制、运营、维修皆有很大的影响,它保证了飞机的最低安全水平,保障了飞行安全。各国政府都有相应的机构进行适航管理,并出台了相关的适航法规,对航空器安全性进行检验。在影响航空安全性的众多因素中,人因是其中的一个重要因素。因此,在任何一个航空法律体系中都有明确的关于人因方面的规定。将来人因将在飞机的初始适航与持续适航中越来越受到重视。

本章将向大家介绍适航概念以及其发展历程,并向大家介绍国内外适航的管理工作和组织机构及适航法规,还会针对其中涉及的人因问题进行讲解。

7.1 适 航

要学习适航,首先需要对适航有最基本的了解,了解适航的定义、适航的发展过程以及适航管理的工作内容,并且在学习的过程中还应该了解人因是如何作用于适航的。本节将对适航进行详细的讲解,内容包括适航的概念、适航的发展历程、适航管理的介绍以及适航中涉及的人因。

7.1.1 适航的概念

适航的英文是"Airworthiness"。"航空器适宜于空中飞行的性质"是早期对于适航性的定义。不同的国家由于对适航的理解略有不同,因此对各国对适航的定义存在差异。

美国民用航空系统及设备的安全性评估方法与指南(SAE ARP 4761)对适航性的定义为:飞机、飞机系统及部件安全运行并实现其预定功能的状态。

美国军机适航性审定标准(MIL – HDBK – 516B)把适航性定义为"航空器系统在规定的使用范围和限制内能够安全地开始、保持和完成飞行的特性"。

意大利民航管理局(Registro Aeronautico Italiano/Ente Nazionale per l'Aviazione Civile, RAI – ENAC)的技术规章对适航性的定义为:对于航空器或航空零部件,"适航性"是指达到必要的要求,使得在许用限制内的飞行处于安全状态。

日本《航空宇宙辞典》中对适航性的定义为:从确保安全的立场出发,民用航空器的性能、强度及构造特性、装备程度、方法的总称。

德国民航当局(Luftfahrt – Bundesamt,LBA)对适航性的定义为:航空器的设计、制造符合可接受的安全标准和达到适当的要求(在预期的使用环境中和在经申明并被核准的使用限制下),并具有与可接受的大纲一致的维修。

尽管上述各国对于适航性的定义和解释不尽相同,但是这些定义和解释中有几个共同的要点:

① 强调了飞行的安全性,并指出实现飞行安全性是适航的最终目标。

② 强调了适航的综合性,它指的是航空器中所有涉及安全的部件和子系统,要求其达到

预定功能,满足必要的要求,是整体性能和操纵特点对安全品质的综合反映。

③ 强调了适航性是以预期运行环境的航空器使用限制为界定条件的,预期运行环境包括大气、机场、航路、空中交通管制等。使用限制包括速度、高度、重心、质量以及发动机和其他设备的使用限制。

④ 逐步扩展到持续运行的动态因素——维修和使用等。

总的来讲,适航性是航空器的固有属性。它是指依照批准的用途和限定范围,特定航空器系统(包括其部件及子系统)的构型能够安全地实现、保持、完成和终止飞行的特性。这种品质要求航空器应始终符合其型号设计要求并始终处于安全运行的状态。适航性要求首先体现在技术方面:系统安全性与物理完整性;其次体现在管理方面:技术状态与过程控制管理等。适航性是通过航空器全寿命周期内的设计、制造、试验、使用、维护和管理各个环节来实现和保持的。

7.1.2 适航发展历史及研究现状

1. 国外航空器适航的发展历史及研究现状

飞机的适航性最初并不是出于学术和理论研究的要求,而是源于安全性的考虑,需要建立保障航空安全的规章和制度。飞机安全性的研究经历了事故调查、事故预防、系统安全、综合预防等阶段,最后演化为适航性。

目前,世界上航空工业较发达的国家都积极地开展适航性工作,如建立适航性研究管理机构,颁布适航性条例,对民用和军用飞机的研制、生产、使用、维修和进出口实行适航性监督等。

介于适航性来自于对安全性的考虑,因此民用航空的适航性发展较早。但随着民航适航的不断发展,各国也逐渐开始了针对军用航空的适航性研究,目的是为降低军机的事故率。

在民用航空领域,美国最早提出了适航的概念,经过了多年的发展,积累了相当多的经验,有一套完整的行政许可程序和流程,目前其民用航空器适航技术和管理体系已经非常成熟。1926 年美国在商务部成立航空司,并颁发第 7 号航空通报,对飞行员、航图、导航和适航标准进行管理。从 1928 年到 1933 年又相继颁发了第 14、7A、7G 和 7F 航空通报,分别对飞机结构、发动机和螺旋桨、飞机部件和附件进行了进一步要求。1934 年把航空司更改为航空局,并开始制定"民用航空规章"(Civil Aviation Regulation, CAR)。从 1934 年到 1958 年相继制定颁发了 CAR04《飞机适航要求》、CAM04《要求和解释材料》、CAR03《小飞机》、CAR06《旋翼机》、CAR04a-1(TSO)、CAR7《运输类旋翼飞机》等规章。1958 年把原来的航空局更改为联邦航空局(Federal Aviation Agency, FAA),并由 FAA 开始逐步制定 FAR(Federal Aviation Regulation, FAR),并把 CAR 相继转换成 FAR。由此,美国建立了以美国联邦航空规章为基础的适航标准体系,涵盖了运输类、正常类、实用类、特技类和通勤类飞机的适航标准,载人自由气球的适航标准,正常类、运输类旋翼航空器的适航标准,以及航空发动机和螺旋桨的适航标准。在美国联邦航空规章之下,截至 2010 年底,FAA 还颁发来了约 90 份"咨询通告"(Advisory Circular, AC),涵盖了飞行性能、结构强度、动力装置、飞机系统和持续适航等各个专业,作为对规章要求的符合性方法的建议性和解释性材料。对于机载设备,FAA 还颁发"技术标准规定"(Technical Standard Order, TSO),引用工业界标准作为机载设备的适航标准。

而在欧洲,由于欧盟与美国在民用航空界的竞争需求,于 1990 年,联合航空局(Joint Aviation Authorities, JAA)正式成立,而整个欧洲则都采用 JAA 制定的"联合航空要求"(Joint

Aviation Regulation，JAR）作为统一的适航标准。2002 年,欧盟议会颁发第 1592/2002 号欧盟议会规章,并建立欧洲航空安全局(European Aviation Safety Agency，EASA),这标志着在欧洲范围内建立了一个统一的、具有法律地位的、强制性的民航当局。2003 年,欧盟议会颁发第 1702/2003 号欧盟议会规章,自此,EASA 开始制定欧洲范围内统一的适航规章。目前,EASA 也已经建立了一系列的规章。

俄罗斯的适航标准(IAC AR)以美国的适航标准为基础,同时附加了诸如西伯利亚高寒气候条件下的运行、粗糙跑道运行等特殊气候条件下的一些附加要求。而加拿大、巴西则以直接采纳美国的适航标准的形式确定其适航标准体系。

在军用航空领域,美国国防部于 2002 年 10 月颁布了 MIL-HDBK-516《军机适航性审查标准》,并先后于 2004 年、2005 年、2008 年对其进行了扩充、改进和修订。美军也已经开展了针对 F-16、F-22、F-35 的试航审定工作。

俄罗斯则沿用了苏联的适航标准——《苏联民用机适航规范》作为其军用适航标准,伊尔-76 飞机的设计经过了其审定。印度也于 1995 年成立了"军机适航性与审查中心(CEMILAC)"。英国、法国、德国、意大利、西班牙、荷兰、波兰、加拿大、澳大利亚等国军方也已开展了军用航空器适航性工作。

2. 我国航空器适航的发展历史及研究现状

1949 年 11 月 2 日,中国民用航空总局成立,当时的航空器等产品的设计和生产主要采用的是军机的规范和标准,民用航空的技术业务、飞行等工作也主要由空军负责。虽然期间也有不少政府管理职责,其中包括了一些试航管理的内容,如航空器的登记、颁发适航证、颁发机务通告、进行事故调查等,但主体上仍然以企业的维修技术管理为主。

进入 20 世纪 80 年代以后,国家航线日益增加,对民机的需求也不断增加。引进大型远程运输机和租机营运出现高潮。飞机租用等一系列活动引发了维修问题,想要进行合法维修,就必须有 FAA 对维修单位进行合格审定,相关的人员也要取得执照。为了取得 FAA 的维修许可,我国就必须先进行审定、认可和颁证工作。同时,一些航空器还需要送到国外进行维修,这就要求我国要对国外的承修厂进行认可和批准。这些问题的产生激发了我国民用航空器适航管理的产生。

自 1980 年起,我国民航通过引进技术、开展研究、组织培训等各种方式,逐步建立起了包括航空器在内的民用航空飞机设计、制造、使用和维修的适航性工作体系。1987 年,国务院颁布了《中华人民共和国民用航空器适航管理条例》,对适航管理做出了定义,并规定我国的适航管理工作由民航总局负责。

2007 年 9 月 26 日,国防科工委与民航总局联合成立民用航空器适航联合推进委员会,其主要职责是组织制定民用航空器适航发展的战略、规划和政策;研究决定适航管理、适航审定、适航标准、适航验证技术、适航基础能力建设和适航专业化人才队伍建设等重大事项;推进国际双边适航;协调解决民用航空器适航重大问题。下设两个技术支持机构:成立国防科工委、民航总局适航技术研究与管理中心,挂靠中国航空综合技术研究所;成立民航总局、国航科工委适航审定技术与管理研究中心,挂靠中国民航大学。由于国家大部委改革,2009 年 7 月,工业和信息化部、中国民用航空局联合成立民用航空器适航联合推进委员会。委员会下设的技术支持机构分别挂靠中国航空综合技术研究所和中国民航大学。

2010 年,在成都成立了中国民用航空航油航化适航审定中心,对为民用航空器提供航油和航化产品的供应企业及其检测单位进行适航审查。

此外,民航局还于 2009 年在天津成立了空客 A320 飞机生产监督办公室。2010 年初,在民航黑龙江监管局成立了生产监督办公室,并将在山东监管局成立生产监督办公室。

经过多年的发展,我国民用航空器适航管理机构日趋完善,逐步建立了包括航空器在内的民用航空产品设计、制造、使用和维修的完整适航管理工作体系。在此基础上我国终于建立起了包括审定和研制在内的较为完善且有成效的适航工作体系。

我军目前还没有自己的适航技术和管理体系,但是我军也已经筹划针对军机适航性的研究并建立相关的工作体系,所以,在本书中所讲的适航均是指民用航空器的适航。

7.1.3 适航管理

最早提出"适航性"的概念是出于政府对民用航空器安全性的控制和管理,它的最终目的是保障民用航空安全、维护公众利益、促进民航事业发展。它反映了民用航空器从设计、制造到使用、维修的客观规律,并施以符合其规律的一整套规范化管理。

1. 定义及分类

适航管理是以保障民用航空器的安全性为目标的技术管理,是政府适航部门在制定了各种最低安全标准的基础上,对民用航空器的设计、制造、使用和维修等环节进行科学统一的审查、鉴定、监督和管理。

这个最低安全标准就是指为保证民用航空器适航性而制定的试航标准,是在试航审定中采用的一类特殊的技术性标准。适航标准通过在民用航空器寿命周期中设计、制造、运营和维护等方面的经验和技术积累,吸取历次飞行事故的教训,经过必要的验证或论证,并在公开征求公众意见的基础上不断修订形成。

适航管理按照内容和实施阶段的不同,可以分为初始适航和持续适航管理两个方面。

航空器初始适航管理是在航空器交付使用之前,适航部门依据各类适航标准和规范,对民用航空器及其零部件设计、制造的适航审定、批准和监督,此阶段以颁发航空器适航证为主要管理内容。航空器适航证包括型号合格证(Type Certificate,TC)、生产许可证(Production Certificate,PC)和单机适航证(Aircraft Certificate,AC)。型号合格证是适航当局根据适航规章颁发的,用以证明民用航空产品的设计符合相应适航规章的证件;生产许可证是适航当局已获得民用航空器产品设计批准、欲重复生产该产品的制造人所进行的资格性审定后的最终批准证件;单机适航证是适航当局对每架飞机制造符合性的批准证件。对民用航空产品而言,从其构思开始,研制人员就需考虑航空产品的适航性要求,并根据航空器的设计质量、使用用途的不同而考虑应符合相应的适航标准。适航部门依据相关的法律、适航标准和管理要求,对民用航空产品的设计、制造、使用和维修实施以飞行安全为目的的技术鉴定、监督和管理。这就是民用航空器初始适航管理的工作内容。

航空器的持续适航是航空器在使用和维修过程中符合有效的适航要求,使其始终处于安全运行状态。持续适航管理就是为了完成以上要求所进行的相关管理工作。初始适航是指航空器的设计和制造必须符合适航性,但持续适航指的是为保持飞机的持续适航性,必须对所有航空器在其整个使用寿命期内做各种维修工作;在持续适航管理过程中不断完善适航指令,有效降低航材管理成本并进一步提高国际双边适航的合作。飞机的持续适航性是由航空承运人、型号合格证持有人及双方的管理当局共同来保证的。航空器的持续适航性必须由登记国

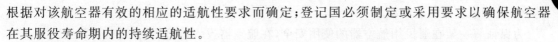

根据对该航空器有效的相应的适航性要求而确定;登记国必须制定或采用要求以确保航空器在其服役寿命期内的持续适航性。

初始适航管理和持续适航管理从概念上、实质上来看是相辅相成、密不可分的。两者之间没有明显的界线,也无法截然分开。而两者的交联和熔融则构成了民用航空器适航管理的一个整体和全部内容。

2. 工作内容

适航管理的工作内容按照性质可分为立法和定标、颁发适航证书和监督和检查三种类型,下面逐一介绍这三种类型的工作。

(1) 立法和定标

政府责成适航部门根据《航空法》,统一制定、颁布各种与安全相关的技术和管理适航标准、规章、规则、指令和通告等。

(2) 颁发适航证书

在民用航空器的研制、使用和维修过程中,通过依法审定和颁发各种适航证件的手段来检验执行程度或标准要求的符合性,其中包括对民用航空器设计的型号合格审定、制造的生产许可审定。只有通过了适航当局的审定之后,才能为某型号飞机颁布相关的适航证书,而证书的颁布也就意味着该型号的飞机具备了投入生产和使用的资格。

(3) 监督和检查

适航部门通过颁证前的合格审定以及颁证后的监督检查等手段,促使从事民用航空产品设计、制造、使用和维修的单位或个人始终自觉地满足适航标准、规定的要求。

具体地讲,适航管理工作的主要内容有:

1) 制定各类适航标准和审定监督规则

实施适航管理首先要建立并不断完善一套技术性和管理性法规体系。即针对各类民用航空器制定相应的技术性适航标准,把国家的航空安全政策具体细化和法律化,使适航管理有严格的技术性法律依据。同时,还要制定相应的管理性审定监督规则,明确而详细地规定适航管理的实施步骤和方法。这些规则是保证贯彻适航标准、有效地开展适航管理工作的行动指南。建立健全严格的法规体系是适航管理科学化的重要标志。

2) 民用航空器设计的型号合格审定

对民用航空器的设计进行型号合格审定,是远航管理最重要的环节。因为民用航空器的固有安全水平是在设计阶段确定的。适航部门要根据反映最低安全水平的适航标准,按严格、详细的审定程序对民用航空器设计过程和有关的试验或试飞进行逐项审查和监督。只有符合适航标准、通过了型号合格审定、取得了型号合格证的民用航空器,才具备投入生产和使用的资格。

3) 民用航空器制造的生产许可审定

为保证民用航空器的制造符合其型号合格证书的规定和满足设计要求,适航部门必须对制造厂的质量保证系统和技术管理系统进行全面详细的审定,实施制造符合性检查。制造厂必须具备足够的生产能力,通过了生产许可审定并取得生产许可证之后,才具备生产民用航空器的资格。生产许可证书上详细规定了允许生产的产品。制造厂经批准的质量保证和技术管理系统不得随意更改,并须接受适航部门的监督和检查。

4）民用航空器的适航检查

为保证每一架在册民用航空器的使用安全,在航空器投入运行之前,适航部门要对其进行适航检查。航空器及其各种装置、设备均须处于适航状态,各类技术文件合格、齐全,并取得适航部门颁发的航空器适航证书,方可投入使用。

对在外国注册的民用航空器,若由中国使用者在中国境内使用,必须得到中国适航部门的批准。这也是维护中国民用航空安全和公众利益的正当和必要的措施。

5）民用航空器的持续适航管理

航空器持续适航管理主要是控制民用航空器在使用中的安全状况和维修两个方面。为保证正确、安全地使用民用航空器,适航部门要对民用航空器的使用者提出明确的要求和使用限制,并对其进行监督检查。适航部门要建立各种渠道,以便经常收集、分析和控制民用航空器在使用过程中暴露的不安全因素,并可随时颁发适航指令,要求制造者和使用者对航空器进行检查、改装或修理。

适航部门还需要对民用航空器的维修单位进行审查,要求其建立并保持严格、合理的质量保证和技术管理系统,并取得维修许可证。对已经取得维修许可证的维修单位,适航部门还需不断地对其监督和检查。

具体来说,航空器持续适航管理包括以下几项工作内容:

① 对航空器的维修大纲和维修方案进行批准,并监督检查依据上述文件而制定的各种实施工作细则的符合性;

② 对适航指令和重要服务通告的实施情况进行检查;

③ 对相关部件状况进行检查;

④ 对保留项目及故障情况进行检查和评估;

⑤ 对重大故障和重复故障进行分析和监督,并对营运人的可靠性方案进行检查与评估;

⑥ 对维修记录进行检查。

3. 适航管理的意义

适航管理工作从最初的设计开始,通过型号、生产许可的初始适航审定,直到持续适航管理。它是一个对全过程的管理和监督,贯穿于民用航空器从孕育诞生到寿命终止的全过程。而适航管理的依据——《民用航空器适航标准》是保证民用航空活动良好进行的前提。

民用航空适航规章规定了民用航空器的适航性要求。这些适航规章是确保民用航空安全的最低安全标准,它基于可靠性系统工程的三要素,即安全性、舒适性和经济性的综合考虑并力求总体的平衡。适航规章是确保航空器安全的最低要求考虑,开展安全性、可靠性分析是民用航空器可靠性系统工程工作的最低要求,以此为基础才能实现更高层次的航空安全标准。而适航管理,正是保证这一工作正常进行的必要手段。

适航管理分为初始适航管理与持续适航管理,作用于航空器的设计、制造和维修这三个影响航空器适航性的重要环节。航空器的初始适航管理影响航空器的设计和制造,为设计人员对飞机的安全性设计提供依据,保证了飞机在设计和研制阶段满足适航性指标和要求。航空器的持续适航管理在航空器投入运营后,对航空器的使用与维修进行监管,保障飞行安全、对民用航空事业的发展起到了促进作用。

民用航空器的适航管理有利于我国在民航领域增强政府的监督职能,提高和完善我国的管理水平,为进一步提高和保证飞行安全水平起到促进作用。民用航空器的适航管理对于企

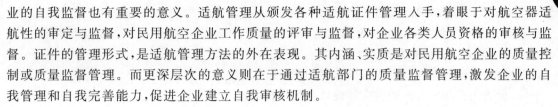

业的自我监督也有重要的意义。适航管理从颁发各种适航证件管理入手,着眼于对航空器适航性的审定与监督,对民用航空企业工作质量的评审与监督,对企业各类人员资格的审核与监督。证件的管理形式,是适航管理方法的外在表现。其内涵、实质是对民用航空企业的质量控制或质量监督管理。而更深层次的意义则在于通过适航部门的质量监督管理,激发企业的自我管理和自我完善能力,促进企业建立自我审核机制。

因此,适航管理对适航工作的意义重大,是保证航空安全、促进航空器安全可靠性发展的重要基础。

7.1.4　适航管理中的人因

通过之前的学习可以知道,适航管理工作分为初始适航管理与持续适航管理两方面内容。因此,适航中的人因也是通过初始适航与持续适航两方面对飞机的人因设计起作用的。

在初始适航中引入人因,可以帮助研制人员考虑新设计飞机的人因适航性要求,并根据相应的适航标准对飞机进行人因设计。在设计出来的飞机交付使用前,适航部门依据相关的法律、适航标准和管理要求,针对民用航空产品人因设计进行监管,保证飞机有合理的人因设计。

在持续适航中引入人因是为了最大化体现空中运输系统中人的表现与成效。通常,持续适航中对人因的关注集中在以下三个领域:

① 系统维护与技术运营——提供人因标准和系统的指导方针;

② 先进的空中交通系统——最大限度地发挥人的系统性能;

③ 个人和团队绩效——减少航空运输中的人因失误。

7.2　适航管理组织机构

适航管理组织机构是适航管理体系的一部分,是开展适航工作的组织保障。本节将分别对国外的适航管理组织机构及中国的适航管理组织机构进行介绍,并介绍与人因相关的适航组织。

7.2.1　国外适航管理组织机构

在全世界范围内已经建立了许多民用航空管理局或联合航空管理当局作为适航管理的组织机,如国际民用航空组织(ICAO)、联合航空局(JAA)、欧洲航空安全局(EASA)、联邦航空局(FAA)等,本部分将介绍这些航空管理局。而这些适航管理组织机构的设立是为了建立航空规则,从而对航空运输进行指导和约束。

1. 国际民用航空组织(ICAO)

国际民用航空组织(International Civil Aviation Organization,ICAO)是联合国的一个专门机构,其总部位于加拿大蒙特利尔。1910 年,在法国巴黎召开了关于空中航行国际法的第一次会议,共有 18 个欧洲国家出席。在 1919 年巴黎和会上,对相关问题的讨论,促成了航空委员会的成立,共有 38 个国家参与起草并签订了《国际航空公约》。在"二战"期间,民用航空在技术和商业领域都获得了标志性的持续发展,这使得远距离运输成为现实。基于这种背景,1944 年 11 月,共有 52 个国家出席了在美国芝加哥举行的航空会议,经过 5 个星期的讨论,与会国家共同签订了《国际民用航空公约》。1947 年 4 月 4 日正式成立了国际民用航空组织。

迄今为止,ICAO 缔约国已经超过 180 个。

国际民用航空组织(ICAO)的宗旨是制定国际空中航行的原则与技术,促进国际航空运输的规划与发展,以实现以下目的:

① 保证国际民航在全世界安全有序的发展;

② 促进用于和平目的的航空器设计和使用技术;

③ 鼓励用于国际民航的航线、机场和空中航行设施的发展;

④ 满足世界人民对安全、有序、高效和经济的航空运输的需要;

⑤ 防止不合理竞争导致的经济浪费;

⑥ 保证缔约国的权利得到完全尊重并且保证每个缔约国都拥有经营国际航线的公平机会;

⑦ 避免缔约国之间的歧视;

⑧ 提升国际空中航行的飞行安全性;

⑨ 广泛促进国际民航各方面的发展。

自 ICAO 成立以来,该组织的主要任务就是实现安全、规律、高效的航空服务的运行标准化,保证了国际民航业在诸多方面,尤其是与航空器、机组工作人员、地面设施和服务的相关方面,达到高度可靠性。ICAO 通过制定、采纳和修订 18 个国际公约附件,实现了国际民用航空的标准化。而这 18 个国际公约附件则被视为国际标准和建议方法。其中,标准是 ICAO 成员必须共同遵守的指令,而建议方法则非强制执行的。

2. 联合航空局(JAA)与欧洲航空安全局(EASA)

联合航空局(JAA)是欧洲民用航空会议(European Civil Aviation Conference,ECAC)的相关机构,代表赞同合作发展和执行共同安全管理规章和程序的一些欧洲国家的民用航空适航管理当局。这个合作意在为欧洲提供统一的安全性高标准和公平的竞争环境。

欧洲航空安全局(EASA)是欧盟的独立机构,具有法定的身份以及在法律、行政和经济问题方面的自主权。EASA 是在 2002 年 7 月 15 日欧洲议会和理事会 EC1592/2002 号规章得以采用后建立的,其目的是在航空安全和环境调控方面建立有序的欧盟系统。

2002 年 8 月 30 日到 9 月 2 日,在雅尔塔举行的欧洲民用航空会议(ECAC)民用航空管理当局局长第 51 次特别会议上,讨论了关于 JAA 与 EASA 未来关系的一系列备选方案。会议认为所谓第 3 号方案在过渡期最有利,其中规章和审定活动在 EASA 系统内进行,但是相关决定也对非 EASA 成员国透明。会议还同意第 4 号方案应当是最终目标,即 JAA 的业务活动将完全被整合到 EASA 中。这样,所有的审定任务也由国家航空管理当局移交到了 EASA,而非欧盟成员则在全部领域保留各自的职能。

2003 年,EASA 开始运行,现在的办公地点设在德国科隆市。

欧洲航空安全局的主要职责如下:

① 协助欧洲委员会进行立法准备,并支持各成员国和工业界将法规付诸实施;

② 协助欧洲委员会监督法规的实施;

③ 采纳自己的审定规范和指导性材料,实行技术检查,以及签发证书。

EASA 将在航空安全和环境保护涉及的所有领域发展中自己的专门技术,以便协助欧盟立法机构为下述方面制定统一的规则:

① 航空产品、零部件和机载设备的审定;

② 从事这些产品维修的机构和人员的批准;

③ 空中运行的批准;

④ 机组人员的执照颁发;

⑤ 机场和空中交通服务运营人的安全监督。

EASA 的总部包括:执行部、立法部、审定部、质量和标准化部、行政部。详细的组织机构图如图 7-1 所示。

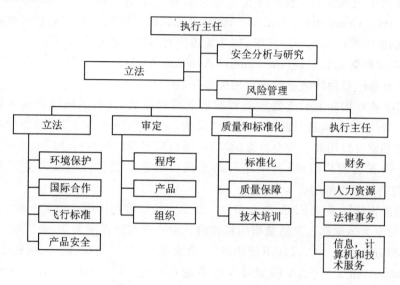

图 7 - 1 EASA 组织机构图

3. 美国联邦航空局(FAA)

美国联邦航空局(FAA)是美国运输部下属负责民用航空管理的机构。1926 年,联邦政府颁布航空商业法,这是美国最早的航空安全标准。与此同时,在美国商务部也设立了一个新的航空部分进行航空监管。随着民用航空的不断发展,其重要性更为凸显,1934 年,航空部分独立为商业航空局。经历了 1938 年和 1940 年两次改革之后,民用航空管理局(CAA)和民用航空委员会(CAB)成立,商业航空局的职能也随之移交。

喷气客机的出现以及一系列空中相撞,促使了 1958 年联邦航空法的通过。这一法案将 CAA 的职能移交给了一个新的独立机构——联邦航空署(Federal Aviation Agency)。1966 年,国会批准成立一个能整合联邦运输主要职责的部门(即美国运输部)。1967 年 4 月 1 日,该部门正式运行,同天,原联邦航空署(Federal Aviation Agency)更名为联邦航空局(Federal Aviation Administration),成为该部门的下设机构。

FAA 的组织机构非常复杂,工作任务也相当繁多。FAA 的组织机构中主要的部门有:航空审定司、小型飞机部、运输机部、旋翼机部、发动机和螺旋桨部。其主要是负责民用航空安全,主要职能包括:

① 管理民用航空,以提升安全性;

② 鼓励和发展民用航空学,包括新的航空技术;

③ 为民用和军用航空器开发和经营空中交通管制与航行系统;

④ 研究和发展国家空域系统;

⑤ 制定和执行关于控制民用航空器噪声和其他环境影响的计划；

⑥ 管理美国商用航天运输。

FAA 的组织机构如图 7-2 所示。

4. 其他国家的适航管理体系

这部分简单介绍俄罗斯、巴西、加拿大、日本的适航体系。

俄罗斯有两个适航组织：俄罗斯航空委员会航空注册局(the Aviation Register of the Interstate Aviation Committee，IACAR)，隶属于独联体民用航空飞行安全国家委员会，负责型号设计批准、航空产品的初始适航审定，并处理所有与航空器型号设计监视和持续适航产品相关的事件；俄罗斯联邦航空局(the Federal Aviation Authority of Russia，FAAR)负责在俄罗斯运行的所有航空器的持续适航审定相关事件。

巴西民航工业在国际上是支线航空器制造业的领军者，具有适航审定技术发展的基础。巴西民用航空署(ANAC)，是巴西的民航管理机构，成立于 2006 年 3 月，总部设在巴西利亚，主要负责管理和监督民用航空安全方面的问题，履行前巴西民航局(DAC)的职能。ANAC 的顶层管理人员由五名成员组成(其中之一是总裁)，成员由巴西总统提名并经参议院批准。ANAC 下设有适航管理部门。

加拿大适航审定体系与 FAA 基本相似。加拿大民航管理机构是加拿大航空运输局(CATA)，隶属于加拿大运输部。其适航组织机构分三级。总部设在渥太华，全国设有 6 个地区办公室和 12 个地方办公室。CATA 下设适航处，负责航空器、发动机、附件、设备等的设计批准(Design Approval，相当于 FAA 的型号合格审定)和公司批准(Company Approval，相当于 FAA 的生产许可审定)。

日本民用航空局(CAB)隶属于国土交通省(Ministry of Land，Infrastructure and Transport)，主要负责航空器、机场和航空运输基础设施的检查，航空公司运行和维修系统的检查，国外注册飞机在日本机场的地面检查，保证航空交通安全，提高旅客便利和航空运输服务水平。尽管日本已经设计生产有 YS-11 客机、FA200 轻型飞机、C-1 喷气运输机、钻石-1 公务喷气机等，并且日本也为波音公司等设计制造了一些零部件，但是，由于日本航空工业的发展受到两方面的限制：国内民用和军用飞机的市场狭小，以及过去来自美国对其航空工业的遏制，日本几乎没有一家重要的飞机或发动机公司是专门经营航空产品的。大多数航空企业是规模庞大的重型制造公司的分公司。

7.2.2 中国适航管理组织机构

我国的民用航空管理机构为中国民用航空局(CAAC)，它是中华人民共和国国务院主管民用航空事业的由部委管理的国家局，归交通运输部管理，其前身为中国民用航空总局。

适航管理机构自 1949 年的民用航空总局发展至今，经历过几次变革，形成了如今的机构体系。

民航局下属 7 个地区管理局(华北地区管理局、东北地区管理局、华东地区管理局、中南地区管理局、西南地区管理局、西北地区管理局、新疆管理局)和 26 个省级安全监督管理办公室，对民航事务实施监管。

目前，中国民用航空局(CAAC)的内部组织机构有：综合司、发展计划司、国际司、航空器适航审定司、公安局、全国民航工会、航空安全办公室、运输司、飞行标准司、机场司、空管行业

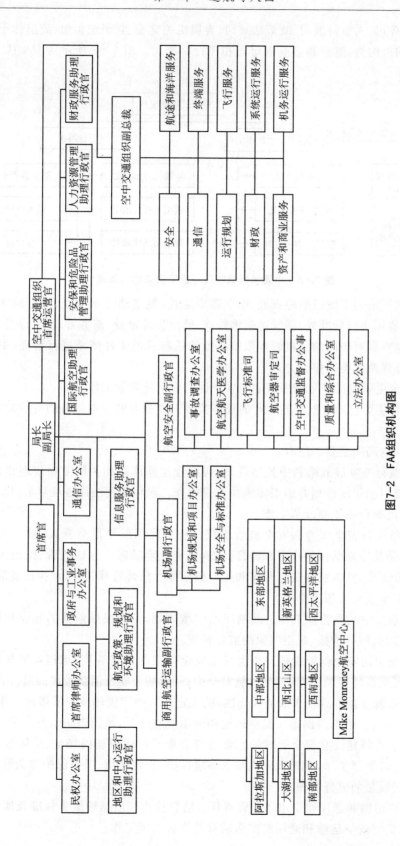

图7-2　FAA组织机构图

管理办公室、财务司、人事科教司、政策法规司、直属机关党委、党组纪检组、离退休干部局。其中与适航相关的机构为:航空器适航审定司和飞行标准司。图 7 - 3 所示为 CAAC 与适航相关的组织架构图。

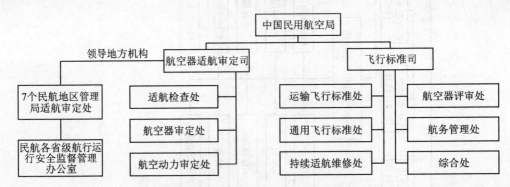

图 7 - 3 中国民用航空局与适航相关的构架图

航空器适航审定司下设适航检查处、航空器审定处、航空动力审定处;飞行标准司下设运输飞行标准处、通用飞行标准处、持续适航维修处、航空器评审处、航务管理处、综合处。

中国民用航空局对国内的适航管理依照我国的适航管理文件体系进行管理,主要分为适航审定和适航监督两大类工作。

① 适航审定主要包括型号合格审定和生产许可审定及其他工作。

② 适航监督主要包括对航空器生产的程序监督工作和对航空器运行的持续监督工作,及其他工作。

中国民用航空局的主要职能有:

① 提出民航行业发展战略和中长期规划,与综合运输体系相关的专项规划建议,按规定拟订民航有关规划和年度计划并组织实施和监督检查。起草相关法律法规草案、规章草案、政策和标准,推进民航行业体制改革工作。

② 承担民航飞行安全和地面安全监管责任。负责民用航空器运营人、航空人员训练机构、民用航空产品及维修单位的审定和监督检查,负责危险品航空运输监管、民用航空器国籍登记和运行评审工作,负责机场飞行程序和运行最低标准监督管理工作,承担民航航空人员资格和民用航空卫生监督管理工作。

③ 负责民航空中交通管理工作。编制民航空域规划,负责民航航路的建设和管理,负责民航通信导航监视、航行情报、航空气象的监督管理。

④ 承担民航空防安全监管责任。负责民航安全保卫的监督管理,承担处置劫机、炸机及其他非法干扰民航事件相关工作,负责民航安全检查、机场公安及消防救援的监督管理。

⑤ 拟订民用航空器事故及事故征候标准,按规定调查处理民用航空器事故。组织协调民航突发事件应急处置,组织协调重大航空运输和通用航空任务,承担国防动员有关工作。

⑥ 负责民航机场建设和安全运行的监督管理。负责民用机场的场址、总体规划、工程设计审批和使用许可管理工作,承担民用机场的环境保护、土地使用、净空保护有关管理工作,负责民航专业工程质量的监督管理。

⑦ 承担航空运输和通用航空市场监管责任。监督检查民航运输服务标准及质量,维护航空消费者权益,负责航空运输和通用航空活动有关许可管理工作。

⑧ 拟订民航行业价格、收费政策并监督实施,提出民航行业财税等政策建议。按规定权限负责民航建设项目的投资和管理,审核(审批)购租民用航空器的申请。监测民航行业经济效益和运行情况,负责民航行业统计工作。

⑨ 组织民航重大科技项目开发与应用,推进信息化建设。指导民航行业人力资源开发、科技、教育培训和节能减排工作。

⑩ 负责民航国际合作与外事工作,维护国家航空权益,开展与港澳台的交流与合作。

⑪ 管理民航地区行政机构、直属公安机构和空中警察队伍。

⑫ 承办国务院及交通运输部交办的其他事项。

航空器适航司的主要职责是:

① 起草民用航空器国籍登记和注册、民用航空产品(包括航空器、发动机、螺旋桨,下同)及其航空材料、零部件、机载设备和民用航空油料、化学产品适航审定管理以及相应环境保护的相关法规、规章、政策、标准,并监督执行。

② 负责民用航空产品型号及补充型号的合格审定、型号认可审定、补充型号认可审定。负责型号合格审定委员会(TCB)的工作。负责民用航空器飞行手册(AFM)的审查和批准。

③ 负责民用航空产品生产许可审定。根据民航局与外国适航当局的协议,负责国内制造厂生产外国民用航空产品的监管工作。

④ 负责航空材料、零部件和机载设备型号和生产合格审定、适航审定。负责民用航空器加、改装审定及重大特修方案、超手册修理方案工程审准。

⑤ 负责民用航空器重复性、多发性故障的工程评估,颁发民用航空产品和零部件适航指令。

⑥ 负责民用航空器噪声、发动机排出物的合格审定。

⑦ 负责民用航空产品和零部件单机适航审定。

⑧ 负责适航审定委任代表和委任单位代表的审核和管理。

⑨ 负责民用航空油料及民用航空化学产品适航审定。

⑩ 负责民用航空器的国籍登记和注册。

⑪ 参与民用航空器的事故调查。

⑫ 负责民航标准化和计量工作。

⑬ 承办局领导交办的其他事项。

飞行标准司的主要职责是:

① 起草民航飞行运行、航空器维修、航空卫生的相关法规、规章、政策、标准、程序和技术规范,并监督执行。

② 组织实施民航运营人运行合格审定和持续监督检查工作,负责民航运营人运行合格证和运行规范的颁发、修改和吊销等管理工作。

③ 负责民用航空器的持续适航管理。

④ 负责民用航空器飞行性能的相关管理工作,负责组织制定航行新技术的运行标准及其推广应用。

⑤ 负责航空卫生保障、航空人员体检鉴定、机场应急医疗救护和航空卫生防疫工作的监督管理。指导民航医学研究工作。

⑥ 组织实施民用航空器维修单位合格审定和持续监督检查,负责维修单位许可证的颁

发、修改和吊销工作。

⑦ 负责民航飞行人员、乘务员、飞行签派员、维修人员训练机构合格证的颁发、修改和吊销工作。组织、指导飞行人员训练设备的鉴定工作。

⑧ 负责民航飞行人员、飞行签派员、维修人员资格管理,承担有关人员执照的考核、颁发和吊销工作。

⑨ 负责飞行标准委任单位代表、委任代表、飞行标准监察员、局方委任代表的相关管理工作,组织其业务培训和考试,监督检查其工作。

⑩ 负责航空人员体检合格证管理。

⑪ 负责机场飞行程序和运行最低标准的审批。

⑫ 负责民用航空器型号合格审定中的运行评审工作。

⑬ 参与民用航空器的事故调查。

⑭ 承办局领导交办的其他事项。

民航各地区管理局的主要职责是,在适航司领导下负责相应地区的适航审定及其他适航工作。

民航各省级航空运行安全监督管理办公室的主要职责是,负责辖区内民用航空器日常运行(含适航工作)的管理。

7.2.3 人因相关的适航组织

为适应适航对人因的要求,各国都有专门针对适航中的人因设立的组织。

1. 美国 FAA 人因司

在美国,FAA 下设人因司专门负责人因相关的事务。人因司(ANG－C1－human factors)为民航人因研究项目以及在获得/认证法规和标准中的人因提供科学和技术支持。它发展并保证与人因相关的政策、法规、程序和流程的实施,从而促进国家空域系统的安全性和生产力。它还制定和管理航空人因研究方案,并提供技术支持,以采集和监管与人因相关的活动。人因司协助 FAA 的副管理员、区域管理员、中心主任和办公室负责人,提供专业技术和数据来分配人因职能和活动。

2. 欧洲人因咨询小组

在欧洲,各适航机构从欧洲人因咨询小组(European Human Factors Advisory Group, EHFAG)得到人因相关的指导。该小组定期召开会议,讨论人因相关的问题,并向欧洲航空安全局和美国国家航空管理局提供人因与安全管理体系的建议。

人因咨询小组希望确保人因以合适的方式在整个航空系统中得到解决。它认识到,当前和未来的业务依赖于人类的安全、效率和效益(飞行员、空中交通管制、培训师、经理、维护者、装载机、调度员、设计师、稳压器等)。人因和性能影响航空系统(个人和机构)的所有方面,不应被孤立地解决。

人因咨询小组活动的范围涵盖航空安全的所有领域,它的职能主要包括以下几个方面:

① 应对 EASA、各国适航机构和航空行业的人因知识要求;

② 为欧洲航空安全计划的制定和实施提供人因技术支持;

③ 统筹欧洲航空研究合作组(EARPG),以使其工作目标与欧洲战略安全举措(ESSI)

协调;

④ 方便学术研究转化为实际应用;

⑤ 评估并分享行业最佳案例和经验教训;

⑥ 提出或审查现有的和拟议修改的规章管理架构;

⑦ 提出或审查符合性材料以及制定或审查指导性材料;

⑧ 促进各国适航机构(包括 FAA)的合作,并尽可能与国际机构协调。

人因咨询小组的主要成员结构如下:

① 董事会:

(a) 联席主席(来自欧盟成员国的适航机构或行业的提名);

(b) 来自 EASA 的联席主席;

(c) 专题小组主席。

② 专题小组:

分别来自并代表

(a) 各国适航机构(包括 FAA),EASA,欧洲航空协会,航空公司;

(b) 研究机构;

(c) 学术机构。

3. 人因协调工作组(HF‑HWG)

人因协调工作组(Human Factors Harmonization Working Group,HF‑HWG)是 FAA 下属的航空规章制定咨询委员会(Aviation Rulemaking Advisory Committee,ARAC)为了一个新课题形成的一个协调工作小组,这个课题主要是审查和研究新的机组人员的错误与飞行机组人员绩效标准。

人因协调工作组(HF‑HWG)是由民航监管机构和行业专家组成的。工作组在组成上注重不同的专业类型(人因、飞行、航空器设计、合格审定、规章制度……)的专家和国家、机构组(北美对 FAA 成员国,管理当局对航空业界)间的平衡。其工作任务分为以下几点:

① 审核与飞机驾驶舱设计有关的现有的 FAA/JAA25 部规定和管理资料,确定其是否能够持续解决与设计有关的机组人为表现缺陷并预防及管理机组差错。

② 在审核的基础上,对现有的规定和咨询文件的升级、新规定和新咨询文件的制定及相关实施计划提出建议。

③ 随着工作的进展,找出在资格审定方面需要改进的方面以及操作时需要与其他相关小组沟通和强调的方面。

为了提高工作效率,人因协调工作组又分为四个小组(A 组、B 组、C 组和 D 组),分别承担工作任务的不同方面(见图 7‑4)。

A 组:负责需要被审核的材料;

B 组:负责从上到下、以概念为基础的规章资料审核程序;

C 组:负责从下到上、以案例为基础的规章资料审核程序;

D 组:负责工作组预期取得的成果的评估标准。

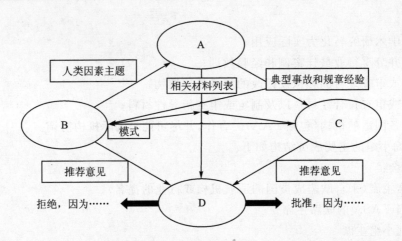

图 7-4 A、B、C、D 四组的工作程序以及为提出规章更改建议各组间的连接界面

7.3 适航规章

适航规章是用来定义设计准则的技术文件，是一种强制性标准。例如，某滑翔机协会制定了一个用于滑翔机和动力滑翔机设计的标准，并称为《滑翔机协会适航标准》。但是，任何人如果需要在欧洲申请滑翔机审定，就必须依据 JAA 颁布的 JAR22 部《滑翔机及动力滑翔机》，因为这是唯一一套具有法律效力用来定义滑翔机设准则的技术文件，并被所有 JAA 成员国管理当局接受的滑翔机适航的强制性标准。这就表明滑翔机协会适航标准仅是一个有价值的参考指南（对 JAR22 研究组也有参考价值。）

同理，其他国家或地区的适航规章也是唯一一套具有法律效力并被认可的适航标准。

7.3.1 国外适航规章

1. ICAO 国际标准

ICAO 实现了安全、规律、高效的航空服务的标准化工作，通过创新、借鉴和修订公约的 18 个附件来完成，并被作为国际标准和建议方法。标准是 ICAO 成员同意遵循的指令。如果成员有与 ICAO 不同的标准，那么该成员必须告知 ICAO 其中的差别；建议方法是期望而非强制方法。

ICAO 的 18 个附件内容如下：

附件 1 人员执照签发——提供了关于飞行机组人员、空中交通管制人员和航空器维修人员执照签发的信息，包括飞行机组人员和空中交通管制人员的医疗标准。

附件 2 空中规则——包含了关于进行目视飞行和仪表辅助飞行的规则。

附件 3 国际空中航行的气象服务——提供了国际空中航行的气象服务以及从航空器上观察到的气象情报报表。

附件 4 航图——列举了在国际航行中使用的航图规范。

附件 5 在空中和地面运行中使用的计量单位——列举了空中和地面运行中使用的量纲。

飞机人因设计

附件 6　航空器的运行——列举了保证安全水平高于全球同类运行最低规定值的有关范围,分为以下三部分:

第Ⅰ部分国际商业航空运输——飞机;

第Ⅱ部分国际通用航空——飞机;

第Ⅲ部分国际运行——直升机。

附件 7　航空器的国际和注册标志——规定了对航空器注册和识别的要求。

附件 8　航空器的适航性——规定了航空器审定和检查的统一程序。

附件 9　简易化——提供了关于过境手续的标准化和简化。

附件 10　航空通信——第Ⅰ卷是提供标准的通信设备和系统,第Ⅱ卷是关于通信程序的标准化。

附件 11　空中交通服务——包含了关于建立和运营空中交通管制系统的信息、飞行信息和最新快报等。

附件 12　搜寻与救援——提供搜寻与救援所需要的设备与服务的组织和运营信息。

附件 13　航空事故调查——关于航空器事故告知、调查和报告的统一。

附件 14　机场——提供机场设计和设备的规范。

附件 15　航空信息服务——包含航班运行所需信息的收集和发布方法。

附件 16　环境保护——第Ⅰ卷是航空器噪声审定、噪声监控和土地使用规划的噪声暴露单位的范围;第Ⅱ卷是航空器发动机排放的规范。

附件 17　治安防卫——规定了保护国际民航免受非法干扰的方法。

附件 18　危险品的安全空中运输——提供了保证危险品可通过航空器得到安全运输的必要条件,同时提供了航空器及其乘员免受不必要风险的特定安全水平。

2. JAR

1971 年,西欧一些国家的民航当局为了统一适航审定标准,促进航空产品的进出口贸易和合作研制新机,组成 JAR 秘书处(JAR Secretariat),开始联合编制欧洲联合航空要求。以后,其他西欧国家陆续参加,其成员包括英国、法国、德国、瑞士、瑞典、荷兰、挪威、芬兰、丹麦、比利时、意大利、西班牙和奥地利等 13 个国家。目前已完成并在执行的 JAR 有:

JAR - 1:定义和缩写;

JAR - APU:辅助动力装置;

JAR - 22:滑翔机和动力滑翔机;

JAR - 25:大飞机;

JAR - AWO:全天候飞行规则;

JAR - E:发动机;

JAR - P:螺旋桨;

JAR - VLA:超轻型飞机;

JAR - TSO:联合技术标准规定。

每部 JAR 分为两部分:第一部分是条款正文;第二部分称为 ACJ,是对一些不易理解的条款的解释和介绍可接受的符合性验证方法。

JAR 的编制具有自己的特点,往往选定国际上比较典型的适航标准作为编制的蓝本,然后结合本地区的具体情况做一些必要的补充和修改。以 JAR - 25 正文为例,参照 FAR - 25,

没有变动的条款完全采用原文,有变动或新增加的内容在字句下划以横线。对于新增的条款则用"X"号表示,例如:JAR - 25 X 799。JAR 的正式修订内容一般以橙色文件(Orange Paper)形式发布。

3. EASA 适航法规

EASA 的适航法规(见图 7-5)都直接源自 JAR 要求。在 CS 合格审定规范中,对 JAR 要求的命名体系进行了更改。目前的适航法规如下:

① CS -定义,源自 JRA - 1 部;

② CS - 22 滑翔机和动力滑翔机,源自 JAR - 22 部;

③ CS - 23 正常类、实用类、特技类以及通勤类飞机,源自 JAR - 23 部;

④ CS - 25 大型飞机,源自 JAR - 25 部;

⑤ CS - 27 小型旋翼机,源自 JAR - 27 部;

⑥ CS - 29 大型旋翼机,源自 JAR - 29 部;

⑦ CS - VLR 甚轻型旋翼机,源自 JAR - VLR;

⑧ CS - VLA 甚轻型飞机,源自 JAR - VLA;

⑨ CS - E 发动机,源自 JAR - E;

⑩ CS - P 螺旋桨,源自 JAR - P;

⑪ CS - 34 航空发动机气体排放与燃油排泄,源自 JAR - 34 部;

⑫ CS - 36 航空器噪声,源自 JAR - 36 部;

⑬ CS - APU 辅助动力装置,源自 JAR - APU;

⑭ CS - ETSO 欧洲技术标准规定,源自 JAR - TSO;

⑮ CS - AWO 全天候运行,源自 JAR - AWO。

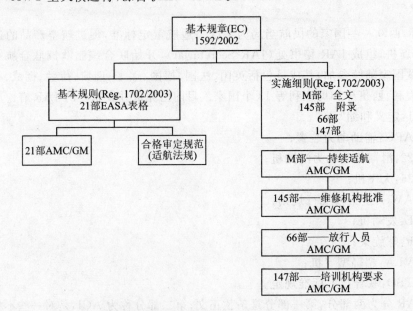

图 7 - 5 　EASA 规章

对于航空器零部件的审定,参考如下:

① 欧洲技术标准规定授权(ETSO)(21 部 O 分部);

② 航空器审定过程撰写规范;

③ 依据正式认可的标准制造的标准零部件。

4. 美国适航法规

美国的适航法规体系包含了两个正式的层级:法律(Law)和法规(Redulation),以及一个非正式的层级:命令(Order)或民航通告(Advisory Circular)。与航空有关的就是著名的联邦航空法规 FAR(Federal Aviation Regulations)。其内容主要分成 A 至 N 共 12 章:

① A 小章,定义—Part1。

② B 小章,立法修法程序—10 系列—Part11,13,14,15,16,17。

③ C 小章,航空器—20、30、40 系列—Part21,23,25,27,29,31,33,34,35,36,39,43,45,47,49。

④ D 小章,航空人员—60 系列—Part61,63,65,67。

⑤ E 小章,空域—70 系列—Part71,73,77。

⑥ F 小章,航管与一般飞行操作—90、100 系列—Part91,93,95,97,99,101,103,105。

⑦ G 小章,民航业者—110、120、130 系列—Part119,121,125,129,133,135,136,137,139。

⑧ H 小章,训练机构与其他标准机构—140 系列—Part141,142,145,147。

⑨ I 小章,航空站—150、160 系列—Part151,152,155,156,157,161,169。

⑩ J 小章,助航设施—170 系列—Part170,171。

⑪ K 小章,行政法规—180、190 系列—Part183,185,187,189,193。

⑫ N 小章,濒险—Part198。

当航空器、发动机、螺旋桨或其他零部件发生不安全状况,而这种状况可能存在于或扩展到相同设计的其他产品时,FAA 可以发布适航指令(Airworthiness Dicectives,AD)来改正不安全状况,并且其具有和 FAR 同等的效力。与此同时,FAA 为了应对特殊情况,还可以发布特别联邦航空法规(Special Federal Aviation Regulations,SFAR)。

在美国航空法律体系中的非正式层级是命令和民航通告。命令包括行政命令和联邦航空局命令,前者由总统行政办公室发布,约束全美行政官员,后者由 FAA 发布的内部命令,该命令只在 FAA 内部起作用。民航通告由 FAA 拟定,目的是提供遵守 FAR 的资讯和指引,让大众了解符合 FAR 的可行方案。其提出符合 FAR 的方案并非是唯一的,因此航空公司或一般民众为了达成 FAR 的要求可以按照 AC 所建议的方案来做事,也可以提出其他可行的方案,经 FAA 官员同意后可以执行。

7.3.2　中国的适航规章

我国的适航管理法规文件体系包括两个层次:第一层是法律,行政法规和规章,包括:《中华人民共和国航空法》、《中国民用航空规章》(CCAR);第二层是为执行这些法律、行政法规和规章的实施细则,由民航总局适航司发布的法规文件体系,包括适航管理文件、适航管理程序和咨询通告等,如图 7-6 所示。

我国的适航管理文件体系包括:13 部中国民用航空规章、23 个适航管理程序、23 个咨询通报、1 部适航管理规章(CCAR-21),4 部航空器适航标准(CCAR-23,CCAR-25,CCAR-27,

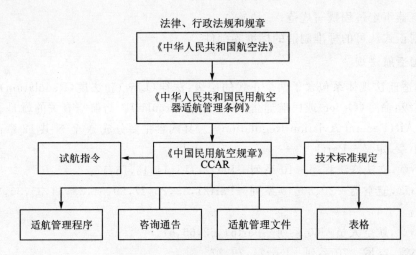

法律、行政法规和规章

《中华人民共和国航空法》

《中华人民共和国民用航空器适航管理条例》

试航指令 ← 《中国民用航空规章》CCAR → 技术标准规定

适航管理程序　咨询通告　适航管理文件　表格

图 7-6　适航管理法规文件体系

CCAR-29),3 部与发动机有关的适航标准(CCAR-33,CCAR-34,CCAR-35),1 部航空器噪声标准(CCAR-36),1 部机载设备规章(CCAR-37),1 部适航指令规章(CCAR-39),1 部国籍登记规章(CCAR-45),1 部委任代表和委任单位代表规章(CCAR-183)。

1.《中华人民共和国民用航空器适航管理条例》

国务院于 1987 年 5 月 4 日发布《中华人民共和国民用航空器适航管理条例》,并于同年 6 月 1 日起施行。这是国家最高行政机关发布的行政法规,对民用航空器适航管理的宗旨、性质、范围、权限、方法和处罚等做了明确规定。

《中华人民共和国民用航空器适航管理条例》共 29 条,概括了适航管理的基本要求。凡从事适航管理的工作人员,以及在中华人民共和国境内从事民用航空器(含航空发动机和螺旋桨)的设计、制造、使用和维修的单位或个人,向中华人民共和国出口民用航空器的单位或个人,以及在中华人民共和国境外维修在中华人民共和国登记的民用航空器的单位或者个人,均须遵守该条例。

2.《中国民用航空规章》(CCAR)

《中国民用航空规章》是国务院民用航空主管部门——中国民用航空总局制定、发布的涉及民用航空活动的、专业性的、具有法律效力的管理规章,凡从事民用航空活动的任何单位或个人都必须遵守其各项规定。

《中国民用航空规章》的制定、颁发程序及编号方法等,按《中国民用航空规章》第 01 部《民用航空规章制定程序》的规定执行;《中国民用航空规章》由民航总局有关业务部门负责起草,在广泛征求各方面的意见后,经局长办公会议讨论通过,由民航总局局长签发"中国民用航空总局令"发布实施;《中国民用航空规章》的范围很广,涉及航空器的适航管理、人员执照、机场管理、航务管理、航空营运、航空保安、搜寻援救和事故调查等各方面。有关适航管理的规章包含管理规则和适航标准两方面的内容。

民用航空器适航管理法规文件体系包括以下内容:

CCAR-21 民用航空产品和零件合格审定的规定;

CCAR-23 正常类、实用类、特技类和通勤类飞机适航标准;

CCAR - 25 运输类飞机适航标准；

CCAR - 27 一般类旋翼航空器适航标准；

CCAR - 29 运输类旋翼航空器适航标准；

CCAR - 31 载人气球、飞艇适航标准；

CCAR - 33 航空发动机适航标准；

CCAR - 34 航空发动机排污标准；

CCAR - 35 螺旋桨适航标准；

CCAR - 36 航空器型号合格审定噪声标准；

CCAR - 37 民用航空材料、零部件和机载设备技术标准规定；

CCAR - 39 民用航空器适航指令规定；

CCAR - 45 民用航空器国籍和登记的规定；

CCAR - 65 民用航空器维修人员合格审定的规定；

CCAR - 111 民用航空器运行适航管理规定；

CCAR - 115 民用航空器运行所要求的仪表、设备和性能使用限制的规定；

CCAR - 145 民用航空器维修许可审定的规定；

CCAR - 183 民用航空器适航委任代表和委任单位代表的规定。

3. 适航管理程序(AP)

适航管理程序是《中国民用航空规章》的实施细则和具体管理程序。它由各级适航部门根据专业分工起草、编写，在征求公众意见后，由民航总局适航司司长批准发布。它是各级适航部门的工作人员从事适航管理工作时应遵守的规则，也是民用航空器设计、制造、使用和维修的单位或个人应遵守的规则。

4. 咨询通告(AC)

咨询通告是适航部门向公众公开的对适航管理工作的政策以及某些具有普遍性的技术问题的解释性、说明性和推荐性文件或指导性文件。对于适航管理工作中的某些普遍的技术问题，也可用咨询通告的形式向公众公布适航部门可接受的处理方法。咨询通告由各级适航部门根据分工起草、编写，由民航总局适航司司长批准发布。

5. 适航管理文件(AMD)

适航管理文件是各级适航部门就某一具体技术问题或工作与航空营运人、航空产品设计、制造人以及有关部门进行工作联系时所使用的形式。对于某些暂行规定，适航部门也可用适航管理文件的形式发布执行。

7.3.3　适航规章中的人因

适航规章来源于对航空安全性的诉求，而决定航空安全性的一个重要因素是人的因素。因此，适航规章中的许多内容皆涉及人因。我国适航规章中涉及的人因包括人体几何尺寸、人的感知特性、人体运动特性、人的负荷特性等内容。

1. 人体几何尺寸

适航对人体几何尺寸的考虑主要见于与飞机舱门、应急实施相关的适航条例中。

例如，CCAR - 25.807 应急出口这一条，在对应急出口的大小进行规范时，要求机上人员

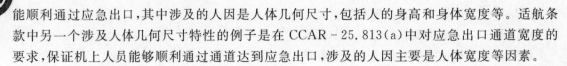

能顺利通过应急出口,其中涉及的人因是人体几何尺寸,包括人的身高和身体宽度等。适航条款中另一个涉及人体几何尺寸特性的例子是在 CCAR-25.813(a)中对应急出口通道宽度的要求,保证机上人员能够顺利通过通道达到应急出口,涉及的人因主要是人体宽度等因素。

2. 人的感知特性

在适航中涉及的人的感知特性包括人的视觉、听觉等特性。

人的视觉特性包括人的视野分布特点、人对色彩的感受、人对亮度的要求等。

对于人的视觉特性,在 CCAR-25.773 中对驾驶舱视界进行了规定,这其中涉及的人因是人的视野分布特点。在 CCAR-25.777(g)中对操纵手柄的颜色作出了规定,而 CCAR-25.1322 中也对驾驶舱告警灯的颜色做了规范,要求手柄的颜色及告警灯的颜色是易于分辨的,并且特定功能有特定的颜色。条款中涉及的人因主要有人对颜色的分辨能力。

另外,在 CCAR-25.1381 中对仪表灯做出了规范,其中要求座舱照明确保提供足够照明使执行的所有相关任务能容易的以高水平的速度和精确度完成;所有外界照明环境(直射阳光到全黑)驾驶员能迅速识别和明白任何危险情况或潜在风险;保证视觉舒服。该条款中涉及的人因主要有人的光适应性以及视觉舒适性。

适航规章中与人的听觉特性有关的条款主要是对飞机噪声的考虑,CCAR-36 中对飞机的噪声做出了详尽的规定,条款中涉及的人因主要是人对噪声的承受能力。

3. 人的运动特性

在适航规章中涉及的人的运动特性主要是对人的可达性及人的力量范围的考虑。

适航规章中涉及人的可达性的一个例子是在 CCAR-25.777(f)中,对起落架操纵器件的可达性做出了规定,要求驾驶员系紧安全带时也能操作起落架操纵器件,这其中涉及的人因是人的手部可达性。另一个在适航规章中涉及人的可达性的例子是 CCAR-25.807 中对应急出口跨下距离的规定,要求人在应急出口处能直接接触到向外的踏脚处,其中涉及的人因是人的脚部可达性。

对于人的力量范围因素,在 CCAR-25.809(c)中,要求开启应急出口的方法简单明了,并不特别费力,其中涉及的人因是人体手臂的力量范围。

4. 人的负荷特性

在适航规章中涉及的人的负荷特性是对机组配置的选择要求的考虑。CCAR-25.1523 中对可能使驾驶员产生工作负荷的情景进行了预测,规定了不同工作负荷条件下所需的最小飞行机组配置,其中涉及的人因主要是人的心理负荷特性。

CCAR-25.251 中对飞机可能产生的振动做出了要求,本条款中对人因最主要的考虑是振动导致驾驶员疲劳,需要驾驶员高度集中使用操纵器件和读取仪表参数,造成生理及心理负荷。这是适航规章对人的负荷特性考虑的另一个例子。

7.3.4 与人因相关的适航条款

适航条例都是用规范语言描述的,简洁但缺乏详细的解读。在对飞机进行人因设计,并考虑其适航性时,首先需要对相关的适航条款进行分析,了解与其相关的人因。本节罗列出了 CCAR-25 部中与人因相关的适航条款,并以 CCAR-25.1523 和 CS-25.1302 条款为例进行分析,并讨论了它在适航工作中的应用。

---

1. 我国适航规章中与人因相关的适航条款

我国适航规章中，与人因相关的适航条款主要集中于驾驶舱与客舱部分，因为这些部分与人的相关性较高。本书对相关的适航条款进行了归纳整理，表 7 - 1 所列为 CCAR - 25 部中与人因相关的适航条例。

表 7 - 1 CCAR - 25 部中与人因有关的条款

条款名称	涉及的人因	
25.771 驾驶舱	人的坐高、四肢长度等几何尺寸	人体几何尺寸
25.772 驾驶舱	人的身高、体宽等几何尺寸	
25.783 舱门	人的身高、体宽等几何尺寸	
25.785 座椅、卧铺、安全带和肩带	人的坐高、四肢长度等几何尺寸	
25.807 应急出口	人的身高、体宽等几何尺寸	
25.813 应急出口通路	人的身高、体宽等几何尺寸	
25.207 失速警告	人的听觉特性	人体感知特性
25.253 高速特性	人的可视性	
25.672 增稳系统及自动和带动力的操纵系统	人的听觉特性	
25.703 起飞警告系统	人的听觉特性	
25.729 起落架收放机构	人的视觉、听觉特性	
25.773 驾驶舱视界	人的视野分布特点	
25.775 风挡和窗户	人的视野分布特点	
25.791 旅客通告标示和标牌	人的可视性	
25.811 应急出口的标记	人的可视性	
25.812 应急照明	人对亮度的要求	
25.1303 飞行和导航仪表	人的视野分布特点、人的可视性	
25.1321 仪表布局和可见度	人的视野分布特点、人的可视性	
25.1322 警告灯、戒备灯和提示灯	人对色彩的感受	
25.1326 空速管加温指示系统	人的可视性	
25.1381 仪表灯	人对亮度的要求	
25.1383 着陆灯	人对亮度的要求	
25.1423 机内广播系统	人的听觉特性	
25.1541 标记和标牌总则	人的视觉特性	
25.1545 空速限制信息	人的可视性	
25.1549 动力装置和辅助动力装置仪表	人对色彩的感受	
25.1555 操纵器件标记	人的可视性、人对色彩的感受	
25.1561 安全设备	人的可视性	
25.1563 空速标牌	人的可视性	
25.143 操纵性和机动性总则	人的力量范围	人的运动特性
25.253 高速特性	人的力量范围	
25.397 操纵系统载荷	人的力量范围	

条款名称	涉及的人因	
25.405 次操纵系统	人的力量范围	人的运动特性
25.611 可达性措施	人的可达性	
25.785 座椅、卧铺、安全带和肩带	人的可达性	
25.1147 混合比操纵器件	人的可达性	
25.1159 增压器操纵器件	人的可达性	
25.1307 其他设备	人的可达性	
25.1309 设备、系统及安装	人的可达性	
25.1411 安全设备总则	人的可达性	
25.1415 水上迫降设备	人的可达性	
25.1523 最小飞行机组	人的可达性	
25.251 振动和抖振	人的生理负荷特性	人的负荷特性
25.671 操纵系统总则	人的生理负荷特性	
25.672 增稳系统及自动和带动力的操纵系统	人的生理负荷特性	
25.1523 最小飞行机组	人的心理负荷特性	

2. 适航条款分析

适航条款本身为非常简洁的一段话,要对其进行分析应用,首先需要进行解读。本部分选择 CCAR-25.1523 与 CS-25.1302 两条条款为例进行解读,以使读者能够更好地掌握适航条款的解读方法。

● CCAR-25.1523 最小飞行机组

必须考虑下列因素来规定最小飞行机组,使其足以保证安全运行:

(a) 每个机组成员的工作量;

(b) 有关机组乘员对必需的操纵器件的可达性和操作简易型;

(c) 按 25.1525 所核准的运行类型。

以上即是 CCAR-25.1523 条款的内容,为便于理解,第 25 部运输类飞机适航标准 CCAR-25-R3 在之后的附录中阐述了确定最小飞行机组时采用的准则:

适航当局决定 §25.1523 所述的最小飞行机组时,需考虑下列因素:

(1) 基本工作职能考虑下列基本工作职能:

1) 飞行航迹控制;

2) 防撞;

3) 导航;

4) 通讯;

5) 飞机发动机和系统的操作和监控;

6) 指挥决策。

(2) 工作量因素为确定最小飞行机组而分析和验证工作量时,主要考虑下列工作量因素:

1) 对所有必需的飞行、动力装置和设备操纵器件(包括燃油应急切断阀、电气控制器件、电子控制器件、增压系统操纵器件和发动机操纵器件)进行操作的可达性和简便程度。

2) 所有必需的仪表和故障警告装置(例如火警、电气系统故障和其他故障的指示器或告戒指示器)的可达性和醒目程度,并考虑这些仪表或装置引导进行适当纠正的程度。

3) 操作程序的数量、紧迫性和复杂性。特别要考虑由于重心、结构或其他适航性的原因而强制采用的专用燃油管理程序,以及发动机自始至终依靠单一油箱或油源(其他油箱如果贮有燃油,则自动向该油箱或油源输油)供油而运转的能力。

4) 在正常操作以及判断、应付故障和应急情况时消耗精力和体力的大小和持续时间。

5) 在航路飞行中,需对燃油、液压、增压、电气、电子、除冰和其他系统进行监控的程度。

6) 需要机组成员离开原定工作岗位才能完成的动作,包括:查看飞机的系统、应急操作操纵器件和处理任何隔舱的应急情况。

7) 飞机系统的自动化程度,自动化是指系统在发生故障或失效后,能自动切断、自动隔离由此起的障碍,从而减少飞行机组为防止丧失能源(飞行操纵系统或其他主要系统的液压源、电源)所需的动作。

8) 通讯和导航的工作量。

9) 由于任一应急情况可导致其他应急情况而增加工作量的可能性。

10) 当适用的营运规则要求至少由两名驾驶员组成最小飞行机组时,一名机组成员因故不能工作。

(3) 确定核准的运行类型时,要求考虑飞机运行所依据的营运规则。除非申请人要求批准更为局限的运行类型,假定按本部获得合格证的飞机均在仪表飞行规则条件下运行。

以上内容规定了飞机的最小机组配置,并对飞行负荷进行了规定。因此,在确定最小飞行机组时,适航申请人可选择使用工作负荷分析(如时间线性分析)来评估某些工作负荷问题。其他评价工作负荷通常涉及训练有素的飞行员在高保真模拟或在实际飞机上进行。有许多可能的工作量评估技术可以采用。选择测试条件的一个有效方法是模拟运行或故障情景,这些情景极有可能导致最高的工作量条件。申请人还应该考虑最低设备清单调度,因为有其他故障时,可能导致大幅增加的工作量。由于没有现存关于工作量的客观标准,申请人可以对新型或改进型飞机与比较熟悉的获得适航证的飞机进行比较,得到工作量估计。

● CS-25.1302 设备和安装

本款适用于所有供飞行机组成员使用的设备安装。这些设备是飞行员在驾驶舱的正常座位位置操纵飞机所使用的。此安装的设备必须单独或联合其他设计的相关设备进行解释,以便合格地培训飞行员使用这些设备,安全地执行预期任务,并符合下列要求:

(1) 驾驶舱控制元件的安装必须允许完成相关任务并且必须提供完成这些任务所需的信息。

(2) 驾驶舱控制元件和给飞行员提供的信息必须满足:

1) 以清晰明确的方式呈现,分辨率和准确度要与执行的任务相适应;

2) 不管在紧急、频繁还是持续使用的情况下,飞行员都能够得到和读取。

3) 当需要飞行员意识到他的操作将会影响到飞机或系统的安全运行时,必须保证飞行员能意识到这是安全操作所需。

(3) 运行相关的设备安装必须满足:

1) 可以预测和明确的;

2) 保证飞行员能以合适的形式执行相关任务。

(4) 设备安装必须尽可能使飞行人员能合理地管理机组与设备交互所产生的错误,这条不适用于手动控制飞机时与技能相关的错误。

CS-25.1302 条款是 EASA 最新加入的条款,目前在 FAR 与 CCAR 中还没有对应的条款。根据 1302 条款对设计完成的飞机进行评估时,适航申请者或许会希望考虑很多方法来展示设计与人因相关的适航要求相符。例如体验服务就是一种很有效的评估方式,这能对人机界面有更好的认识。许多需求分析技术在显示飞行员重要任务信息时是及时、实用、可行的。模拟器通过实用性设计的控制和显示设备能评估训练过的飞行员是否能充分地掌握必备的飞行技能。最后,飞行测试能调查特定的正常与异常设定飞行情况。

思考题

7-1 什么是适航?为什么需要适航?

7-2 适航管理是什么?它的意义是什么?

7-3 适航监管机构都有哪些?它们之间有什么关系?

7-4 简述我国的适航管理法规文件体系。

7-5 飞行器的驾驶舱是人机交互最集中的地方,其适航性决定了飞行器的舒适性、高效性和安全性。美国联邦航空局(FAA)颁发的联邦航空法规(FAR)在数十年的历程中,积累了大量经验,吸取广泛意见,包括 5 个版本。新版本的颁发都是伴随着科技的进步,有时甚至是惨痛的航空事故,在广泛征求工业界等各方面的意见,并就适航条款修订的原因及对经济性和安全性的影响进行了深入的讨论后确立的。请查阅相关文件,分析这 5 版航空法规在驾驶舱视界方面不同之处,并浅谈这些进步能给我国相关的适航管理法规文件提供何种启示。

扩展阅读

[1] 菲利普·德·弗洛里奥. 适航性:航空器合格审定导论[M]. 上海:上海交通大学出版社,2013.

[2] 徐浩军.航空器适航性概论[M].西安:西北工业大学出版社,2012.

参考文献

[1] 徐浩军.航空器适航性概论[M].西安:西北工业大学出版社,2012.

[2] 中国民用航空总局适航审定司.中国民用航空器适航管理[M].北京:中国民航出版社,1994.

[3] 曹华,佘公藩.适航性管理[M].北京:航空工业出版社,1981.

[4] 菲利普·德·弗洛里奥. 适航性:航空器合格审定导论[M]. 上海:上海交通大学出版社,2013.

[5] CCAR-25,中国民用航空规章第 25 部:运输类飞机适航标准[S].

第8章 适航取证中的人因

适航取证,指的是具有民用航空器的设计和制造能力的研制单位,可以作为申请和持有人,根据中国民用航空局有关的法规和适航标准、程序,在研制的型号产品交付使用前,通过检查、分析、评估和实验等符合性验证工作表明飞机满足适航规章要求,最终取得局方认可并取得适航证。适航取证是民用飞机步入市场、投入运营的关键,更是保证航空安全的重要因素之一,代表了公众对民用飞机安全的最终认可。

近年来越来越多的航空事故指向人因,因此在取证中,申请方将与人相关的因素集中起来形成人因符合性验证项目,能加快人因符合性审查的进程,提升适航认证工作的效率,对适航取证过程中人因项目审定的学习具有十分重要的意义。

本章内容分为三个部分:首先介绍了飞机全周期下的取证工作和飞机型号合格证取证过程,然后又描述型号合格取证项目中的人因认证计划,最后给出一个人因认证计划的案例,供同学们了解适航取证和人因认证内容。

8.1   适 航 取 证

飞机在进入市场之前必须取得适航证,其中包括型号合格证、生产许可证和单机适航证。型号合格证取证从飞机研发的立项论证阶段就开始介入,到工程发展阶段取得型号合格证,再到飞机产业化阶段的持续适航工作,贯穿飞机的整个生命周期。制造人在获得民用航空器的型号合格证或权益转让协议(或补充型号合格证)后,均可申请生产许可证。申请人应根据申请取证的型号研制计划和型号合格取证节点,协调申请生产合格证和取得生产合格证的时间节点,尽快在获取型号合格证后取得生产合格证。单机适航证(或者适航审定证)是型号合格审定、生产许可审定之后,保证民用航空产品安全使用的最后一次审定,目的是检查产品资料和产品本身,确定是否符合型号设计并处于安全使用状态,以及随机文件是否齐全。

飞机三证都是适航当局颁发给飞机制造商的,表明飞机的设计和制造符合了适航要求。需要注意的是,某些装机设备/系统还必须由设备/系统供应商单独取得适航证后才有装机资格,例如,涡轮发动机必须按 CCAR/FAR/CS 33、34 取证,以及某些适航当局批准有 TSO(Technical Standard Order)标准的设备。

本节,我们分为三部分介绍适航取证。首先介绍了民机研发流程下的适航取证工作,然后详细介绍了型号合格证的取证流程及生产合格证的取证过程。

8.1.1   民机研发流程中的适航型号合格审定

通常民用飞机的研制过程可以划分为立项论证阶段、可行性论证阶段、预发展阶段、工程发展阶段和产业化阶段。飞机的适航审定工作贯穿民用飞机的整个研制过程。

立项论证阶段主要工作是对发展新型民用飞机项目进行"航空环境"的评估,是飞机的设计、生产、市场、商务、材料、计划等专业人员对所要立项的飞机进行初步的全面探讨。项目建议书的批准标志着本阶段工作的完成。本阶段,应对适航审定基础和取证进行初步的分析。

可行性论证阶段主要工作是在项目建议书的基础上作进一步的论证和分析,重点进行技术、进度、经费、风险分析和评估,以及实施途径的论证。此阶段还应包括寻求合作对象和研制分工等。可行性研究报告评审的通过标志着本阶段工作的完成。在本阶段,应分析适航审定的基础与飞机顶层需求,论证适航取证实施方案和适航取证的能力。

预发展阶段的主要工作是针对可行性论证确定的飞机设计依据和设计要求,权衡细化,形成初步总体技术方案,进行初步设计方案设计。总体技术方案冻结并获得批准标志着本阶段工作的完成。在本阶段,方案冻结后,研制总体单位按规定向适航当局提出型号合格证申请,确定初步的审定基础,编制初步符合性验证计划,建立符合试航要求的设计要求适航保证体系。

工程发展阶段的主要工作是综合考虑项目技术、制造、质量、经济性、适航审定等问题,进行产品详细设计、试制和试验等。型号合格证的颁发和首架交付标志本阶段工作的结束。在本阶段,应确定适航审定大纲,编制符合性验证计划,和适航当局共同开展适航符合性验证工作,取得型号合格证,并建立飞机持续适航体系。在《国际民航公约》的附件 8 中要求:飞机注册国和飞机设计国建立一个系统来收集故障、失效和缺陷信息,同时要求设计国分析是否需要采取适航行动,制定必要的适航措施并发布相应的信息。

产业化阶段的主要工作是持续取得订单和改进产品和服务,扩大市场份额。根据市场订单,制定生产纲领,建立生产管理模式和商务运行模型,有效控制成本,确保准时交付,进而取得商业成功,实现良性循环的产业化发展。在本阶段,应申请生产许可审定,并进行产业化适航管理,建立飞机持续适航服务体系;联络适航当局,编发各类服务通告,以确保产品的飞行安全。

8.1.2　飞机型号合格证取证流程

民机型号合格审定伴随着飞机全部生命周期。结合民机型号合格审定的一般情况和民机研制过程,CAAC 颁布的《航空器型号合格审定程序》(AP-21-AA)将型号合格证的取证过程划分为:概念设计阶段、要求确定阶段、符合性计划制定阶段、计划实施阶段和证后管理阶段。每个阶段都包含适航取证的具体工作任务,输入和输出。

1. 概念设计阶段

概念设计阶段是指意向申请人对潜在的审定项目尚未向中国民用航空局的责任审定单位提出型号合格证或型号设计批准书申请的阶段。中国民用航空局鼓励意向申请人在航空器型号项目尚处于概念设计时就与责任审查部门书面联系,责任审查部门收到联系函后即启动本阶段。概念设计阶段并非适用于每一个型号合格审定项目,对于简单的型号项目或有取证经验的型号合格证件持有人,可根据实际情况跳过此阶段,直接进入下一阶段。概念设计阶段的目的是向意向申请人提供有关适航规章及审定程序等方面的宣传、帮助和指导,与意向申请人建立安全保障合作关系,编制并签署安全保障计划(Partner for Safety Plan,PSP),确保适航当局审查部门尽早介入潜在的审定项目,并对某些重要领域和对规章相关要求符合性的问题与意向申请人达成共识,为后续审查活动的顺利开展奠定基础。

概念设计阶段主要开展以下工作:

① 型号合格审定过程的宣传贯彻。

② 安全保障合作计划的签署或修订。安全保障合作计划是为在型号合格审定过程中达

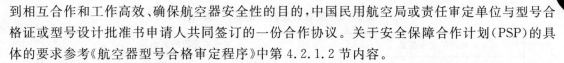

到相互合作和工作高效、确保航空器安全性的目的,中国民用航空局或责任审定单位与型号合格证或型号设计批准书申请人共同签订的一份合作协议。关于安全保障合作计划(PSP)的具体的要求参考《航空器型号合格审定程序》中第 4.2.1.2 节内容。

③ 适航当局指导适航规章。

④ 熟悉潜在审定项目。

⑤ 讨论合格审定计划(Certification Plan,CP)。合格审定计划是申请人制订的关于采用何种符合性验证方法来表明产品符合审定基础的计划。审定计划(CP)的具体要求参考《航空器型号合格审定程序》第 4.2.1.5 节内容。

⑥ 设计保证系统的初步评估。

本阶段的输入和输出如表 8-1 所列。

表 8-1　概念设计阶段的输入、输出

所需的输入信息	完成本阶段的输出
① 飞机设计的新设计特点、采用的主要技术、选用的材料体系和工艺方法体系等 ② 预期的审定基础和符合性方法 ③ 定义与设计合作伙伴和供应商关系 ④ 初始的安全评估	① 用会议纪要和类似的文件记录的决策、协议、时间计划、里程碑以及行动项目 ② 建议的审定基础 ③ 结合考虑预期的符合性方法、初步安全性评估和有关的政策材料而初步制订的审定计划(CP) ④ 识别并计划的重要问题及其解决方案,例如新设计、新技术或新工艺,可能的专用条件、豁免或等效安全,以及那些会造成过度评估负担的合作生产商或国外供应商协议等 ⑤ 第 I 阶段评估检查单

2. 要求确定阶段

要求确定阶段是指意向申请人向适航当局提出了型号合格证件的申请,适航当局对申请进行受理并确定适用的审定基础。要求确定阶段的工作旨在明确产品定义和有关的风险,确定需要满足的具体规章要求和符合性方法,识别重大问题,编制专项合格审定计划(Project Specific Certification Plan,PSCP)。

要求确定阶段应遵循已签署的 PSP,主要开展以下工作:

① 型号合格审定(Type Certification,TC)申请。

② 受理申请。

③ 首次型号合格审定委员会(Type Certification Board,TCB)会议前的准备。

④ 召开首次 TCB 会议。

⑤ 编写合格审定项目计划(Certification Program Plan,CPP)。

⑥ 编写专项合格审定计划(PSCP)草案。

⑦ 编写问题纪要。

⑧ 问题纪要的汇编。

⑨ 专用条件、等效安全和豁免的审批。

⑩ 召开中间 TCB 会议。

本阶段的输入和输出如表 8-2 所列。

表 8 – 2 要求确定阶段的输入、输出

所需的输入信息	完成本阶段的输出
① 细化的安全性评估 ② 研制进度方案	① 提交型号合格证申请，并获得受理 ② 专项合格审定计划（PSCP）的初稿 ③ 以问题纪要形式初步确定专用条件、等效安全、豁免

3. 符合性计划制订阶段

符合性计划制订阶段的目的是完成专项合格审定计划（PSCP），将 PSCP 作为双方使用的一个工具，管理合格审定项目。本阶段应遵循已签署的 PSP 和审定计划（PSCP）的规定，主要开展以下工作：

① 确定审查组直接介入的范围。

② 确定委任与监督的范围。

③ 确定制造符合性检查计划。

④ 完成专项合格审定计划。

⑤ 召开中间 TCB 会议——同意专项合格审定计划。

本阶段的输入和输出如表 8 – 3 所列。

表 8 – 3 符合性计划制定阶段的输入、输出

所需的输入信息	完成本阶段的输出
① 开始进行安全性评估 ② 签署关于专用条件、等效安全、豁免的问题纪要	① 经签署的专项合格审定计划（PSCP）和各系统/专业的合格审定计划（CP） ② 确定的审定基础和初步的符合性检查单 ③ 确定委任代表体系，规定其权限

4. 计划实施阶段

计划实施阶段是局方和申请人执行经双方共同签署的专项合格审定计划（PSCP），展开具体的验证、符合性表明和符合性确认活动的阶段。本阶段应遵循 PSP 和 PSCP，申请人应和局方密切合作，对已经签订的 PSCP 进行管理和完善，确保 PSCP 中的所有要求得以满足，在实施过程中不断评估计划的执行情况并及时修订 PSCP，检查符合性检查单的完成情况。

本阶段开展的主要工作如下：

① 验证试验。

② 设计符合性检查。

③ 分析。

④ 申请人的飞行试验。

⑤ 表明符合性。

⑥ 提交符合性证据资料。

⑦ 提交申请人的飞行试验数据和报告。

⑧ 提交符合性报告。

⑨ 评审符合性资料。

⑩ 评审申请人的飞行试验结果。

⑪ 飞行试验风险管理。

⑫ 合格审定飞行试验前的 TCB 会议。

⑬ 签发型号检查核准书(TIA)。

⑭ 合格审定飞行试验的制造符合性检查。

⑮ 合格审定飞行试验。

⑯ 运行和维护的评估。

⑰ 审批持续适航文件(Instructions for Continued Airworthiness,ICA)。

⑱ 功能和可靠性飞行试验。

⑲ 编制及审批《飞机飞行手册》。

⑳ 最终技术资料的工程评审。

㉑ 召开最终 TCB 会议。

㉒ 颁发型号合格证、型号设计批准书及数据单。

本阶段的输入和输出如表 8-4 所列。

表 8-4　计划实施阶段的输入、输出

所需的输入信息	完成本阶段的输出
① 设计和生产分析和计算报告 ② 试验大纲、试验目击报告、试验报告 ③ 安全性分析报告	① 按 PSCP 和 CP 的时间节点的要求,完成分析和试验计划的提交文件、型号检查核准书(TIA)、制造符合性检查、飞行试验、航空器评定小组(Aircraft Evaluation Group,AEG)评估、重大争议问题解决计划以及其他影响项目结束的工作项目 ② 已完成的试验计划/报告、制造符合性检查的请求项目、制造符合性检查以及设计符合性验证文件 ③ 问题纪要、条件、豁免条件以及等效安全的确认文件 ④ 设计符合性和制造符合性的确认文件 ⑤ 符合性总结文件 ⑥ 型号检查报告 ⑦ 颁发型号合格证

5. 证后管理阶段

证后管理阶段是指颁发 TC 之后,进行项目的型号合格审定工作总结、资料保存、证后评定等收尾性工作。该阶段的工作为航空产品整个生命周期内的持续适航工作以及合格证件管理奠定基础。证后管理阶段应遵循 PSP,按 PSCP 实施管理,重点放在持续运行安全方面。主要工作包括:

① 完成型号合格审定总结报告。

② 完成型号检查报告(Type Inspection Report,TIR)。

③ 保持持续适航性。

④ 设计保证系统、手册及其更改的控制与管理。

⑤ 持续适航文件(ICA)的修订。

⑥ 证后评定。

⑦ 数据资料保存。

⑧ 航空器交付时的必要文件。

本阶段的输入和输出如表 8-5 所列。

表 8-5 证后管理阶段的输入、输出

所需的输入信息	完成本阶段的输出
① 适航限制	① 持续适航文件
② 维修和使用要求	② 持续适航管理计划
③ 项目经验教训总结	
④ 型号合格证数据单	
⑤ 设计更改资料	

8.1.3 飞机生产许可证取证流程

生产许可证(PC)是指适航当局对已获得民用航空器产品设计批准欲重复生产该产品的制造人进行资格性审定后的最终批准形式,以保证该产品符合经适航部门批准的型号设计。制造人在获得民用航空器的型号合格证或权益转让协议(或补充型号合格证)后,均可申请生产许可证。CAAC 发布的《生产许可证和监督程序》(AP-21-04)规定了民用航空产品生产许可证的申请、审查、颁发要求,以及对生产许可证持有人的监督和管理规定。下面介绍 PC 的取证流程。

负责生产制造的适航管理部门组织取得生产许可证的工作,与适航当局申请 PC 审查,主要工作内容有:

1. 申请前准备工作

在型号研制进入全面试制阶段,要准备开始建立生产质量控制保障体系,主要工作包括:

① 完成与生产组织机构手册以及有关的文件草案;

② 运行生产质量控制保障体系。

2. 申　请

向适航当局提交下述文件:

① 提交 PC 申请书(AAC-DO17)。

② 有关生产技术、工程保证能力(包括组织机构、生产设施、供应商、设备及合格人员)的说明。

③ 有关生产质量控制体系的说明。

3. 首次 PCB 会议(申请受理后)

适航当局组织首次 PCB 会议,主要工作包括:

① 讨论和审议申请人提交的有关质量控制系统、组织机构和生产能力的说明性材料。

② 讨论和审议申请人授权供应商检查零部件以及本厂进行入场复验的原则。

③ 审议审查组成员资格和成立审查组(Production Certification Team,PCT)。

④ 讨论和确定 PC 合格审定计划。

4. PCT 会议(首次 PCB 会议后)

根据首次 PCB 会议形成的纪要和确定的合格审定计划,审查组开始审查工作。

① 申请人按照审定计划,准备有关质量控制资料。

② 组织审查代表进行质量控制资料的评审。

审查代表按照 AP－21－04R3 的附录"航空器合格审定系统评审大纲"对申请人提供的资料进行全面的评审,已确认其是否符合 CCAR21 部第 21.143 对质量控制系统及资料的要求。对质量控制资料发现的问题,用系统评审记录表(AAC－105)记录,在评审结束后用适航管理文件或函件通知申请人。在完成质量控制资料审查后并确认符合 CCAR21 第 21.143 有关要求后,以适航管理文件或函件的形式批准申请人的质量手册。

③ 组织审查代表进行第二阶段的现场评审。审查代表依据经批准的申请人质控资料,并参照 AP－21－04 附录"航空器合格审定系统评审大纲"给出的评审准则,通过评审申请人质量控制系统的系统要素的运转情况和有效性来判定质量控制系统是否符合 CCAR21 部第 21.139 和质量控制体系的要求,能否全面地贯彻执行质量控制资料的有关规定,保持持续生产出符合经批准的型号设计并处于安全可用状态的产品和零部件。

5. 最终 PCB 会议(颁证前)

① 准备有关会议文件,配合审查组准备审查报告。

② 参加 PCB 会议,审查组向 TCB 提交审查报告并提出颁发 PC 的建议。

6. 审　批

获得适航当局颁发的 PC。

7. PC 证后管理

生产设计批准书持有人应通过建立有效的内部审核机制,保持其生产质量控制系统持续符合获得生产许可证时批准的生产质量控制资料和程序。必须接受适航当局的监督和检查,保证其生产的每一产品及其零部件符合经批准的型号设计并处于安全可用状态,主要完成以下工作:

① 组织安排适航当局指派的主管检查员对其生产质量控制系统的若干个系统要素进行经常性评审活动(即主管检查员评审),包括随机监督和日常监督。

② 对于任何影响产品的检验、符合性或适航性的质量控制系统的更改,都应立即通知适航当局指派的主管检查员。

③ 组织、安排适航当局对生产质量控制系统进行两年一次的全面复查。

④ 对其供应商持续监督和检查,以保证其遵守 CCAR21 的有关要求,并接受适航当局的检查。

8.2　适航人因认证计划

8.2.1　飞机型号合格证取证详细流程

在介绍适航的人因认证计划之前,先来了解飞机型号合格证适航认证工作、人因认证项目和人因认证计划等内容。

型号合格证(TC)是适航当局对民用航空器(包括正常类、实用类、特技类、通勤类和运输类)载人气球、特别类航空器、航空发动机、螺旋桨设计批准的合格凭证。型号合格证贯穿了飞机研发使用的全部流程,申请取证的工作量最大,时间最长。

具有设计民用航空产品能力的申请人如已具备申请型号合格证的资格，可按照民用航空产品、零部件合格审定规定的有关要求向适航当局提出申请。适航当局在收到申请人提交的TC申请书和所附的资料后，指定项目主管部门进行初步评审，在90天内决定是否受理申请。若同意，则发出受理通知书，成立专门的型号合格审定审查组，开展审定工作；不受理，则用函件正式通知申请人。

适航当局受理后，民航总局的适航审定司审定处会组建项目合格审定委员会（TCB）。型号合格审定委员会（TCB）是型号合格审定项目的管理团队，负责监控型号合格审定项目的审查工作，解决审查中出现的重大问题。型号合格审定审查组是型号合格审定委员会下设的审查团队，负责审查符合性工作。

飞机的申请人和型号合格审定审查组的讨论，初步确定了适航审定基础，包括适用的适航规章、专用条件、等效安全和豁免。在确定审定基础的条件下，申请人编制符合性方法表，以适航条款的顺序确定审定基础的符合性方法；同时申请人编制合格审定计划，按照专业/系统的划分确定并开展相关的适航条款和为表明对适航条款的符合性所需的符合性验证工作。

对于确定的单个符合性验证工作项目，申请人首先应当确定唯一的、对此项目负责的责任人，负责协调与该项目相关的申请人内部的各部门，共同完成该项目；相应地，审查组应确定唯一的、对此项目负责的责任人，负责协调与该项目相关的适航条款的审查代表，共同评审该项目。双方责任人负责双方之间的协调工作，按照《型号合格审定程序》（AP-21-03R3）的要求完成相关的批准工作。批准过后，申请人负责人要负责汇总所有的批准资料。

申请人责任人负责单个符合性验证工作的批准资料，并且汇总到申请人的适航管理部门。申请人的适航管理部门应确定每一适航条款的责任人，协调完成该适航条款的符合性摘要，并且负责以本咨询通告附录一的适航条款符合性审查表（CAAC表AAC-217(10/2007)）的形式汇总与该适航条款相关的全部符合性验证工作的批准资料。审查组的适航条款的负责人和所在专业组的组长以适航条款符合性审查表（CAAC表AAC-217(10/2007)）的形式批准该适航条款。

最后，申请人的适航管理部门负责按照适航条款的顺序分类所有符合性报告并填写符合性检查单，审查组组长签署批准符合性检查单，颁发型号合格证。

8.2.2　适航人因认证项目和认证计划

前文已经指出，在适航认证过程中将人的因素综合起来形成人因认证项目的重要性。并且在中国民用航空局航空器适航审定司颁布的《型号合格审定程序》（AP-21-03R3）中也指出，可以（并不局限于）将飞机适航审定工作划分为性能和飞行试验、结构强度、电子电气、动力装置、机械系统、客舱安全、环境保护（噪声与排放）、人因、制造符合性检查、设计保证系统审查等方面。人因适航认证项目是这些适航审定内容的一个部分。

适航当局的审查组将设立对应的人因认证小组，由中国民用航空局适航审定司航空器审定处组织人因专家建立人因认证小组。

人因审查专家审查的内容主要包括两个方面：

① 负责驾驶舱仪表、操纵器件、设备、显示、工作环境等与人因相关的设计审查；

② 评估机组的工作负荷。

审查内容有时候也会划分为三个方面：

① 驾驶舱的布置布局、操纵设备的外形等客观评估的审查内容；

② 根据 25 部 1302 条款,关于设备和安装等定量评估的审查内容；

③ 根据 25 部 1523 条款,关于最小机组负荷的审定内容。

B787 和 C919 的人因符合性审定就分为这三个方面。

在人因认证项目的工作过程中,确定人因适航认证计划(Human Factors Certificate Plan)之后,人因认证工作便依照计划展开。人因认证计划主要包括如下内容。

1. 项目介绍

项目介绍是为了介绍人因认证项目的目的和背景等内容。

2. 系统描述

系统描述应描述系统或组件的一般特征。该部分的人因内容包括对系统、用户(即机组成员)以及他们之间进行的交互方式这三部分的基本描述。另外,对于任何新的、特殊的设备,系统描述主要包括以下方面:

（1）预期功能

人因取证申请人应提供资料,说明人机交互界面预期的主要功能。申请人应考虑下列每条,并酌情关注那些影响人机界面或任务分配的系统新特征,包括:

① 从飞行员角度看,系统预期的功能。

② 明确相对于系统来说飞行员扮演的角色。

③ 预期飞行程序。

④ 预估飞机功能,例如通信、导航或监视的功能。

（2）布局图

飞机界面布局图纸,即使是初步的图纸,也可以对预期整体飞机界面的布局(控制器、显示器、示例显示屏幕、座椅、装载等)的理解提供非常有用的帮助。

申请人要提供绘图的更新过程,这能使审定人员对设计的认识随着设计的发展而同步发展。应特别注意以下任何新的或特殊的系统方面:

① 控制器、显示器或其他飞机界面的布局。

② 控制器,如光标控制装置,或现有控制技术的新应用。

③ 显示硬件技术。

对于上述项目人机界面示意图可以帮助审定人员在早期对认证问题有所认识。申请人应在绘图中说明人机界面、按钮、功能旋钮、预期系统响应、报警机制、工作状态等方面。所以文件必须充分涵盖每个组件和飞行员之间必需的交互系统。

（3）自动化逻辑的基本原则

涉及重要的自动化设计会对安全产生极大的影响。自动化设计关键主题如下:

① 操作模式;

② 基础模式过渡的原则;

③ 警示系统模式;

④ 自动驾驶执行/脱离原则;

⑤ 初步逻辑图(如果可用)。

（4）飞行员程序的基本原则

由于系统的设计与相关程序是相互关联的,因此描述系统设计的最根本的指导方针对建立飞行员操作程序的基础原则非常有帮助。关键主题包括：

① 使用确认清单的预期存储程序和读取–操作程序的对比；

② 程序执行期间的人机交互；

③ 自动程序的支持与帮助。

（5）承担验证任务的飞行员

申请人可以提供一个介绍说明承担验证的飞行员情况的文件。这个说明可以包括以下的内容：

① 以前的飞行经验，如飞行级别、飞行时间；

② 类似或不同的飞行界面设计和功能方面的飞行经验，包括自动化；

③ 这个飞行界面设计开展预期的训练，或假定预期的培训。

申请人编制合格审定计划，按照专业/系统的划分，确定并开展相关的适航条款，并开展为表明对适航条款的符合性所需的符合性验证工作，并确定各个子项目的负责人，负责协调与人因项目相关的申请人内部的各部门，共同完成人因认证工作；相应地，审查组应确定唯一的、对人因认证负责的责任人，负责协调与人因相关的适航条款的审查代表，共同完成适航审定项目。

人因认证项目负责人和型号合格审定审查专项负责人的讨论，初步确定了与人紧密相关的认证基础。申请人根据审定基础，选择合适的符合性验证方法来验证符合程度。

3. 认证基础

认证基础需要列出并描述与人因有关的法规和申请人提交的关于人因认证项目的其他要求，也包括申请人应遵守的要求的具体清单。

适航当局方面希望看到申请方列出的所有有关条例，该列表包含涉及人因认证项目的具体详细的段落。

表 8–6 提供了 25 部规章中 CFR14 的部分列表。申请者通常要求仔细考虑许多人因问题，与适航审定组讨论，最终确定审定基础。

表 8–6　适航条例 25 部中与飞行机组人为因素相关的条例列表

人因的一般性要求	
§25.771(a)	驾驶舱及其设备必须能使（按§25.1523规定）最小飞行机组在执行任务时不致过分专注或疲劳
§25.771(e)	驾驶舱设备的振动和噪声特性不得影响飞机的安全运行
§25.773(a)(1)	驾驶舱的布局必须给驾驶员以足够宽阔、清晰和不失真的视界，使其能在飞机使用限制内安全地完成任何机动动作，包括滑行、起飞、进场和着陆
§25.773(a)(2)	驾驶舱不得有影响（按§25.1523规定）最小飞行机组完成正常职责的眩光和反射，必须在无降水情况下通过昼夜和夜间飞行试验表明满足上述要求
§25.777(a)	驾驶舱每个操纵器件的位置必须保证操作方便并能防止混淆和误动
§25.777(c)	操纵器件相对于驾驶员座椅的位置和布局，必须是任何身高 158 cm 至 190 cm 的（按§25.1523规定）最小飞行机组成员就座并系紧安全带和肩带（如果装有）时，每个操纵器件可无阻挡地做全程运动，而不受驾驶舱结构或最小飞行机组成员衣着的干扰

§ 25.1301(a)	所安装的每项设备其种类和设计与预订功能相适应
§ 25.1309 (b)(3)	系统、控制器件和有关的监控与告警装置的设计必须尽量减少可能增加危险的机组失误
§ 25.1321(a)	必须使任一驾驶员在其工作位置沿飞行航迹向前观察时,尽可能少偏移姿势和视线,即可看清供他使用的每个飞行、导航和动力装置仪表
§ 25.1321(e)	如果装有指出仪表失灵的目视指示器,则该指示器必须在驾驶舱所有可能的照明条件下都有效
§ 25.1523	必须考虑下列因素来规定最小飞行机组,使其足以保证安全运行: ① 每个机组成员的工作量 ② 有关机组乘员对必需的操纵器件的可达性和操作简易性 ③ 按 § 25.1525 所核准的运行类型
§ 25.1543(b)	每一仪表标记必须使相应机组人员可清晰看见
特殊人因要求	
§ 25.785(g)	驾驶舱工作位置的每个座椅必须设有带单点脱扣装置的安全带和肩带组合式约束系统,使驾驶舱内的乘员就座并系紧安全带-肩带后能执行该乘员在驾驶舱内所有必要的职责。必须有措施在每个组合式约束系统不使用时将其固定,以免妨碍对飞机的操作和在应急情况下的迅速撤离
§ 25.785(l)	每个向前观察员座椅适用于进行必要的航路检查
§ 25.1141(a)	操纵器件的位置必须保证不会由于人员进出驾驶舱或在驾驶舱内正常活动而使其误动
§ 25.1357(d)	如果飞行安全要求必须有使某一断路器复位或更换某一熔断器的能力,则这种断路器或熔断器的位置和标识必须使其在飞行中易被复位或更换
§ 25.1381 (a)(2)	灯的安装应做到: ① 光线不能直射飞行员眼睛 ② 使驾驶员看不到有害光的反光
人机界面特殊要求	
§ 25.773 (b)(2)(i)	当座舱不增压时,在本条(b)(1)规定条件下能打开的窗户,提供该项所规定的视界,又能给予驾驶员足够的保护,防止风雨影响其观察能力
§ 25.1322	如果在驾驶舱内装有警告灯、戒备灯和提示灯,则除适航当局另行批准外,灯的颜色必须按照下列规定: ① 红色,用于警告灯(指示危险情况,可能要求立即采取纠正动作的指示灯) ② 琥珀色,用于戒备灯(指示将可能需要采取纠正动作的指示灯) ③ 绿色,用于安全工作灯 ④ 任何其他颜色,包括白色,用于本条①~③未作规定的灯,该颜色要足以同本条①~③规定的颜色相区别,以避免可能的混淆

4. 验证方法

验证方法是指审查组会在申请项目中要求申请人递交符合性验证方面的详细计划。在认证项目的符合性的审核与探讨中,申请人和认证小组需要举行数次协调会来审核符合性说明和相关测试设备,这将有助于各方在测试、论证和其他数据收集工作在符合性上达成协议;申请人和 FAA 要尽早进行讨论,发现潜在的人因问题。申请人要特别注意的是对自己提出的方法要保证足够的真实性,以尽早确定人因认证计划,避免产生负面影响。1998 年 5 月 6 日发布的 FAA 的咨询通告"获取补充型号认证应用指南"中包含一个标准符合性清单的建议格式。

常用的符合性验证方法在 AP－21－03R3《型号合格审定程序》中有详细介绍,此处不再赘述。

5. 安全性评估

通常,系统安全性评估(如环境危害程度评估(FHA)、故障模式和影响分析(FMEA)、故障树分析等)均由申请方负责每个系统的工程师团队完成。但是,对于每一个计划的评估,申请人应描述将如何解决任一人因问题(如机组人员对失效条件的反应),以及关于机组行为的必需的假设。这些假设应通过认证团队所有成员的审查,以确保这些假设中没有需要机组人员补偿超出他们能力的失效项目。这些人因的考虑可以记录在每个系统的安全性评估中,或者申请人选择在人因认证计划中结合相关系统的安全性评估对它们进行描述。

6. 操作注意事项

申请人需要描述如何将这些操作通常的注意事项与 25 部适航规章相应条款结合起来,最好能够将分解在型号设计中的操作要求分别标明出来。例如,飞行警告及防撞系统(Traffic Collision Avoidace System,TCAS)在 121 部适航规章中规定必须强制执行,而在 25 部规章中则没有。

认证计划中的这一部分还可能包括关于下列文件中的操作注意事项对标准符合性验证方法的影响:

① 飞机飞行手册(Aircraft Flight Manual,AFM);
② 最低设备清单(Master Minimum Equipment List,MMEL);
③ 飞行机组操作手册(Flight Crew Operating Manual,FCOM);
④ 快速参考指南(Quick Reference Handbook,QRH)。

下面两个例子说明了操作和适航注意事项是如何相互依存的:

① 示例 1:申请人可能会期望某些系统的最低设备清单(MMEL)分配量减少。为了确保所期望的系统最低设备清单的减少得以实现,要进行这些系统的认证测试(包括最严重的失效)以确保这些系统正常运行时的可接受性。

② 示例 2:为了确保飞行机组操作手册(FCOM)的验收,需要对这些程序进行认证测试,收集整理 FCOM 的其他相关的信息,这将使飞机评估小组(AEG)成员充分相信使用该飞行操作手册不会有任何人因问题。

认证团队中的飞机评估小组(AEG)、飞行操作标准代表以及人因专家应参与这部分人因认证计划的审查。

7. 认证文件

人因认证项目书中应说明申请文件类型。该提交的文件将包含标准符合性论证或认证项目中其他相关文件。申请方要交付详细的文档(包括测试报告编号、分析报告编号等)。这些文件将用于支持标准符合性。

8. 认证计划时间表

申请人需要将人因认证计划中认证计划的主要节点利用时间表的方式进行安排,以方便认证小组使用。而这些主要节点可能包括:

(1) 提交认证计划

认证小组希望人因认证计划能够随着认证项目的进展而定期更新。在启动认证程序后,申请人应尽快提交第一份人因认证计划。申请人必须保证草案、初步信息是可以接受且适当的,并确保计划得到落实并及时更新(按照 FAA 和申请人共同认可的计划时间表)。

(2) 驾驶舱评审、早期样机审查、模拟器评审以及飞行试验演示

人因认证计划可以记录计划进行的设计评审。即使审查结果发现设计与标准符合性不直接相关,它们在以下方面也会非常有用:

① 给认证团队提供对人机界面权衡和设计方案的一个准确的早期理解;

② 允许认证团队向申请人提供关于认证过程中潜在问题的早期反馈;

③ 以与认证过程改进计划一致的方式支持申请人与认证小组之间的团队合作。

(3) 协调会议

与其他认证机构的协调会议,或与其他航空飞机认证机构有关认证项目或相关项目的会议,应记录在计划表中。

认证小组可以使用时间表中的信息,确定认证项目是否进行了充分协调和拥有足够的资源。

9. 人员安排

申请人应在人员安排中详细说明在认证过程中准备如何利用工程代表(Designative Engineering Representative, DER)、适航代表(Designated Airworthiness Representative, DAR),或其他代理人,明确他们的工作内容。

8.3　适航人因认证计划示例

本节将介绍一个认证计划的典型案例,这是一个与人因密切相关的适航的例子,例子来源于 FAA(1999)年关于适航人因认证计划的示例。它的目的是为了取得某飞机的电子导航图系统的型号合格认证。认证计划内容分为 9 个部分,分别为:

① 人因认证项目的介绍;

② 申请系统的介绍;

③ 申请基础文件准备;

④ 需求明细;

⑤ 安全性的评估;

⑥ 注意事项;

⑦ 认证文件编制;

⑧ 认证时间表编订;

⑨ 人员问题。

本节学习时,需要注意以下几点:

① 它基于一个完全假想的认证项目,并且不与任何真实的系统或认证项目相关联。

② 这个例子旨在描述人因适航申请的流程,例子中的内容是适航全部工作的一个部分,需要强调是的并不是通过这个过程飞机就可以取得人因适航的认可,这只是一个方面。由于该例子是假想的,例子中涉及的符合性验证方法的选取仅供参考,在实际的项目中,申请方要通过严格的讨论,依照规定选取合适的符合性验证方法。

③ 在例子中,交付产品栏中规定了申请方通过什么来证明产品的适航符合性。这个报告的组织方式仅供实际申请过程参考。

8.3.1 项目介绍

本项目旨在为某型号飞机上安装电子导航图系统(Electronic Approach Chart System,EACS)获取补充型号认证,用来取代纸质导航图的。电子导航图系统将会从实际布置和系统功能上集成到驾驶舱中去,而系统数据将通过现有的机载数据加载系统进行加载。通过这个认证项目,EACS 系统被认证为一个补充的系统,图 8-1 所示为某型战斗机驾驶舱中的电子导航图系统。在本认证例子中,这一人因认证计划确定了相关的人因条款以及将要使用的符合性验证方法,以说明所有有关安全的人因的问题已全部解决。

图 8-1 某型战斗机的电子导航图系统

8.3.2 系统描述

1. 系统预定功能

EACS 使用驾驶舱面板上的主动式矩阵液晶显示器(AMLCD),以显示飞行员在地面和飞行中的电子导航图,其主要功能包括:

(1) 飞行准备阶段

① 飞行员将使用该系统来回想已选定好的候补机场的进港地图。

② 飞行员可以在电子进港图中"标记",以便快速检索这个信息。

③ 系统被飞行员开启后,可以根据飞行计划查询飞行管理系统(FMS)来预先选定适当的导航图。

(2) 飞行阶段(正常操作)

① 飞行员将能够迅速查看到预先选定好的进港图,同时其他被选定的进港图也可以进行查看。

② 飞行员将能够操作导航图显示布局,选择只显示计划航线的导航数据。

③ 飞行员将能够通过 EACS 选取适当的导航参数(如过渡参数、进近导航参数、飞行最小值等)。一旦选定后,EACS 能够将选择的参数发送到飞机上其他系统中(如进近导航信息参数将发送到 FMS 以便自动协调飞行状态,决策高度将发送到高度警告系统和仪表显示系统上)。对于 EACS 功能的介绍,可参阅 EACS 系统描述文件。

(3) 飞行阶段(非正常操作,即紧急状况操作)

除了上述正常飞行状态下的功能以外,EACS 提供了应付突发紧急状态时的功能:

① 当飞行员使用飞行管理系统(Flight Management System,FMS)中的"备降机场"功能时,FMS 自动识别五个最近的满足飞机着陆要求的机场。这些机场数据将被自动传送到 EACS,EACS 将预选这些机场(自动标记这些机场供飞行员进行快速检索)。

② 根据飞行员的要求,EACS 将显示临时机场列表,并允许飞行员快速查看机场进港图。在正常操作中,这种功能自动转移到 FMS 和其他运行的系统中。

2. 在驾驶舱位置

① 在具体的人因认证计划中,在这一部分附上相应系统的装配图。EACS 安装在主要仪表面板的外侧,两侧操纵台的前面,有一定倾斜角度的面板上。

② 在具体的人因认证计划中,在这一部分附上对应系统的模块图纸。EACS 包括触摸屏、功能选择键和亮度控制键等内容。

③ 显示内容版式仍旧在研发中,在具体的人因认证计划中,在这里附上研发的计划表。

3. 飞行员操作程序的基本原则

(1) 正常操作

某些确定不变的导航功能嵌入在 FMS 软件中,引导飞行员完成所有必要的起飞前检查和下降准备步骤。当飞行员完成所有需要的步骤时,FMS 将会给出信息提示。飞行管理系统软件要进行改动,在需要使用电子导航系统时发出相应的提示信息。其他特别设定使用将由飞行员自行决定,就像飞行管理系统里的其他飞行导航和飞行规划功能一样。

(2) 处理 EACS 和 FMS 系统故障的程序

任何此类程序将遵循下列操作准则:

① 所有的程序和功能中的操作步骤数应尽量减少。

② 所有系统异常将由系统进行诊断,机组人员不会参与这个工作。

③ 没有需要使用 EACS 系统断路器的飞行员操作程序。

④ 飞行员将不再需要学习 EACS 的替补交互模式,即如果触摸屏出现故障,飞行员将不会通过键盘进行交互操作。

⑤ 如果 FMS 失效,除了与 EACS-FMS 系统数据共享相关的那些功能外,EACS 应该继续正常运作,这种持续的运行不应依赖于飞行员操作程序。

4. 对飞行员描述

此系统的初始认证将在运输类飞机中进行,预计将使用第 121 部和 135 部运行条例。因此,该项目假定飞行员将只有 135 部运行条例规定的飞行所需的经验和培训。

① 假设最低限制条件,发动机是多发的,标准设备,商业飞行员。最低预期飞行小时: 500 h。

② 飞行员有识别使用纸质导航图的经验,但没有使用电子导航图的经验。

③ 飞行员需要接受足够的训练和了解相关信息来操作飞行管理系统(FMS)。更多关于 EACS 系统使用的信息将纳入 FMS 的培训材料。

④ 电子导航系统操作应简单和直观,这样飞行员才能通过 30 min 计算机辅助训练或手写材料训练,加上在地面上 30 min 的飞机实践操作,达到熟练操作的程度。

5. 操作环境说明

以下是驾驶舱设计预期的操作环境的部分说明:

① 飞机预期运行规则来自于 121 部和 135 部条例。

② 空中交通管制（ATC）环境：系统必须与当前 FMS 系统的所有操作兼容，包括下列内容：

(a) 一个完整的区域导航（Air Traffic Control，RNAV）能力。

(b) 运行时间要求（Require Time Arrival，RTA）。

(c) 利用 GPS 作为导航的主要手段，所需导航性能（Require Navigation Performace，RNP）。

(d) 航空电讯网络（Aeronautical Telecommunications Network，ATN）的控制器和飞行通信数据链接。

③ 机场类型、条件、设施：电子导航系统应支持任何机场类型，适合起降运输类飞机。

④ 地理区域的地形和天气问题：系统应支持显示当前纸质图表上能显示的任何特殊的地形特征，但这些信息可能会以不同的方式显示。该方式也要适合选定的显示设备。

8.3.3 相关人因适航条例及验证方法

要进行 EACS 的适航人因认证工作，首先应该做适航基础准备。这里，适航基础是认证过程中需要的人因适航条例；要验证的每条条例代表着对飞机安全性的要求，需要通过合适的符合性验证方法来证明飞机在这个方面的安全性满足适航要求。这部分将分为与人相关的几个方面来讨论。

在 EACS 人因验证的每个方面，又给出了需要的符合性验证方法和这个方面最终要交付的验证产品。

1. 机组人员工作量

与机组人员工作量相关的适航条例和验证方法见表 8-7。

表 8-7 与机组人员工作量相关的适航条例和验证方法

条 款	主要人因要求	符合性验证方法	交付产品
§ 25.771(a)	每个飞行驾驶舱及其设备必须满足最少的机组人员在非注意力不集中和非疲劳状态下完成工作职责	分析 模拟器评估 飞行测试	工作量认证报告
§ 25.1523	最低机组人员数必须确定以保证飞行操作的足够安全，包括： ① 每个机组人员的工作量分配 ② 相关机组人员辅助工具和关键控制操作的简易性 ③ 在 § 25.1525 授权下的操作	模拟演示 飞行测试	演示报告 飞行测试报告

机组人员方面，通过执行工作量评估以显示该系统的好处。

这里，分析方法旨在用来标识识别、检索、审查相关的飞行员的活动以及随着 EACS 的运作所需的图表等；模拟器评估、演示方法通过使用常规图表和 EACS 任务的时间和错误率来进行分析衡量，这包括主观评价和工作量的评估；评价包括飞行正常和非正常情况，被试人员包括 DER（Designated Engineering Representatives）和客户的飞行员。而 FAA 的飞行员进行的有限的飞行测试将用于确认分析和模拟测试。

2. 振动和噪声

与振动和噪声相关的适航条例和验证方法见表 8 - 8。

表 8 - 8　与振动和噪声相关的适航条例和验证方法

条　款	人因要求	符合方法	交付产品
§ 25.771(e)	座舱设备的振动和噪声特性可能会干扰飞机的安全运行	飞行测试	飞行测试报告

噪声和振动的控制是传统的设计,和其他认证系统类似,分为:

① 功能键:与当前的主控制显示单元(Master Control Display Unit,MCDU)键相似;

② 触摸屏:与某些飞机通信寻址和报告系统(Aircraft Communications Addressing and Reporting System,ACARS)单元相似;

③ 明亮调节传统的旋钮。

EACS 是一个补充系统,因此在高振动和湍流下可用性测试是建议不需要的(飞行员可以恢复到纸面导航图)。

在飞行测试阶段,将在湍流状态下寻求 EACS 可用性的飞行员主观评估。然而,认证并不取决于湍流状态下的测试。

3. 内/外视界以及驾驶舱光照

与内/外视界以及驾驶舱光照相关的适航条例和验证方法见表 8 - 9。

表 8 - 9　与内/外视界以及驾驶舱光照相关的适航条例和验证方法

条　款	人因要求	符合方法	交付成果
§ 25.773(a)(1) [at amdt. 25 - 72]	驾驶舱的布局必须给驾驶员以足够宽阔、清晰和不失真的视界,使其能在飞机使用限制内安全地完成任何机动动作,包括滑行起飞、进场和着陆	相似性	视界审定报告
§ 25.1321(a) [at amdt. 25 - 41]	必须使任一驾驶员在其工作位置沿飞行航迹向前观察时,尽可能少地偏移正常姿势和视线,即可看清供他使用的每个飞行、导航和动力装置仪表	系统描述 分析 飞行测试	安装图纸 视界审定报告 飞行测试报告
§ 25.1543(b) [at amdt. 25 - 72]	每一仪表标记必须对相应机组人员清晰可见	地面测试	视界审定报告 地面测试报告

因为这一系统将完全整合到仪表板中,所以安装这一系统对于外视界不会有影响。

由于飞行员都将会把自己定位在设计眼位点(Design Eye Reference Point,DERP),因此在显示内容的可视性方面鲜有飞行员之间的差异性,因此可视性在飞行测试中将很容易得到验证。

从设计眼位点到 EACS 的视角将由其他显示系统,以及现在飞行员用于放置纸质图表的文件板确定,并与之对比。在地面测试中,将在飞机环境里测试可读性(使用问卷),将使用此方法对预期光照环境下的可读性进行评估。

4. 驾驶舱光照

与驾驶舱光照相关的适航条例和验证方法见表 8 - 10。

表 8 – 10　与驾驶舱光照相关的适航条例和验证方法

条　款	人因要求	符合方法	交付产品
§ 25.773(a)(2) [at amdt. 25.72]	驾驶舱不得有影响（按§ 25.1523 规定的）最小飞行机组完成正常职责的眩光和反射	地面测试	光照审定报告
§ 25.1321(e) [at amdt. 25 – 41]	如果装有指出仪表失灵的目视指示器，则该指示器必须在驾驶舱所有可能的照明条件下都有效	相似性 飞行测试 地面测试	系统描述以及 相似性描述 飞行测试报告
§ 25.1381(a)(2) [at amdt. 25 – 72]	灯的安装应做到使驾驶员看不到有害的反光	地面测试	飞行测试报告

这一系统使用的是传统的白色主动式矩阵液晶显示器（AMLCD），显示器的供应商曾为其他已通过验证的驾驶舱系统提供相似的显示器玻璃。

对该显示器而言，可视性和光照出问题风险较低。

地面测试将包含以下光照情况：夜晚（将窗户遮住）、柱状光照（使用手持探照灯）。

飞行测试将包含以下光照状况：明亮的前方区域（飞入被照亮的云中）、明亮的前方点光源（飞向太阳）。

EACS 可能导致或者出现在其显示器上的反射问题在地面试验中通过主观评价方法进行。

5. 布　置

与驾驶舱布置相关的适航条例和验证方法见表 8 – 11。

表 8 – 11　与驾驶舱布置相关的适航条例和验证方法

条　款	人因要求	符合方法	交付产品
§ 25.777(a) [at amdt. 25 – 46]	驾驶舱每个操纵器件的位置必须保证操作方便并防止混淆和误动	地面测试 飞行测试	驾驶舱人体 工程验证报告
§ 25.777(c) [at amdt. 25 – 46]	操纵器件相对于驾驶员座椅的位置和布局，必须使任何身高 158 cm（5 英尺 2 英寸）至 190 cm（6 英尺 3 英寸）的（按§ 25.1523 规定的）最小飞行机组成员就座并系紧安全带和肩带（如果装有）时，每个操纵器件可无阻挡地作全程运动，而不受驾驶舱结构或最小飞行机组成员衣着的干扰	地面测试	驾驶舱人体 工程验证报告

EACS 的可达将通过使用在要求的身高区域内具代表性样本人群做实验展示，地面测试将会展示 EACS 与其他的部件的使用不相互影响，如起落架前轮转弯手柄以及氧气面罩（EACS 附近唯一的操纵部件）。

6. 其他项目

与其他项目相关的适航条例和验证方法见表 8 – 12。

表 8 - 12　与其他项目相关的适航条例和验证方法

条　款	人因要求	符合方法	交付成果
§ 25.1309(c) [at amdt. 25 - 41]	必须提供警告信息,向机组指出系统的不安全工作情况,并能使机组采取适当的纠正动作。系统、控制器件和有关的监控与警告装置的设计必须尽量减少可能增加危险的机组失误	危险评估 模拟器展示	故障树系统 安全性评估 展示报告
§ 25.1322 [at amdt. 25 - 38]	如果在驾驶舱内装有警告灯、戒备灯和提示灯,则除适航当局另行批准外,灯的颜色必须按照下列规定: 　① 红色,用于警告灯(指示危险情况,可能要求立即采取纠正动作的指示灯) 　② 琥珀色,用于戒备灯(指示将可能需要采取纠正动作的指示灯) 　③ 绿色,用于安全工作灯 　④ 任何其他颜色,包括白色,用于本条①～③未作规定的灯,该颜色要足以同本条①～③规定的颜色相区别,以避免可能的混淆	配置描述	系统描述文档
§ 25.773(b)(2)(i) [at amdt. 25 - 72]	正驾驶员必须有:当座舱不增压时,在本条(b)(1)规定条件下能打开的窗户,提供该项所规定的视界,又能给予驾驶员足够的保护,防止风雨影响其观察能力	地面测试 (验证是否与窗户打开相干涉)	飞行测试报告
§ 25.1301(a) [original amdt.]	所安装的每项设备必须符合其种类和设计与预定功能相适应	系统描述 模拟器展示 飞行测试	系统描述文档 展示文档 飞行测试报告

对于 25.1309(c):EACS 的故障通知以及相关机组程序将在模拟器中进行展示。数据传输阻断以及机组程序非常简单而且直接,出现问题的可能性比较小。

对于 25.1301(a):根据机组界面相关的所有功能的检查单(在系统描述文档中),DER 和 FAA 的飞行员将在展示和测试程序中使用这一检查单以验证所有的预期功能的实施程度都符合适航要求。

8.3.4　系统安全评估

系统的安全评估或者危险评估、故障评估是由申请方的专家执行,保证故障情况下操作不会超出飞行员的能力限度。根据 AC 25.1309,EACS 系统的每条故障树都要进行评估;任何旨在增加飞行员正确反应可能性的具体设计功能都要加入系统的安全评估中。

8.3.5　操作注意事项

EACS 系统的设计目的是在所有预期的操作中取代日常使用的纸质图表,这个系统的设计是基于这样一种假设:如果该系统完全失效,那么飞行员将恢复使用纸质导航图。基于上述原因和最小培训成本考虑,飞机的基本飞行运作不会因集成了该系统而受到影响(飞机性能和交互空间没有变化),飞行活动中所做的更改将限于导航图信息选定、访问和查看的方式。下列文档将因 EACS 系统的纳入而需要修改:

① 管理最低设备清单(MMEL)。

② 飞行员操作手册(FCOM)。

③ 飞行员培训手册。

8.3.6 认证文件

某些主要人因认证主题的文件将会出现以下内容:

① 工作量有关的问题[25.77(a)和25.15231]将会在工作负荷认证报告里介绍。这将包含过程的分析、时间轴分析、飞行员的主观评价结果、全面总结工作负荷的注意事项。这部分内容在附录D的第25部适航管理条例第14章25中描述。注:飞行测试期中有关工作量的数据收集将同其他飞行测试计划一同进行,即没有专用的工作负荷飞行试验。

② 内部和外部视界问题[25.773(a)(l),25.1321(a),25.1543(b),25.785(1)]将会在视觉认证报告里介绍。这份报告将包含内部和外部视觉分析和飞行员评估摘要。

③飞行面板光照问题[25.773(a)(2),25.1321(e),25.1381(a)(2)]将会在照明认证报告里介绍。这份报告将包括光照反射测量、地面测试以及飞行测试试验评估结果。

④ 考虑飞行员可达性、距离、干扰性的飞行面板书型排架法问题将在驾驶舱人体测量学认证报告中介绍[25.777(a)和(c)]。注意:这不适用计算机建模。测试使用与人体尺寸相关的人体测量学。

⑤ 符合性列表中提到的其他文档将定稿为测试计划开发。对于大多数飞行试验,人因认证测试将同其他测试计划一同进行。人因测试结果将会记录在整体测试结果报告中。

8.3.7 认证计划

下列计划(表8-13)指明主要人因分析/论证/测试的大概时间安排,更新人因认证项目计划和预计的人因认证问题协调讨论会议。此计划将随着认证的程序发展进行调整和改进。

表 8-13 飞行机组操作认证计划时间表

开始日期:1999 年 8 月 1 日

结束日期:2000 年 4 月 15 日

关键节点	1999		2000	
	第 3 季度	第 4 季度	第 1 季度	第 2 季度
首次 FAA 项目概念讨论会	06-01			
认证计划提交	08-01			
FAA 首次熟悉项目(工程图等)	09-01			
FAA 模拟器验证	09-15			
FAA 模拟器验证		10-10		
FAA 流程模拟器验证		10-30		
工作负荷合理性验证		11-15		
完成条件与潜在故障列表		11-15		
飞行测试程序		12-15		
提交认证文件			01-05	
机组操作程序草案认证文件			03-01	
工作负荷 8110 认证报告				04-01
最终机组操作程序认证文件				04-15

8.3.8　人员安排

申请人的大多数符合性调查结果都是委派飞行工程代理人完成的。在 §25.1523 条关于特定的超负荷符合性的最终评估中需要 FAA 的参与。FAA 也应参与显示器可读性的地面测试。

思考题

8-1　简述申请适航认证的一般流程。

8-2　适航符合性验证的目的是什么？适航符合性验证方法都包括哪几类？举例描述。

8-3　情景 1：在通过飞行试验来验证增稳系统或任何其他自动或带动力的操纵系统发生故障时，飞机的可操纵性之前，可以先进行模拟器试验演示，在模拟试验通过后再进行试飞，以保证飞行安全。

情景 2：向适航部门提交发动机启动和操纵系统原理图、安装图以及飞行中发动机再点火文件，由其组织工程评审来确认飞机具有飞行中再启动每台发动机的设施和能力。

这两种情景分别采用了哪种适航验证方法？

扩展阅读

[1] 中国民用航空局航空器适航审定司. AP-21-AA-2011-03-R4,航空器型号合格审定程序[S].

[2] 徐浩军. 航空器适航性概论[M]. 西安：西北工业大学出版社,2012.

[3] Federal Aviation Administration (FAA). ANM-99-2,Guidance for Reviewing Certification Plans to Address Human Factors for Certification of Transport Airplane Flight Decks. Policy Statement Number[S].

参考文献

[1] Federal Aviation Administration (FAA). ANM-99-2,Guidance for Reviewing Certification Plans to Address Human Factors for Certification of Transport Airplane Flight Decks. Policy Statement Number[S].

[2] 曹继军,张越梅,赵平安. 民用飞机适航符合性验证方法探讨[J]. 民用飞机设计与研究,2008,(4):37-41.

[3] 李岩,谈炜荣,王春生. 驾驶舱视界的适航性设计与验证方法研究[J]. 航空标准化与质量,2011,(5).

[4] 中国民用航空局航空器适航审定司. AP-21-03R,型号合格审定程序[S]. 2011.

[5] 中国民用航空局航空器适航审定司. AP-21-AA-2011-03-R4,航空器型号合格审定程序[S]. 2011.

[6] 徐浩军. 航空器适航性概论[M]. 西安：西北工业大学出版社,2012.

[7] 朱凤驭. 对我国民机适航工作的几点思考[J]. 国际航空,2007(5):16-18.

[8] 诸文洁. 民用飞机适航规章 CCAR25.1309 条款对可靠性管理要求探析[J]. 民用飞机设计与研究,2009(4):15-19.

[9] 李岩,谈炜荣,王春生. 驾驶舱视界的适航性设计与验证方法研究[J]. 航空标准化与质量,2011,5:6-10.

附录:常用人因分析方法

人因原则和标准应该与其他设计要求一起用来确认和选择人员要操作、维护或控制的特定设备。设备的选择需要基于功能、操作任务和工作负荷分析的结果,并需要随着这些支撑分析的更新而更新。选定的设计配置需要反映人因工程输入,基于支撑数据,满足功能和设计要求,并保证设备满足 MIL - STD - 1472 以及合同规定的其他标准中的适用准则。使用现有的、传统的或重复使用的产品,也要满足这里提到的人因要求。

上述章节提到的多种人因方法,虽然它们被列在分析阶段,但也可以用于设计与研制、测试与评估阶段。表 F - 1 总结了这些方法并展现了它们可用于方法选择的特点,表 F - 2 展示了这些方法的应用。这些信息可指导人因分析工作中相关方法的选择。

表 F-1 人因分析方法的筛选特点表

人因分析方法	选择评价特点																			
	最适用项目阶段				相对复杂性			用途		范围		时间需求			成本			成本效益		
	概念探索	程序定义和风险降低	工程研制	生产/部署/运营	简单	一般	复杂	粗略分析	详细分析	单任务	多任务	短	中	长	低	中	高	低	中	高
1. 任务分析	✓				✓			✓		✓	✓	✓	✓	✓	✓	✓			✓	✓
1a. 任务剖面	✓				✓			✓		✓			✓			✓				✓
1b. 任务概要	✓				✓			✓		✓						✓				
2. 操作任务分析/描述	✓	✓	✓		✓			✓	✓	✓						✓			✓	✓
3. 预定时间标准	✓					✓		✓	✓	✓	✓					✓				
4. 认知任务分析 *																				
5. 功能流程图	✓	✓			✓			✓		✓						✓				
6. 操作序列图	✓	✓					✓		✓	✓			✓				✓			
7. 流程图	✓	✓				✓			✓	✓			✓			✓				
8. 决策/行动图	✓	✓						✓												✓
9. 行动/信息要求	✓	✓							✓	✓										
10. 时间线	✓	✓					✓		✓				✓							
11. IDEF *																				
12. 功能分配权衡	✓	✓				✓		✓					✓							✓
13. 工作负荷分析		✓	✓	✓		✓		✓	✓											
14. 情境意识分析 *																				
15. 链分析	✓	✓				✓			✓							✓				✓
15a. 链表	✓	✓			✓				✓	✓		✓				✓				✓
15b. 空间操作序列图 *																				
15c. 邻近布局图	✓								✓											✓
16. 人的可靠性分析 *																				

* 标注:选择信息不适用。

表 F - 2　人因分析方法的应用表的名称

人因分析方法	任务效能准则	详细的设计要求	概念规划思路	人员要求信息	操作流程开发	培训系统开发	维护系统开发	系统运行评估	其他人因分析
1.任务分析	√		√						√
1a.任务剖面	√		√						√
1b.任务概要	√		√						√
2.操作任务分析/描述	√	√		√	√	√	√	√	√
3.预定时间标准	√	√		√	√	√	√	√	√
4.认知任务分析 *	A	A	A	A	A	A	A	A	A
5.功能流程图		√	√		√	√	√		√
6.操作序列图	√	√		√	√	√	√	√	√
7.流程图	√	√		√	√	√	√	√	√
8.决策/行动图		√	√		√				√
9.行动/信息要求		√	√						√
10.时间线	√			√	√	√	√	√	√
11.IDEF *		A	A	A	A	A	A	A	A
12.功能分配权衡		√	√			√	√		√
13.工作负荷分析	√	√		√	√	√	√	√	√
14.情境意识分析 *	A	A	A	A	A	A	A	A	A
15.链分析		√	√			√		√	√
15a.链表		√	√			√		√	√
15b.空间操作序列图 *		√	√			√		√	√
15c.邻近布局图		√	√			√		√	√
16.人的可靠性分析 *	A	A	A	A	A	A	A	A	A

注：* 标注的条目为 MIL - HDBK - 46855a 中后来增加的；其他条目的评价是根据专家调查而来的，这些新增的方法，
　　根据可参考的文献，其适用领域用 A 标出。